Hotel & Restaurant
Food & Beverage
Service

호텔·외식
식음료서비스실무론

신정하 저

B (주)백산출판사

머리말

    호텔·외식산업은 글로벌화되면서 전문화, 다양화, 세분화되고 있는 21세기 유망산업분야이다. 이러한 배경 아래 저자는 특급호텔에서의 실무경험과 전문지식을 토대로 호텔·외식 및 관광관련 학과에서 공부하는 학생들과 호텔현장에서 근무하는 호텔리어들에게 도움이 되기 위해 본서를 집필하였다.

    본서는 호텔·외식산업의 서비스실무에 관한 내용으로 이론과 실무를 체계적으로 풀이하여 설명하였으며 내용을 요약하면 다음과 같다.

    1장은 식음료의 발전사와 레스토랑의 개념 및 경영조직에 대해 설명하였으며, 2장은 레스토랑에 종사하는 서비스요원의 기본요건으로 서비스 정신과 기본예절 및 자세를 다루었다. 그리고 3장과 4장에서는 레스토랑에서 응용할 수 있는 여러 가지 서비스의 실무와 레스토랑별 서비스의 특징 및 방법을 이야기하고 있다. 5장은 연회의 종류 및 절차, 좌석배치방법 등 연회서비스와 관련된 전반적인 사항들을 설명하고 있으며, 6장은 레스토랑에서 다루는 기물의 종류와 취급방법에 대해, 7장은 주방관리로 주방의 조직과 직무 및 주방기기에 관한 내용을 다루고 있다. 또한, 8장은 메뉴관리로 메뉴계획과 메뉴디자인에 대해서 설명하였으며, 9장에서는 식음료의 재료관리로 식음료 관리의 이론적 체계를 마련하였다. 10장과 11장은 음료부문으로, 여러 가지 술의 종류와 제조법 등을 비롯한 음료에 대한 기초이론과 조주이론 및 칵테일 실무로 구성하였다. 특히 11장 끝부분에서는 조주기능사 자격증 대비를 위한 품목별 표준 레시피를 실어 놓았다. 마지막으로 12장에서는 와인 테이스팅과 서빙에 대하여 다루었다.

    좋은 책으로 탄생될 수 있도록 나름대로 최선을 다해 집필하였으나 언제나 그렇듯 아쉬움이 남는다. 앞으로 개정할 때마다 보완을 거듭하면서 보다 완벽한 책이 될 수 있도록 노력할 것이며, 이에 학생 및 독자 여러분들의 많은 조언과 질책을 구하는 바이다.

마지막으로 본서가 나오기까지 조언과 격려를 아끼지 않으신 많은 분들과 어려운 출판여건 속에서도 흔쾌히 출판하도록 도와주신 백산출판사 사장님을 비롯한 편집부 관계자분들께 진심으로 감사의 마음을 전한다.

2018년 2월
신정하

차 례

CHAPTER 3 호텔레스토랑 서비스의 실무 ························· *73*

CHAPTER 4 호텔레스토랑별 서비스 ······························· *89*

CHAPTER 9 식음료 재료관리 ·· 243

CHAPTER 01

호텔레스토랑의 경영

Food & Beverage Service Management

CHAPTER 1
호텔레스토랑의 경영

제1절 | 레스토랑의 개념

　프랑스의 대백과사전 Larouse Duxxe Siecle에 의하면 식당의 어원은 De Restaurer 란 말로부터 시작되었다고 한다. 이 Restaurer란 단어는 수복한다. 재흥한다. 기력을 회복시킨다라는 의미이다.

　식당의 어원으로부터 레스토랑의 개념을 살펴보았지만, 이 사전에 의하면 Restaurant란 Establishment public ou lonpeut Manager: Restaurant a prix file: Restaurant a la carte라고 적혀 있다. 즉 사람들에게 음식물을 제공하는 공중의 시설, 정가 판매점, 일품요리점이라고 표현하고 있듯이 식당이란 음식물과 휴식장소를 제공하고 원기를 회복시키는 장소라는 것이다.

　또한 미국의 Webster 사전에도 An establishment where refreshment or meals may be procured by the public: A public eating house라고 표현되어 대중들이 가벼운 음식이나 식사를 할 수 있는 시설로 설명되어 있다. 영국의 고전적인 사전 The Oxford English Dictionary에서도 An establishment where refreshment or meals may be obtained라고 기록되어 있다.

우리나라 국어사전에는 식당을 식사를 편리하게 할 수 있도록 설비된 방, 음식물을 만들어 파는 가게라고 표현하고 있다.

따라서 식당이란 영리·비영리를 목적으로 일정한 장소와 시설을 갖추어 인적 서비스와 물적 서비스를 동반하여 음식물을 제공하고 휴식을 취하게 하는 곳이라고 정의할 수 있다.

또한 「관광진흥법」에서 호텔레스토랑의 개념은 관광숙박업으로 분류되는 호텔과 호텔의 여타시설을 이용하는 자를 위한 부대시설로서가 아닌 호텔의 독립시설에서 생리적인 목적과 동시에 외식을 충족시키려는 의지를 가진 관광객이나 식도락가를 위하여 「관광진흥법」의 법적 기준에 맞는 음식과 시설을 갖추어 음식과 식행위에 부수되는 것을 제공, 이용하게 하는 업이라고 외식산업의 측면까지 고려한 개념으로 정의할 수 있다.

선진국에서는 식당을 EATS상품을 판매하는 곳이라고 한다. 즉 식당은 먹는다는 단순한 의미의 장소가 아니라 서비스와 분위기, 음식의 맛 등이 하나로 조화된 총체적인 가치, 즉 종합상품을 판매하는 장소라는 것이다.

토·막·상·식

■ EATS란?

1) 접대(인적 서비스: Entertainment)
2) 분위기(물적 서비스: Atmosphere)
3) 맛(요리: Taste)
4) 위생(청결: Sanitation)

제2절 | 서양의 식음료 발전사

1. 고대시대

인류문명과 함께한 식음료는 인간이 살아가면서 필연적으로 존재할 수밖에 없는 게 사실이지만 그 발전 상황들에 대해서는 문헌이나 역사적인 유물들을 통하여 알아볼 수밖에 없는 것이 현실이다.

고대 이집트시대의 유물이나 벽화 등에 나타나고 있듯이 어떤 모습으로 살았는지 어떻게 음식을 만들었는지 그리고 어떤 방법으로 판매했는지를 짐작할 수 있다.

또한 당시의 부족들이 부엌에서 음식을 만들어 함께 먹고 살았던 유물들이 발견되고 있으며 유적지 등에서는 레스토랑으로 추측할 수 있는 시설들이 발견되었다.

그리스인들은 조리법과 식사법을 페르시아인들로부터 전수받아 조리하였으며 레스토랑의 기원이라 할 수 있는 간단한 음식을 만들어 제공한 것으로 전해지고 있다.

2. 로마시대

로마인들은 그들만의 특별한 음식을 만들었으며 연회나 축제를 발전시켰다. 특히 귀족들은 귀빈을 접대하기 위해 레스토랑을 만들기도 했다. 또한 로마의 여행객들을 위한 숙박시설과 함께 레스토랑을 만드는 것이 성행하였다.

공화정시대의 로마인들은 프란디움 (Prandium)이라 불리는 아침 겸 점심 식사

카라칼라(Caracalla)

와 저녁으로 구성되어 하루에 두 끼만 먹는 습관이 있었다. 그러나 곡물, 빵, 치즈, 올리브 등이 유입되면서 아침을 먹는 습관이 생겼으며 점심은 프란디움이라 하여 간단하게 먹고 저녁은 파티나 연회 등의 정찬을 즐기기도 하였다.

로마의 유명한 카라칼라(Caracalla)라는 대중목욕탕의 유적지에는 레스토랑의 흔적이 지금도 남아 있다.

3. 중세시대

중세 유럽인들은 음식이 매우 빈약하여 우유, 치즈, 곡물, 채소 등이 모든 주식이었으며 이는 수도원이나 교회 근처에 있는 농업생산지를 통해 유입되었으며 수도원의 수도사들로부터 요리가 발전하게 되었다.

이때 몸에 좋고 소화가 잘되는 음식들을 개발하였으며 특히 영양이 풍부한 수프를 만들어 먹었던 것으로 전해지고 있다.

4. 르네상스시대

문화와 예술 그리고 음식에 이르기까지 발전의 부흥기라 할 수 있으며 특히 이탈리아를 시작으로 요리가 발전하면서 프랑스로 넘어가 고급 요리로 발전하면서 음식의 르네상스 시대라 할 수 있다.

이탈리아에서는 뜨거운 라자니아(Lasagne)를 먹을 수 있는 포크를 발명하였으며 귀족들조차도 17세기 후반에는 포크를 사용하였다.

프랑스 앙리 2세는 이탈리아 피렌체 지방의 메디치 가문의 카트린과 결혼하였으며 그 당시 카트린을 수행한 요리사를 통해 이탈리아 요리를 접하게 되었다.

이것이 계기가 되어 메디치 가문의 요리법이 프랑스 궁중요리로 발전하게 되었으며 특히 향신료의 요리법이나 풍미를 알리게 되었다.

5. 근대 호텔 레스토랑의 발전

프랑스에서는 특권계층의 사교장이었던 호화 호텔이 등장하였으며 숙박과 음식에 숙련된 종사원들이 서비스하는 근대 호텔의 모습으로 발전하게 되었다.

근대 호텔 시대에 대표적인 호텔경영자로는 세자르 리츠(Cesar Ritz: 1850~1918)를 꼽을 수 있다. 1889년 런던의 사보이호텔을 경영하였으며 특히 호텔 레스토랑을 발전시켜 당시의 영국은 물론이며 현재의 외식산업 발전에도 크게 공헌하였다.

리츠는 사보이호텔을 운영하면서 절친인 서양요리사 에스코피에(Escoffier)와 함께 풀코스(Table d'Hotel)메뉴를 개발하여 레스토랑의 경영 효율을 높이는 데 공헌하였다. 또한 리츠는 사보이호텔의 성공적인 경영 노하우를 바탕으로 1897년 호텔서비스의 기초가 된 리츠호텔(Ritz Hotel)을 파리에 개관하여 성공하였으며, 런던에 칼튼호텔을 오픈하였고 세계 각지에 리츠칼튼호텔을 성공적으로 오픈하면서 프랜차이즈에 의한 체인화를 추진하는 최초의 근대 호텔산업 발전에 기초가 되었다.

제3절 | 한국의 식음료 발전사

1. 한국 레스토랑의 발전

지금의 정동에 건립한 손탁호텔(1902년)은 우리나라에 처음으로 서양식 레스토랑을 갖춘 서구식 호텔로서 커피를 최초로 제공하였으며 프랑스요리를 판매하는 숙박시설이었다.

레스토랑에는 상류층의 사교모임과 비즈니스를 하는 장소로 양주와 서양요리를 함께 서비스하는 최초의 근대식 레스토랑으로 발전하게 되었다.

2. 서양요리의 발전

우리나라에 최초로 세워진 호텔은 인천 서린동에 위치한 대불호텔(1888년)이며 외국인을 수용하기 위한 서양식 호텔로 11개의 객실을 갖춘 3층 건물의 호텔이었다. 서양요리의 발전은 호텔에서부터 시작되었다고 할 수 있으며 호텔의 발전에 따라 식음료도 함께 발전하였다.

제4절 | 호텔 식음료의 이해

1. 호텔 식음료의 개념

식음료는 음식(Food)과 음료(Beverage)의 합성어이다.

호텔에서 식음료란 판매하기 위해 조리한 음식과 비알코올성 및 알코올성 음료를 포함한 모든 것을 말한다.

조직상의 부서로는 음식을 생산하는 조리부(Culinary)와 식음료 상품을 판매하는 식음료부(Department of Food & Beverage)로 구분하며 서로 독립성을 갖고 있지만 협력을 통한 호텔식음료경영의 축이 되고 있다.

2. 식음료부서의 중요성

호텔은 크게 숙박과 식음료의 기능을 갖고 있으며 고객들의 안전과 함께 편안한 휴식을 책임지는 장소로서의 역할이 있다.

특히 식음료는 철저한 위생관리와 쾌적한 환경을 갖추고 고객들의 미식 욕구를 만족시킴으로써 대가를 받는 장소이며 인적, 물적 서비스를 제공하는 중요한 부서이다.

| 제5절 | 호텔레스토랑의 경영조직과 직무분석 |

1. 호텔레스토랑의 경영조직

1) 셰프 드 랑 시스템(Chef de Rang System)

셰프 드 랑 시스템(chef de rang system)은 정중하고 일정한 격식을 요하는 정통 프렌치 레스토랑과 같은 고급 레스토랑에서 많이 사용하는 서비스조직이다. 메트르 도텔(maitre d'hôtel, head waiter)의 지휘 아래 일정 테이블, 또는 스테이션을 담당하는 서비스 조장인 셰프 드 랑이 있고, 그 밑에 데미 셰프 드 랑(demi-chef de rang), 코미 드 랑(commis de rang), 코미 드 바라쉬르(commis de barrasseur)가 한 팀이 되어 서비스를 수행하게 된다. 셰프 드 뱅(chef de vin, sommelier)은 와인을 전문적으로 서비스하는 사람으로 음식을 서비스하는 셰프 드 랑의 업무에 협조한다. 셰프 드 랑 시스템은 게리동(gueridon) 또는 플랑베 왜건(flambee wagon)을 사용하여 음식을 서비스하게 되므로 전문적인 서비스 기술은 물론, 직원들 간의 팀워크가 매우 중요하다.

(1) 셰프 드 랑 시스템의 장점

① 수준 높은 서비스를 제공한다. 즉 최고의 분위기를 연출한다.
② 충분한 휴식시간을 갖는다.
③ 매출의 증대를 가져온다.
④ 근무조건이 향상된다.
⑤ 고객 앞에서 조리를 한다.

(2) 셰프 드 랑 시스템의 단점

① 종업원 의존도가 크다.
② 매출액에 비해 인건비 지출이 크다.
③ 다른 서비스에 비해 시간이 오래 걸린다.
④ 서비스의 섬세함으로 회전율이 낮다.

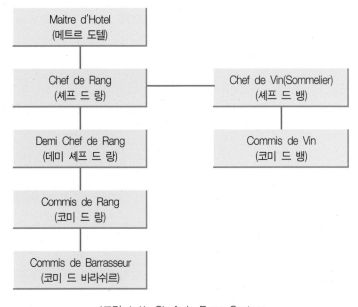

〈그림 1-1〉 Chef de Rang System

2) 헤드 웨이터 시스템(Head Waiter System)

헤드 웨이터 시스템(head waiter system)은 셰프 드 랑 시스템의 번거로운 운영조직을 능률적이고 간편하게 변형시킨 것이며, 레스토랑에서 가장 보편적으로 사용하고 있는 서비스 운영조직이다. 헤드 웨이터 밑에 음식을 서비스하는 웨이터와 음료를 서비스하는 바텐더 또는 소믈리어(sommelier)가 있다.

지정된 테이블이나 스테이션(station) 없이 웨이터 또는 웨이트리스가 모든 곳을 서비스할 수 있는 것이 특징이다.

(1) 헤드 웨이터 시스템의 장점

① 셰프 드 랑 시스템 서비스보다 신속한 서비스가 가능하다.
② 회전율이 높다.
③ 주로 plate service가 가능하다.
④ 최고급 서비스와 하위급 서비스의 절충형이다.

(2) 헤드 웨이터 시스템의 단점

① 셰프 드 랑 시스템보다 서비스 분위기가 가볍다.
② 정중한 서비스가 곤란하다.
③ 서비스 불만이 고객 단골화에 영향을 줄 수 있다.

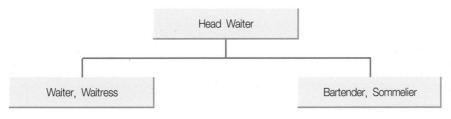

〈그림 1-2〉 Head Waiter System

3) 스테이션 웨이터 시스템(Station Waiter System)

이는 One Waiter System이라고도 부르며, 한 계절만 영업을 하는 계절식당에 적합한 것으로 한 식당에 조장을 두어 그 밑에 한 명씩 웨이터가 한 담당구역만을 서비스하는 제도이다. 즉 1명의 웨이터가 일정한 식탁만을 맡아 주문받아 식사와 음료를 제공하는 것이다.

(1) 스테이션 웨이터 시스템의 장점

① 신속한 서비스가 가능하다.
② 고객의 부담이 최소화될 수 있다.
③ 회전율이 높다.
④ 인건비의 절약이 가능하다.

(2) 스테이션 웨이터 시스템의 단점

① 서비스의 부실로 고객관리가 어렵다.
② 서비스 상품의 질적 향상이 어렵다.
③ 전문성이 떨어질 수 있다.
④ 고객으로부터 항상 불평을 받을 수 있다.
⑤ 담당구역을 비우면 고객이 기다리게 된다.

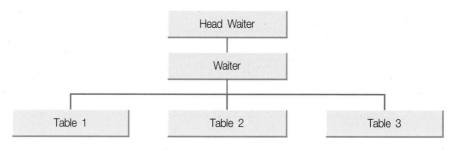

〈그림 1-3〉 Station Waiter System

2. 식당종사원의 직무분석

1) 식음료 부장(Food & Beverage Director)

식음료 부서의 최고 책임자로서 계획 및 정책의 수립, 영업장의 관리, 감독 종사원의 인사관리 등 식음료부의 전반적 운영에 대해 책임을 지고 있다.

2) 식음료 과장(Food & Beverage Manager)

식음료 부서의 책임자로서 식음료 부장을 보좌하며 부서운영의 문제점, 서비스직원의 인사관리 및 서비스교육, 메뉴관리를 포함한 영영의 책임을 지고 있다.

3) 영업장 지배인(Restaurant Outlet Manager)

① Restaurant Manager는 captain, waitress, bus boy에 대한 훈련과 감독을 한다.

② 종사원들에 대한 업무와 영업준비를 지시한다.

③ 예약접수 현황과 준비사항을 점검하고 각 담당자의 임무에 대한 세부사항을 지시한다.

④ 종사원들의 근무시간표를 작성한다.

⑤ 종사원들에게 서비스 담당구역을 할당한다.

⑥ 준비물들이 적절한 수준에 있는지를 확인 점검한다.

⑦ 리넨류, 조미료, 기타 식당기물의 부족 시 청구한다.

⑧ 식음료부, 영선부, 객설정비부서 등에 필요한 사항이 발생될 때 필요사항을 전달 의뢰한다.

⑨ 레스토랑 테이블 준비에 대한 지휘감독을 한다.

⑩ 고객영접안내를 하며 각 서비스 스테이션의 균형유지에 힘쓴다.

⑪ 고객들의 불평처리와 식음료에 대한 권유, 서비스에 대한 총괄적인 책임을 진다.

⑫ 마감작업이 완전하게 이루어졌는지 또는 모든 테이블이 잘 재정비되었는

지 확인 점검한다.

⑬ 식당 내 모든 서비스에 대한 지휘통솔과 동시에 주방요원과 서비스요원 간의 협동을 이루도록 조정한다.

4) 접객조장(Captain)

① Captain은 영업시작 전에 담당구역의 서비스 준비사항과 웨이터들을 점검한다.

② 캡틴은 그 구역 내의 팀장으로서 고객을 영접하고, 주문을 받으며, 판매하는 메뉴와 각 품목의 조리시간을 숙지하고 적당한 순서에 따라 서비스를 한다.

③ 와인을 권유하기 위하여 와인에 대한 전문지식을 가지고 있어야 한다.

④ 타 업장에 대한 모든 사항과 연회행사의 스케줄에 관해서도 알고 있어야 한다.

⑤ 손님에게 냅킨을 펼쳐 드리고, 칵테일 주문을 받고, 메뉴를 제공한다.

⑥ 요리와 와인 주문을 받는다.

⑦ 주요리가 제공된 후 손님께서 음식을 즐겁게 드시는가를 주의깊게 살핀다.

⑧ 디저트를 주문받고 식후술을 권유한다.

⑨ 손님의 요구에 의해서 계산서를 제공한다.

⑩ 고객을 전송한 다음 식탁을 재정비하도록 지휘한다.

⑪ 업장서비스 매뉴얼, 호텔규정, 긴급 시 조치사항 등을 숙지하여야 한다.

⑫ 항상 최선의 서비스를 할 수 있도록 만반의 태세를 갖추어야 하며 다른 동료직원이 바쁠 때는 도와야 한다.

5) 웨이터, 웨이트리스(Waiter, Waitress)

① Waiter와 Waitress는 근무시간 전에 청결한 복장으로 용모단정하게 하고 업장에 나와서 근무에 필요한 준비를 해야 한다.

② 할당된 구역과 부수적인 업무 및 테이블 번호를 숙지해야 한다.

③ 테이블이 잘 정돈되었는지, 서비스구역이 잘 정리되었는지 등 영업준비 사항을 점검하고 버스보이를 감독하며 도와주어야 한다.

④ 공손하고 상냥한 어조로 고객을 맞아야 하며, 고객의 성함을 아는 경우 고객의 성에 존칭을 붙여 대화를 시작해야 한다.

⑤ 담당테이블의 접객, 식음료 주문, 그리고 올바른 순서에 따라 모든 식사 코스를 능률적으로 제공하여야 한다.

⑥ 고객의 식사가 끝났을 때 고객의 요구에 따라 계산서를 제공하고 이상 유무를 확인한다.

⑦ 다음 고객을 접대하기 위해 식탁을 재정비한다.

6) 버스보이(Bus boy)

① Bus Boy는 Waiter와 Waitress의 일을 돕는다.

② 사용 후의 접시들은 주방의 접시 닦는 곳으로 옮겨 치운다.

③ 식당에서 필요한 은기물이나 글라스류, 리넨류 등을 보급한다.

④ 고객에게 냉수와 버터, 빵을 서브한다.

⑤ 테이블을 정리정돈하며 사용된 리넨류를 치우고, Table Setting을 한다.

⑥ 식탁으로 요리를 운반하는 웨이터를 돕는다.

⑦ 커피, 티 종류를 서브한다.

⑧ 식당 내의 가구류를 청소하고 기타 기물 닦는 것을 돕는다.

⑨ 서비스 카트, 플랑베, 왜건, 서비스 쟁반을 청결하게 정리 정돈한다.

⑩ 서비스매뉴얼, 호텔규정, 긴급 시 유의사항을 숙지하여야 한다.

⑪ 언제나 최선의 서비스를 제공할 수 있도록 만반의 태세를 갖추어야 하며, 동료들이 바쁠 때에는 협동하도록 한다.

7) 와인 스튜어드(Wine Steward)

① Wine steward는 와인의 진열과 음료재고를 점검관리하며 필요시 음료창 고로부터 이를 보급 수령한다.

② 아페리티프(aperitif : 식전술), 테이블와인, 디저트와인 등을 권유하고 주 문을 받는다.

③ 주문받은 와인을 규칙대로 정중하게 서브한다.

④ 시간이 있을 경우 아이리쉬커피(Irish coffee : 위스키를 타고 생크림을 띄운 커피)와 다른 리큐르 플랑베(Liqueur Flambes)를 준비한다.

⑤ 업장 서비스매뉴얼과 호텔규정에 대하여 숙지하고 있어야 한다.

⑥ 항상 최선의 서비스를 제공할 수 있도록 음료관리에 만전을 기해야 하며, 또한 다른 동료들이 바쁠 때 돕고 협동하여야 한다.

8) 바텐더(Bar Manager/Bar Captain)

① 음료에 대한 전문 지식을 갖추어야 한다.

② 고객을 기억하고 기호를 파악하여야 한다.

③ 품절음료의 유무를 확인 신청해야 한다.

④ 전반적인 음료를 관리한다.

⑤ 음료에 대한 교육을 한다.

⑥ 예약된 테이블 또는 행사장에 음료를 준비한다.

⑦ 음료 Inventory를 한다.

9) 소믈리에(Sommelier)

레스토랑에서 고객에게 와인 추천 및 준비 판매 서비스와 와인수령 등 재고 파악에 관한 전반적인 업무를 담당한다.

10) 그리트리스 또는 리셉셔니스트(Greetress, Receptionist)

① Greetress와 Receptionist의 직무는 근무시간 전에 청결한 복장으로 용모 단정하게 하고 영업장에 나와서 신고하고 일할 준비를 한다.

② 각 스테이션에 배치된 캡틴들을 기억하고 또한 식탁번호를 숙지하여야 한다.

③ 예약업무, 좌석안내절차 등에 대하여 숙달해야 하며 지배인의 지휘에 따라 협동하여야 한다.

④ 영업시간에는 영업장에서 예약을 받으며 그날의 예약은 행사 전에 충분

한 시간을 두어 예약을 받도록 하고, 영업시간이 아닐 경우는 식당사무실이나 24시간 근무하는 Room Service Ordertaker에 의해 예약을 받도록 한다.

11) 오더 테이커(Order Taker)

룸서비스에 근무하며 객실 고객으로부터 전화로 식음료 주문을 받는 업무를 담당한다.

12) 수납원(Cashier)

(1) 업무요약

식당의 고객이나 종사원으로부터 고객의 식음료비를 계산하여 요금을 수수하고 금전등록기를 다루며 그날의 영업실적을 지배인에게 보고한다.

(2) 직무요약

① Head Cashier로부터 영업개시 현금을 받아 별도로 보관한다.

② 영업 시작 전 금전등록기가 깨끗이 정리되어 있는지를 확인한다.

③ 고객의 요금을 현금이나 수표로 받을 때 수납원은 금전등록기의 Paid키를 작동시켜 기록하고 고객에게 영수증을 발행한다.

④ 접객원이 고객으로부터 받은 주문에 대해 주문서(Order Pad)를 보관한다. Order Pad는 수납원용, 조리용, 자기 보관용으로 이루어진다.

⑤ Bill은 일련번호 순으로 기입되고 회계기에 맞게 규격화된 복사인쇄지로 사전에 세무당국의 검열을 받아 세금계산서로 이용되는 것으로 발행에 착오가 있어서는 안 된다.

⑥ 좌석회전이 빠르고 메뉴가 단순한 영업장에서는 3매 1세트의 Bill을 사용하여 조리용, 수납원용, 고객테이블 비치용으로 대체하기도 한다.

⑦ 근무 마감 시에는 금전등록기에 지급된 금액을 확인하고 입금된 현금과 수표를 비교하여 이 명세를 기록하고 봉투에 넣고 봉합하여 확인을 통해 금고에 보관한다.

⑧ 수납원은 고객 영접의 최종적 단계에 있어서 결정적 역할을 하므로 깨끗한 용모와 밝은 미소로 업무에 임하여야 한다.

⑨ 수납과정 중의 고객의 불평은 식당 내에서 발생될 수 있는 가장 큰 문제로, 흔히 부과요금의 부당성은 전 영업장의 이미지에도 나쁜 영향을 미친다. 만약 부당성이 발생되었을 경우에는 고객의 입장에서 불평처리가 이루어져야 하며, 회사를 대표하여 정중히 사과하며, 즉각적으로 영업장 Manager에게 보고하고 시정을 한다.

3. 식음료부의 구성

호텔의 식음료부서는 전문적이고 다양한 행사를 치르는 경우가 많기 때문에 복합적으로 운영될 수밖에 없다. 호텔 식음료부서는 호텔의 성격과 규모에 따라 모두 다르지만, 기능과 역할에 따라 주방(food production), 음식서비스(food service), 음료서비스(beverage service), 연회서비스(banquet service), 룸서비스(room service) 영역으로 구분할 수 있다.

1) 식음료부서의 직원규모

호텔의 규모와 유형은 서비스를 제공할 고객의 숫자는 물론, 음식을 준비하고 제공하는 식음료부서의 직원 규모에도 많은 영향을 미친다.

넓은 주방 한 곳에서 모든 음식을 준비하기도 하며, 각 식음료업장별로 주방을 따로 설치하고 직원과 분리하여 운영하기도 한다. 특급호텔에서는 대규모 연회행사를 치르기 위한 별도의 주방과 서비스직원을 두어 운영하기도 한다.

2) 식음료 서비스의 구성

(1) 주방

주방(food production)은 메뉴를 개발하고 음식을 생산하는 곳이며, 특급호텔에서는 식음료업장마다 별도의 주방을 운영하고 있지만, 소규모 호텔에서는 메인 주방(main kitchen) 하나로 전체업장을 관리한다. 주방에는 총주방장을 비롯하여 분야별로 직접 조리를 하는 조리사들과 그들을 보조하는 스튜어드 (stewards)들이 근무하고 있다.

(2) 음식서비스

음식서비스(food service)는 주방에서 생산된 음식을 각 식음료업장의 서비스직원이 고객에게 제공하고, 그 외에 고객을 위한 여러 가지 서비스를 담당하는 것을 말한다. 일반적으로 호텔 식음료업장은 지배인(manager), 부지배인(asst. manager), 또는 캡틴(captain), 웨이터, 웨이트리스 등으로 구성되어 있다.

(3) 음료서비스

음료서비스(beverage service)는 커피숍, 바, 라운지, 레스토랑 등에 알코음료(주류)를 제공하고 관리하는 것을 말한다. 호텔에 따라서는 음식서비스부문과 통합하여 부서를 운영하기도 하지만, 음료는 특별한 분야이기 때문에 음료지배인(beverage manager)이 별도로 각 영업장의 음료담당직원을 관리하기도 한다.

(4) 연회서비스

연회서비스(banquet service)는 연회장과 컨벤션(convention) 및 기타 다른 행사장에 식음료를 제공한다. 연회직원이 별도로 구성되어 있기도 하고, 행사의 성격과 규모에 따라 타 부서의 직원이 파견되어 서비스하기도 한다.

(5) 룸서비스

룸서비스(room service)는 객실고객의 식사주문을 받고 배달하는 임무를 실행한다. 보통 음식의 생산은 주방부문에 속하며, 음식서비스는 운반을 전문으로 하는 직원을 상주시키거나 벨 서비스직원이 담당하기도 한다.

4. 호텔 식음료부서의 조직

호텔 식음료부서는 식음료업장의 업종, 가격, 음식종류, 서비스형태, 영업시간 및 고객의 수용 정도 등에 따라 조직의 형태가 다르다. 특급호텔의 경우는 보통 10개 이상의 식음료업장을 운영하고 있으며, 일반호텔들도 하나 이상의 식음료업장을 운영하고 있다. 〈그림 1-4〉는 호텔 식음료부문 중 영업장의 기본적 서비스조직 시스템의 예이다.

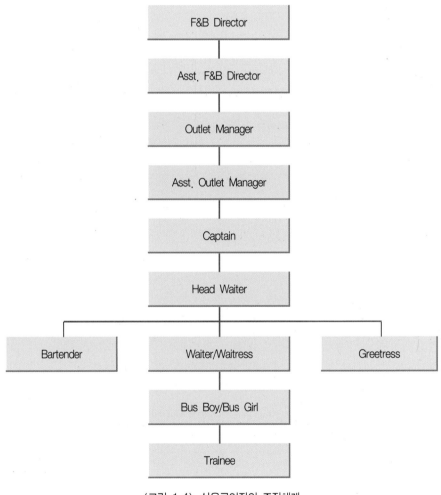

〈그림 1-4〉 식음료업장의 조직체계

제6절 | 서비스 형식 및 레스토랑의 종류

1. 서비스 형식에 의한 분류

1) 러시안 서비스(Russian Service)

러시안 서비스(Russian Service)는 생선이나 가금류를 통째로 요리하여 아름답게 장식한 후 고객에게 서브되기 전에 고객들이 잘 볼 수 있게 보조테이블(side table)에 전시함으로써 고객으로 하여금 식욕을 돋우게 하는 효과를 거둘 수 있도록 하는 데서 유래되었다.

이 요리는 이러한 쇼(show)를 거친 후 식탁 위에 직접 올려놓아 고객이 직접 셀프 서비스하거나, 웨이터가 식탁을 돌려 서브하게 되는데, 19세기 초 유럽에서 상당히 유행되었던 서비스 방식이다. 이 서비스는 1800년 중반에 유행한 것으로 큰 은쟁반(Silver Platter)에 멋있게 장식된 음식을 고객에게 보여주면 고객이 직접 먹고 싶은 만큼 덜어 먹거나 웨이터가 시계 도는 방향으로 테이블을 돌아가며 고객의 왼쪽에서 적당량을 덜어주는 방법으로 매우 고급스럽고 우아한 서비스이다.

이 형식의 서비스는 독일과 미국에서는 플래터 서비스(Platter Service)라고도 하며 프랑스에서는 실버 서비스(Silver Service)라고 칭하는 것으로 세계 도처의 상류급 식당에서 많이 이용되는 형식이다. 고급식당에 들어오는 많은 고객들은 주방에서 음식을 미리 접시에 담아서 나오는 형식(플레이트 서비스 형식)을 좋아하지 않는 경향이 있다. 따라서 카트 서비스가 적합하지 않을 때 플래터 서비스 형식을 사용하게 된다.

러시안 서비스의 특징은 다음과 같다.

① 모든 요리는 고객의 식탁 위에 준비된다.

② 셀프서비스(self-service) 또는 개별 서비스를 한다.

③ 소규모의 연회나 가족파티의 경우에 적합하다.

④ 개별서비스 시 많은 인원이 필요하다.

2) 아메리칸 서비스(American Service)

이 서비스는 플레이트 서비스(Plate Service)라고도 하며 주방에서 개별접시(Plate)에 담긴 요리를 waiter나 waitress가 손이나 트레이(Tray)를 이용하여 접시째 운반하여 직접 들고 나와, 식탁에 앉아 있는 고객의 우측에서 오른손으로 제공하는 서비스이다. 따라서 이 서비스는 주로 좌석의 회전이 빠른 커피숍이나 카페레스토랑에 적합한 신속하고 편리한 서비스 방법이다.

아메리칸 서비스의 특징은 다음과 같다.

① 주방으로부터 음식을 접시에 담은 채로 운반하여 서브된다.

② 빠른 서비스를 할 수 있다.

③ 고객의 미각을 만족시키지 못한다.

④ 일정한 몫(portion size)이 정해져 있으므로 고객마다의 양을 만족시켜 주지 못하며, 또한 음식이 비교적 빨리 식는 단점이 있다.

⑤ 고급식당보다는 좌석의 회전이 빠른 식당에 적합한 일반적인 서비스이다.

3) 프렌치 서비스(French Service)

프렌치 서비스(French Service)는 영국식 서비스(English Service)라고도 불리며 게리동 서비스(Gueridon Service) 또는 카트 서비스(Cart Service)라고도 불리는 이 서비스는 영국의 전통적인 주인(master) 또는 가장(family head)이 식탁에서 직접 카빙(carving)하고 몫(portioning)을 나누어 서브한 데서 유래되었다. 이 서비스 형식은 시간적 여유가 있고 구라파 의 전통적인 우아한 서비스를 즐기는 미식 가들과 귀족적인 서비스를 원하는 고객에 게 적합한 형식으로 음식의 조리가 완전히 끝나지 않은 상태에서 식당홀로 운반되어 고객의 식탁 앞에 위치한 카트(혹은 게리 동) 위에서 셰프 드 랑 혹은 코미 드 랑에 의해 요리를 완성하여 제공하는 형식이다.

이때 셰프 드 랑은 코미 드 랑과 한 조를 만들어 팀워크를 이루는데 셰프 드 랑이 카트 위에서 조리를 완성하고 접시에 배식하면 코미 드 랑이 고객에게 제공한다.

프렌치 서비스(French Service)를 하는 식당은 고급식당(Frist class establishment) 이며, 일품요리(A la carte)에 적합한 서비스 방식이다.

프렌치 서비스의 특징은 다음과 같다.

① A La Carte Meal의 전문식당에 적합한 서비스이다.

② 식탁과 식탁 사이에 충분한 공간이 있어야 한다.

③ 잘 짜인 접객편성을 요하므로 인건비 지출이 높다.

④ 서비스 조직은 일반적으로 Chef de Rang System이다.

⑤ 고객은 자기의 양(portion)껏 선택할 수 있고, 남은 음식은 따뜻하게 보관 되어 추가 서브할 수 있다.

⑥ 다른 서비스에 비해 시간이 오래 걸리는 단점이 있다.

4) 잉글리시 서비스(English Service)

이 서비스는 패밀리 서비스(Family Service) 라고도 하며 일반 가정에서 손님을 접대할 때의 서비스 형식이다.

준비한 음식을 큰 접시나 볼에 담아 테 이블에 제공하며 직원이 카빙하고 각 접시에 담아서 모든 고객에게 서비스하거나 음식이 담긴 큰 접시나 볼을 돌려가면서 각자 덜어 먹는 형식이다.

5) 트레이 서비스(Tray Service)

트레이 서비스(Tray Service)는 식사에 필요한 모든 기물과 음식을 쟁반(tray) 위에 차려서 제공하는 형식으로 요리를 담은 접시를 트레이에 담아서 서브하며, 호텔의 룸서비스나 항공기의 기내 식사를 제공할 때 사용한다.

트레이 서비스의 특징은 다음과 같다.
① 다른 서비스에 비해 빠른 서비스를 할 수 있다.
② 플레이트 서비스보다 안전하다.

6) 카운터 서비스(Counter Service)

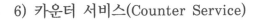

카운터 서비스(Counter Service)는 식당의 주방이 개방되므로 조리장과 붙은 카운터를 식탁으로 하여 고객이 직접 조리과정을 지켜보며 식사할 수 있는 형식으로서, 때로는 웨이터가 음식을 테이블까지 날라주기도 한다. 바 카운터와 일식당의 철판구이 및 스시 카운터 등이 해당된다.

카운터 서비스의 특징은 다음과 같다.
① 빠르게 식사를 제공할 수 있다.
② 고객의 불평이 적다.
③ 가격이 저렴하다.

7) 셀프 서비스(Self Service)

셀프 서비스(Self-Service)는 고객 자신이 기호에 맞는 음식물을 직접 운반하여 식사하는 형태로 카페테리아(cafeteria)나 뷔페(buffet) 서비스가 해당된다. 경우에 따라 카빙(carving)이 필요한 요리는 조리사에 의해 서비스되며, 수프와 음료를 웨이터가 제공해 주기도 한다.

셀프서비스의 특징은 다음과 같다.

① 기호에 맞는 음식을 다양하게 자기 양껏 먹을 수 있다.

② 식사를 기다리는 시간이 없으므로 빠른 식사를 할 수 있다.

③ 인건비가 절약된다.

④ 가격이 저렴하다.

8) 연회 서비스(Banquet Service)

이 서비스는 호텔이나 연회를 할 수 있는 공간에서 예약에 의해 회의, 가족모임, 각종 파티 등의 행사를 위해 동시에 서비스가 이루어지는 형식이다.

2. 주된 품목에 의한 국가별 분류

1) 서양식 식당(Western Style Restaurant)

(1) 이탈리아 식당(Italian Restaurant)

14세기 초 탐험가인 마르코 폴로가 중국의 원나라에서 배워온 면류에서 유래된 음식이며 특히 스파게티(Spaghetti)와 마카로니(Macaroni)가 이탈리아의 대표적인 요리이다. 이탈리아에서는 이 면류를 총칭하여 파스타(Pasta)라 하며 수프(Soup) 대신 식사 전에 먹는다.

(2) 프랑스 식당(French Restaurant)

이탈리아에서 유래되어 16세기 앙리 4세 때부터 요리가 시작되었다. 요리의 이름에는 국가의 지명이나 인명 등이 대표이름으로 내려온 것이 특징으로 전 국토에서 생산되는 풍부한 식재료와 국민의 미식가적 기질이 세계적인 요리로 만들었으며, 요리에는 주로 버터를 사용한다.

대표적인 요리로는 Chateaubriand(샤토브리앙), 바닷가재요리, Hors d'oeuvre(오르되브르) 등이 있으며 각종 소스만도 500가지가 넘는다.

(3) 미국 식당(American Restaurant)

빵과 곡물, 고기와 달걀, 낙농식품, 과일 및 채소 등의 재료를 이용하고 식사는 간소한 메뉴와 경제적인 재료 및 영양 본위의 실질적인 식생활이 특징이다. 대표적인 요리로 Beef steak, Hamburg, Barbecue 등을 들 수 있다.

(4) 스페인 식당(Spanish Restaurant)

스페인 요리의 특색은 올리브오일(Olive oil)과 포도주(Wine)를 재료로 많이 쓰는 것이다. 생선요리가 유명하며 새우, 가재, 돼지새끼요리 등이 대표적이다.

2) 중국 식당(Chinese Style Restaurant)

중국은 6세기경의 『식경』이라는 책이 지금도 남아 있을 정도로 요리의 맛과 전통이 이어지고 있다. 대표적인 전통요리에는 북경요리, 산둥요리, 사천요리, 상해요리 등이 있으며 가금류, 야생조류, 생선, 채소, 콩류, 달걀 등 모든 재료가 동원되어 음식의 맛과 질이 다양함에 있어서 세계 제일이다.

3) 일본 식당(Japanese Style Restaurant)

일본요리는 본선요리, 정진요리, 다회석의 3가지로 나눌 수 있다. 일본은 계절의 변화가 뚜렷하고 바다로 둘러싸인 해양국가의 특수성으로 인해 색깔, 향기, 맛을 생명으로 하여 조미료를 가미하는 것을 특색으로 한다. 다도의 전통과 초밥, 튀김요리, 스키야키 등의 생선요리가 200가지가 넘는다.

4) 한국 식당(Korean Style Restaurant)

한국요리는 옛날 궁중에서의 궁중요리를 비롯하여 불고기, 신선로, 김치 및 전골요리 등을 들 수 있으나, 표준식단의 미개발로 인하여 앞으로도 우리 고유의 음식개발에 더욱 힘써야 할 것이다.

3. 일반적 이용형태에 의한 분류

1) Restaurant

식탁과 의자를 갖추고 고객의 주문에 따라 종업원이 음식을 제공하는 고급 시설을 갖춘 식당을 말한다.

2) Dining Room

식당을 이용하는 시간이 대체로 제한되어 있고, 주로 점심과 저녁식사만이 제공되어 정찬(table d'hôte)을 서브한다.

3) Grill

일품요리(à la carte)나 특별요리(daily special menu)를 제공하는 식당으로 아침, 점심, 저녁식사가 제공된다.

4) Cafeteria

카운터 테이블(counter table)에서 고객이 직접 요금을 지급하고 스스로 가져다 먹는 셀프서비스(self service) 형식의 간이식당을 말한다.

5) Coffee Shop

고객출입이 많은 장소에 위치하여 주로 커피나 음료를 판매하면서 간단한 식사도 판매하는 식당으로서 호텔 부대시설로 운영되고 있다.

6) Bar

고객이 이용하기 편리한 곳에 일정한 시설을 갖추어 놓고 주류 및 음료를 판매하는 곳이다.

7) 다이닝 카(Dining Car)

철도사업의 부대사업으로 기차를 이용하는 여객들을 대상으로 하여 식당차를 여객차의 중간쯤에 달고 다니면서 식사를 제공한다. 메뉴가 그리 다양하지 못하고 음식값도 비교적 저렴하다.

8) 델리카트슨(Delicatessen)

제과, 제빵, 가공식품 등을 주로 판매하는 식당을 말한다.

CHAPTER 02

호텔레스토랑 종사원의 기본요건

Food & Beverage Service Management

CHAPTER 2
호텔레스토랑 종사원의 기본요건

레스토랑 서비스에서 가장 중요한 것은 고객을 직접 서비스하는 직원의 마음과 근무자세이다. 식음료 종사원은 고객을 제일로 생각해야 한다. 서비스는 사람으로부터 나온다. 이러한 말들은 곧 고객이 레스토랑에서 식사를 하는 데 즐거움을 갖도록 서비스에 전념해야 한다는 의미이다. 고객만족을 위한 서비스는 식음료 종사원이 기본적 사항을 지키는 것에서부터 시작된다.

제1절 | 식음료 종사원의 기본정신

1. 투철한 서비스정신(Service)

내가 기업의 대표라는 주인정신으로 고객에게 최상의 서비스를 제공하겠다는 투철한 서비스정신을 가져야 한다.

서비스란 식당업무의 생명으로 환대업무의 주된 전략상품이며 고객에게 제공되는 물적 서비스와 진심어린 마음으로 고객에게 부담을 주지 않는 인간미가 수반된 안전서비스를 말한다. 따라서 단순히 형식에 치우친 사무적이고 수동적인 서비스를 해서는 안 되며, 진정한 마음에서 표출되는 최상의 친절로 고객서비스에 임해야 한다.

2. 철저한 위생관념(Sanitation)

식당은 고객의 생명에 관계되는 음식을 취급하는 장소이므로 종사원들은 철저한 위생관념을 가져야 하며, 개인위생에 각별한 신경을 기울여야 한다. 따라서 고객이 이용하는 공공장소와 제반시설의 청결 및 집기, 비품, 가구 등의 청결에 유의하여 고객이 불쾌감을 갖지 않도록 항상 청결을 유지해야 한다. 또한 개인위생으로 신체상 건강해야 하며 용모, 복장 등 청결을 유지해야 한다.

3. 근검절약 정신(Economy)

비품 및 소모품 관리에 철저를 기하고 원가절감을 위해 노력하여 최대의 이익창출에 힘써야 한다. 즉 최소의 경비지출로 최대의 영업이익을 얻고자 함이다. 서비스요원은 곧 판매원으로 매출증진에 노력해야 한다.

4. 정직성(Honesty)

어느 누구에게라도 책임감 있는 행동을 취하여 신뢰받을 수 있도록 정직성을 생활의 신조로 삼아야 한다.

5. 환대성(Hospitality)

고객은 종사원의 환대태도에 따라 느끼는 감정이 아주 민감하다. 그러므로 종사원은 고객이 온화하고 안락한 분위기 속에서 언제나 정성어린 환대를 받고 있다는 좋은 인상을 주는 접객태도를 확립해야 한다.

1) 능률적인 서비스

능률성(efficiency)이란 한정된 시간 내에 맡은바 업무를 정확히 파악한 후, 최대의 능력을 발휘하여 얻을 수 있는 성과를 말한다. 즉 업무의 능률을 올리기 위하여 종사원들은 모든 일에 적극적이고 능동적인 자세로 업무를 수행해야 하며, 업무의 흐름을 숙지하여 요령있게 효과적으로 일을 처리할 수 있도록 전반적인 기능을 향상시켜야 한다.

2) 정직과 신뢰

사람의 손에 의해서 이루어지는 식음료 서비스업무는 종사원 서로 간에 의존도가 높은 업무이므로 정직과 신뢰(honesty & trust)가 요구된다. 직원 각자가 신뢰를 지닌 원만한 협조체제가 형성될 때 고객은 종사원들의 올바른 마음가짐과 행동에 더욱 믿음을 갖게 됨으로써 서비스에 만족하게 되며, 결과적으로 레스토랑의 매출신장과 지속적인 발전에 크게 기여하게 된다. 특히 대규모 연회행사 때에는 모든 직원들이 서로 신뢰감을 갖고 정직하게 협조해야 신속하고 정확하게 실수 없이 서비스를 제공할 수 있다.

제2절 | 서비스 종사원의 기본예절

인사는 고객에게는 감사의 표현이고 상사에게는 존경심의 표현이며 동료 간에는 사랑을 표현하는 마음가짐의 외적 표현이다. 따라서 인사는 서비스 종사원으로서 고객에 대한 프로정신(Professional spirit)의 표현이다. 그러므로 감사하는 마음으로 밝고 예의 바르게 또한 정중하고 공손하게 실시하며, 항상 절도 있고 예의 바른 인사태도를 갖추어야 한다.

1. 인사하는 방법

1) 호칭을 사용하며 인사하기

항상 손님에게 관심을 갖고 직책과 성함을 기억한다.

2) 정중하게 인사하기

손님을 존경하는 마음으로 고개를 숙이고 1~2초 후에 고개를 든다.

3) 미소 지으며 인사하기

항상 웃으며 모든 고객과 직원 간에 미소 짓는 습관을 갖는다.

2. 인사의 종류

① 최경례(45°) : VIP의 영접과 배웅 시 또는 정중한 사과나 감사 시에 실
    시한다.

② 보통례(30°) : 일반적인 고객 영접 시에 실시한다.

③ 목 례(15°) : 엘리베이터 내에서 또는 화장실에서 동료 간에 실시한다.

3. 인사하는 요령

① 깊이 숙이면 숙일수록 정중하다.

② 표정은 밝게 가벼운 미소를 띠며 인사한다.

③ 손은 남자는 가볍게 말아쥐어 바지의 재봉선에 대고 여자는 두 손을 포개어 아랫배에 댄다. 발은 뒤꿈치를 붙이고 내각은 30도를 벌린다. 머리는 떨어지지 않도록 하며 허리와 일직선이 되도록 유지한다. 다리는 곧게 펴고 무릎은 붙인다.

④ 숙인 상태가 길수록 정중하다.

⑤ 유의사항 : 고객의 통행에 방해가 되어서는 안 되며 걸어가면서 인사를 해서는 안 된다.

4. 보행예절

① 바른 걸음걸이는 마음에서 비롯되므로 즐겁고 경쾌한 마음으로 걸어야 한다.

② 가슴과 등을 펴고 턱은 당기며, 시선은 정면을 향하고, 보폭은 적당히 하여 자연스럽게 한다.

③ 뒷굽을 끌거나 긴급 시에도 뛰어서는 안 되며 속보를 하고 가볍고 조용히 걸어야 한다.

④ 급한 용무로 부득이한 경우를 제외하고는 상대를 앞지르는 일이 없도록 한다.

⑤ 복도에서 상사나 고객을 앞지르지 않는 것이 원칙이다. 부득이한 때는 "실례합니다"라고 말하고 양해를 구한 뒤 지나간다.

⑥ 여러 명이 같이 걸을 때는 종으로 걸어야 하며 횡으로 통로를 막는 일이 없도록 한다.

⑦ 고객과 서로 지나칠 때는 걸음을 잠시 멈추고 고객의 행동반경을 피해서 가볍게 머리 숙여 인사하고, 고객이 먼저 지나가도록 한다.

⑧ 고객을 안내할 때는 조심성 있게 한 걸음 앞에서 선도하고, 고객을 수행

할 때는 고객의 좌측 1보 뒤나 후방에서 걷는다.

⑨ 고객을 유심히 쳐다보거나 곁눈질, 치켜뜨기, 흘기거나 손가락질을 하지 않는다.

⑩ 고객용 엘리베이터, 에스컬레이터, 화장실 등을 사용하지 않는다.

⑪ 보행 중 다리가 벌어지지 않도록 하고, 발을 질질 끌면서 걷지 않는다.

⑫ 뒷짐을 지거나, 주머니에 손을 넣거나, 팔짱을 끼고 걷지 않는다.

⑬ 보행 중 담배를 피우거나 잡담을 하거나 껌을 씹지 않는다.

⑭ 주머니에 소리 나는 물건을 넣고 다니지 않는다.

5. 고객응대 화법

고객에게 올바른 용어를 사용하기 위해 4포인트와 원칙을 지켜서 이야기해야 한다.

1) 고객언어 사용의 4포인트

① 밝게 – 고객과 대화 시 바른 자세와 밝은 표정으로 한다.

② 쉽게 – 고객에게 전문용어, 외국어, 약어를 사용하지 않는다.

③ 우아하게 – 고객과 대화 시에는 목소리의 고저와 속도를 맞추어서 말한다.

④ 아름답게 – 고객에게는 비어, 속어, 유행어를 사용하면 안 된다.

2) 고객에 대한 언어사용의 원칙

① 단 한마디라도 신경 써서 말한다.

② 명령형을 의뢰형으로 말한다.

③ 부정형을 긍정형으로 말한다.

④ 부정형을 의뢰형으로 말한다.

⑤ 경어를 사용한다.

6. 서비스 10대 용어

① 안녕하십니까?

② 어서 오십시오.

③ 무엇을 도와드릴까요?

④ 제가 안내해 드리겠습니다, 이쪽입니다.

⑤ 예, 잘 알겠습니다.

⑥ 죄송합니다. 잠시만 기다려주시겠습니까?

⑦ 대단히 죄송합니다.

⑧ 오래 기다리게 해서 죄송합니다.

⑨ 즐거운 시간 되십시오.

⑩ 감사합니다. 안녕히 가십시오.

7. 전화예절

1) 전화의 특성

① 고객과의 얼굴 없는 만남이다.

② 예고 없이 찾아오는 방문객이다.

③ 영업장의 이미지이다.

④ 의지할 것은 음성뿐이며 음성만으로 모든 것이 고객에게 전달된다.

2) 전화를 받는 요령

① 전화는 바른 자세와 밝은 미소로 명랑하고 상냥한 목소리로 받는다.

② 벨이 울리면 빨리 받아야 한다.(2회 이내)

③ 전화를 받으면 "감사합니다. ○○○ (영업장 이름)입니다"라고 한다.

④ 금액, 일시, 숫자 등은 잘 듣고 다시

확인한다.

⑤ 올바른 경어를 사용해야 한다.

⑥ 전화를 끊을 때는 "감사합니다"라고 끝인사를 '꼭' 한다.

⑦ 고객보다 늦게 수화기를 내려놓는다.

3) 고객의 불평전화

① 먼저 고객에게 정중한 사과를 한다.

② 고객의 성함과 직함, 전화번호를 확인한다.

③ 고객에게 해당부서(담당자)를 가르쳐주고, 그쪽으로 연결을 하거나 이쪽에서 확인 후 다시 연락을 드리겠다고 해야 한다.

④ 여기저기로 전화 돌리는 행위를 해서는 안 된다.

4) 전화 사용 시 주의사항

① 근무 중 사적인 전화는 하지 않는다.

② 사적인 전화는 언어의 사용이나 태도가 흐트러지기 쉬우므로 특히 주의하고 직장 분위기를 흐리지 않도록 한다.

③ 직장이라는 것을 잊지 말고 요령 있게 용건만 전달한다.

제3절 | 서비스 종사원의 기본자세

1. 서비스 종사원의 강령

1) 예절의 기본

예절은 서비스 종사원 누구나 알아야 하고 반드시 실천해야 할 일이다. 이것은 한마디로 서비스인이 가져야 할 올바른 마음씨와 올바른 언어의 사용 및 행동의 표현이라 할 수 있다. 곧 서비스 종사원이 몸과 마음을 가다듬어 품위 있는 행동으로 고객서비스에 임하는 것을 말한다. 그러나 이것만으로 훌륭한 예절을 터득할 수 없다. 왜냐하면 아무리 형식적으로 훌륭하다 할지라도 정신적, 또는 인격적으로 우러나는 진정한 마음씨가 나타나야 비로소 그를 나타내기 때문이다. 그러므로 예절의 기본은 친절한 마음씨, 즉 고객의 입장을 이해하고 고객을 위할 줄 아는 올바른 행동과 마음의 표현이라 할 수 있다.

2) 서비스의 예절

인생은 서비스를 목적으로 한다. 그리고 남 돕는 것을 서비스의 기본으로 한다. 이것은 서비스를 하는 데는 필수적이다.

서비스는 곧 협력과 친절을 뜻한다. 이는 고객에 대한 서비스 종사원 각자가 필히 갖춰야 할 의식이며 자신을 조절할 수 있는 능력을 갖춤으로써 서비스를 완전하게 할 수 있다는 것이다.

3) 직원 간의 예절

고객에게 예절을 갖추어야 하듯 영업장에서는 직원 상호 간에 예절을 바르게 지켜야 한다. 직원끼리 서로 아끼고 존경하며 예절을 지킬 때 그 영업장의 분위기는 한결 밝고 명랑하게 되며 업무의 능률도 향상된다. 그뿐 아니라 그러한 분위기는 그곳을 찾는 고객에게도 알게 모르게 좋은 느낌을 주는 것이어서 그 영업장과 직원에 대한 신뢰가 두터워지기 마련이다.

예절이란 상대가 싫어하는 것을 피하고 나아가 상대가 호감을 갖도록 노력하는 것으로 건전한 서비스 종사원으로서 상식적인 최소한의 몸가짐만 조심하면 크게 어려운 것은 아니다. 그러나 항상 함께 생활하며 사이가 가깝다 보면 자칫 예절에 벗어난 행동을 하고도 예사로 넘기기 쉬운 것이 또한 직장예절의 함정이므로 주의하여야 한다.

4) 영업장 직원 상호 간의 유의사항

① 호칭에 주의해야 한다. 부하 직원이라고 "야!" 또는 "어!"라고 부르거나 별명을 불러서는 안 되며, 이름에 씨를 붙여 호칭한다(예 : 홍길동씨). 그리

고 선배사원을 호칭할 때는 직책이 있으면 직책을 붙이고 '님'자를 붙여서 호칭하여야 한다(예: 김 캡틴님).

② 직원 간에 다투지 말아야 한다. 고객의 앞에서는 어떠한 경우에도 다투어서는 안 되며, 선배사원의 지시에 따르고 후에 조용히 자신의 의견을 이야기해야 한다.

③ 인사를 잘 해야 한다. 특히 출·퇴근 시는 물론 외출 시나 돌아왔을 때 밝게 인사를 하여야 한다.

④ 품위 있는 말을 사용하라. 친하다고 해서 상스러운 말을 하거나 지나친 농담을 해서는 안 된다.

⑤ 존대어를 사용하라. 부하직원에게도 존대어를 사용하는 것이 원칙이다.

⑥ 동료의 결점을 들추거나 사생활에 간섭하지 않는 것이 좋다.

⑦ 나 한 사람 개인이 아니라 조직, 구성원으로서 행동해야 한다.

⑧ 다른 직원은 바쁜데 나의 일만 끝났다고 해서 모든 것이 끝난 것이 아니다.

⑨ 상사를 존경하고 부하를 아낄 것이며, 아무리 동급이라도 선배는 선배로서 대접하라.

⑩ 영업장 기물을 파손해서는 안 된다.

5) 고객에 대한 예절

① 고객을 안내할 때는 고객의 오른쪽 앞에서 고객의 행동을 살피며 바른 자세로 보조를 맞추어 걸어야 한다.

② 고객이 짐을 들고 있으면 고객이 혼자서도 충분히 들 수 있는 것이라도 "들어드리겠습니다"라고 말한 후 고객의 의견을 따라야 한다.

③ 계단이나 통로에서 고객을 만나면 목례로 인사하며 옆으로 물러선다.

6) 대기(Attending)

대기란 영업장에서 영업개시 5분 전부터 모든 접객원이 정 위치에 있는 것을 말하며, 항상 바른 자세로 고객을 맞이하기 위한 만반의 준비를 하고 있어야 한다.

① 영업시간 10분 전에는 입구에서 Back Side까지 준비가 끝난 후 용모와 복장의 점검이 끝난 후에 실시된다.

② 고객을 영접하기 위한 자세, 고객이 종사원을 찾을 때를 대비한 자세

7) 회의(Meeting)

① 영업 시작 전에 영업을 위한 준비사항의 점검 및 종업원의 용모복장을 점검한다.

② 그날의 중요한 사항 등을 알리기 위하여 실시한다.

③ 업장의 형편, 책임자의 형편에 따라 적절한 시간에 짧게 이루어진다.

④ 미팅은 Captain급 이상이 주관한다.

⑤ 정해진 미팅시간을 지켜야 한다.

⑥ 미팅시간에 늦어서는 안 된다.

⑦ 미팅내용을 숙지하고 근무에 임해야 한다.

⑧ 업무에 관련된 업무분장을 이야기한다.

8) 미팅(Meeting) 순서

① 복장검사

② 인사

③ 주방 연락사항

④ 지시 및 전달

⑤ 업무분담

⑥ 당일 Man Power 및 특이사항 발표

⑦ 구호 및 인사

2. 업무 시 기본자세

1) 기본자세

(1) 위생관념을 갖고 청결히 한다

① 종업원은 정기적으로 신체검사를 받는다.

② 기물은 위생적으로 관리한다.

③ 음식물 관리는 계절의 변화도 함께 고려한다.

(2) 주문은 정확하게 받는다

① 메뉴에 기준해서 주문을 받는다.

② 잘못 받은 주문은 고객에게 불쾌감을 줄 뿐만 아니라 원가절감에도 영향을 미치므로 각별히 주의한다.

(3) 신속하고 친절하게 서비스를 한다

① 고객을 오랫동안 기다리게 해서는 안 된다.

② 고객이 영업장을 떠날 때까지 관심과 친절로써 인상깊게 환송한다.

(4) 풍부한 상품지식을 지닌다

① 요리의 재료와 조리법을 철저히 연구한다.

② 연구를 바탕으로 한 상품지식의 습득은 정확한 서비스를 가능하게 한다.

(5) 기술적인 서비스를 한다

① 바른 자세, 공손한 말씨는 서비스의 기본을 이룬다.

② 식기의 취급, 식음료서비스 방법 등의 기본적인 기술을 빠른 시일 내에 터득한다.

(6) 각 부문 간에 상호 협력하는 자세를 지닌다

① 다른 부문 간의 상호 협력은 서비스의 질을 더욱 향상시킨다.

② 고객을 모시는 것과 같이 기물관리에도 각별한 주의를 해야 한다.

(7) 원가의식을 갖고 업무에 임해야 한다

① 원가관리의 기본은 낭비하지 않는 것이다.

② 원가관리는 특정 담당자뿐만 아니고, 모든 종업원이 함께 신경 써야 한다.

(8) 고정관념에서 벗어나 변화에 적절히 대응한다

① 식사의 레저화에 상응하는 서비스를 한다.

② 시대적인 경향을 고려한다.

③ 서비스의 개선에 중점을 둔다.

3. 종업원의 근무평가기준

1) 근무평가기준

종업원은 상사로부터 평가를 받기 전에 스스로 자신을 평가하고 반성하는 태도를 길러 자기 향상 및 회사 발전에 기여해야 한다.

(1) 근무태도 면

① 회사의 여러 규정 및 규칙을 잘 지키는가?

② 성실하고 적극적인 자세로 근무하는가?

(2) 이해 및 판단 면

① 업무의 내용을 즉시 이해하는가?

② 상사의 의도나 방침을 잘 이해한 후 업무에 임하는가?

③ 판단에 앞서 면밀히 조사, 연구하고 계획을 수립하는가?

④ 업무를 이해하지 못한 채 경솔히 처리하여 실수를 하지는 않는가?

(3) 책임 및 적극성의 면

① 서비스의 개선, 매출 증진 등에 적극적인 의욕을 보이는가?

② 모두가 기피하는 업무일지라도 적극적인 의욕을 보이는가?

③ 책임을 회피하거나 전가하는 일이 있지는 않은가?

④ 자신의 업무는 정확하게 완수하는가?

(4) 협동 면

① 상사의 지시에 의한 업무에 잘 협조하는가?

② 타 부서의 동료와도 잘 협조하는가?

③ 동료 또는 부하와 협조가 잘되는가?

④ 지나치게 이기적이거나 타인을 비난하는 행위를 하지는 않는가?

(5) 업무량 및 정확도

① 바쁜 중에도 업무를 무난히 처리하는가?

② 업무의 처리속도에 일관성이 있는가?

③ 업무의 처리 및 끝맺음, 기계의 조작 등을 조심성 없게 처리하여 문제를 일으키지는 않는가?

④ 업무를 안심하고 맡길 수 있는가?

(6) 물품관리 면

① 원가의식을 염두에 두고 경비절감에 기여하는가?

② 원가의식을 염두에 두고 물품관리에 주의를 기울이는가?

(7) 언어사용 면

① 고객 및 동료 간의 대화에 적절한 언어를 구사하는가?

(8) 접객태도 면

① 까다로운 고객에게 끝까지 서비스할 자세를 가지고 있는가?

② 호감 가는 태도로 서비스하는가?

③ 고객에게 불쾌감 주는 행위를 하지는 않는가?

(9) 기술 면

① 접객원으로서의 충분한 서비스기술을 연마하여 여러 동료의 모범이 되는가?

(10) 위생 면

① 두발, 얼굴, 손톱, 구두 등이 항상 단정하게 손질되어 있는가?

(11) 지도력

① 후배사원을 계획성 있게 통솔하는가?

② 후배사원을 무리 없이 객관성 있는 태도로 통솔하는가?

③ 후배사원으로부터 신뢰를 받고 있는가?

2) 준수사항

(1) 개개인은 영업장을 대표한다는 주인의식을 가진다.

(2) 종업원의 태도가 영업장 전체의 분위기를 평가하므로 한 순간이라도 방심해서는 안 된다.

(3) 예의 바르고 정중해야 하며 정직해야 한다.

(4) 고객의 팔과 다리가 되어야 한다.

　① 고객의 요구에 따라 서비스한다.

　② 성실한 태도로 신속하게 서비스한다.

　③ 고객 한 사람 한 사람을 자세히 살핀다.

　④ 모든 고객을 나의 가족처럼 생각한다.

　⑤ 고객의 대화를 엿듣는 행동을 해서는 안 된다.

(5) 각 영업장과 직원 간에 서로 밀접하게 상호 협력한다. 업무가 바쁘거나 과중할 때는 서로 간에 도움을 청하고 도와준다. 협조는 상호발전의 원동력이 된다.

(6) 실수했을 때에는 즉시 정중하게 사과를 해야 한다. 판매하는 상품에 대하여 풍부한 지식을 갖는다.

(7) 상품지식을 많이 알고 있다고 해서 지나치게 내세우는 일이 없도록 한다.

(8) 근무태도는 항상 단정해야 한다.

(9) 근무 중에 껌 등을 씹어서는 안 된다.

(10) 테이블, 의자, 벽에 기대거나 불량한 태도를 취해서는 안 된다.

(11) 고객의 옆에 동석해서는 안 된다.

(12) 크게 소리내어 웃지 않는다.

(13) 큰 소리로 동료나 고객을 부르지 않는다.

(14) 영업장에서는 아무리 바빠도 뛰지 않는다.

3) 불량 서비스맨의 체크포인트

① 성격에 문제가 있다.

② 거짓말을 잘한다.

③ 선천적으로 게으르다.

④ 감수성이 둔하다.

⑤ 인상이 좋지 못하다.

⑥ 불안한 상황에서는 감정이 극단적으로 흔들린다.

⑦ 자기주장이 없다.

⑧ 약속을 지키지 않는다.

⑨ 노력하고자 하지 않는다.

⑩ 야단을 맞아도 자극이 없다.

⑪ 항시 패배의 패턴이 형성되고 있다.

4) 서비스직을 싫어하고 있다

① 서비스 일을 계속할 마음이 없다.

② 서비스는 호감이 안 간다고 생각하고 말한다.

③ 자신은 원하지 않았는데 서비스 일을 하고 있다고 느끼고 있다.

④ 언제든지 그만둘 수 있다고 생각하며 말하고 있다.

⑤ 다른 직업을 찾아봤으면 하는 생각을 하고 있다.

5) 대인관계에 있어서 문제가 있다

① 사람을 싫어하는 경향이 있다.

② 사람에 대한 흥미가 저조하다.

③ 사람과의 거리를 만들려고 한다.

④ 나이 많은 사람을 무서워한다.

⑤ 사람의 이름을 좀처럼 기억하지 못한다.

⑥ 사람의 호의를 받아들이는 마음이 결여되어 있다.

⑦ 대화에 성의가 없다.

⑧ 어린이를 싫어한다.

6) 행동에 문제가 있다

① 행동이 둔하고 민첩하지 못하다.

② 결근, 지각, 조퇴가 많다.

③ 고객에게 신경을 안 쓴다.

④ 이기적인 행동이 눈에 띈다.

⑤ 좋은 결과만을 바랄 뿐 과정에 있어서 노력을 하지 않는다.

⑥ 자기 ·개인적인 일을 회사에서 하려고 한다.

⑦ 의존적인 인식이 강하다.

⑧ 개인적인 전화가 많다.

⑨ 근무 중에 외출이 잦다.

7) 고객응대가 서투르다

(1) 고객서비스를 위한 준비가 부족하다.

① 고객의 심리를 파악하지 못하고 있다.

② 메뉴에 대한 지식이 부족하다.

③ 판매하는 메뉴에 대한 신뢰가 없다.

④ 표준화법에 능통하지 못하다.

⑤ 주방과의 연락사항을 파악하지 못하고 있다.

⑥ 메뉴 변화에 대한 정보가 부족하다.

(2) 접근(approach) 능력이 부족하다

① 고객에 대한 상황판단을 잘 못하고 있다.

② 고객의 주의를 끌지 못하고 있다.

③ 고객의 이름 또는 특징에 대해 무신경하다.

④ 용모복장에 신경을 안 쓴다.

⑤ 예의, 매너, 기본동작이 좋지 못하다.

⑥ 접근화법을 잘 모르고 있다.

⑦ 고객의 마음을 읽으려 노력하지 않는다.

(3) 응대기술이 부족하다

① 고객의 주의를 끌지 못하고 있다.

② 고객이 흥미를 느끼지 못하게 하고 있다.

③ 자기 자신을 팔고 있지 않다.

④ 고객의 마음을 열지 못하고 있다.

⑤ 적절한 화법을 사용하고 있지 않다. 서투른 설명으로 고객에게 신뢰를 심어주지 못한다.

ⓐ 관심 ⓑ 흥미 ⓒ 상상 ⓓ 욕망

ⓔ 비교 ⓕ 신뢰 ⓖ 결정 ⓗ 만족

⑥ 제3자를 잘 이용하지 못하고 있다(다른 고객).

⑦ 고객을 알아주는(칭찬하는) 말을 사용하지 않는다.

⑧ 무조건 애걸 판매를 하고 있다.

⑨ 강압 판매를 하고 있다.

(4) 태도가 나쁘다

① 경어를 사용하지 않고 있다.

② 열의, 성의를 느끼지 못하게
한다.

③ 미소가 부족하다.

④ 유머가 부족하다.

⑤ 비굴한 태도를 보이고 있다.

⑥ 차분한 태도가 결여되어
있다.

⑦ 인위적으로 조작된 태도가 보인다.

⑧ 너무 과장된 태도를 보이고 있다.

⑨ 상대를 무시하는 태도가 보인다.

4. 고객의 불평(Complaint)

1) 불평과 불만의 차이

(1) 불평: 상당히 분명하고 구체적이고 겉으로 드러난 문제

① 음식의 맛이 없다.

② 직원이 불친절하다.

③ 분위기가 좋지 않다.

(2) 불만: 왠지 아닌 것 같은 드러나지 않고 대수롭지 않게 생각하는 사항

① 아무래도 음식 맛이 예전과 다른 것 같다.

② 직원들의 유니폼이 세련되지 못한 것 같다.

③ 영업장이 조금 더운 것 같다.

2) 컴플레인은 어떤 역할을 하는가?

① 컴플레인은 잠재적인 고객이다.

② 서비스를 향상시키는 역할을 한다.

③ 중요한 정보의 근거가 된다.

④ 회사의 명예를 높이는 근거가 된다.

3) 컴플레인을 처리하는 방법

(1) 사람을 교체한다.

① 사   원 → 간부사원

② 신입사원 → 경력사원

(2) 장소를 바꾼다.

① 업   장 → 사무실

② 소란스러운 장소 → 조용한 장소

(3) 시간을 잘 활용한다.

① 경청을 한다.

② 빠른 시간에 해결을 한다.

4) Complaint일지의 작성의의와 작성방법

(1) 작성의의

① 같은 종류의 실수 및 성격이 다른 기타 Complaint의 원인을 사전에 방지할 수 있다.

② 종업원 교육 시 자료로 활용된다.

③ 고객이 기호를 파악하는 자료가 된다.

④ 기업의 발전을 뒷받침하는 귀중한 자료로써의 역할을 할 수 있다.

(2) 작성요령

고객의 Complaint이 발생하면 서비스 담당자는 모든 사항을 6하원칙에 의해 일지를 작성하여 영업장의 책임자에게 제출하며 자체 해결이 가능한 것은 신속히 처리해야 하며 자체 처리가 어려운 것은 해당부서에 일지를 제출하여 처리하도록 한다.

① Who(누가) : 주체적 인물

② When(언제) : 시간

③ Where(어디서) : 장소

④ What(무엇을) : 내용

⑤ Why(왜) : 발생이유

⑥ How(어떻게) : 처리

5) TEN(10)의 법칙

① TEN Dollar : (10달러)

② TEN Second : (10초)

③ TEN Year   : (10년)

5. 서비스 종사원의 접객태도

서비스 종사원의 접객태도는 서비스맨 개인의 이미지뿐만 아니라 영업장의 이미지 결정에 절대적인 영향을 끼친다.

1) 고객에게 밝고 정중한 인상을 주어야 한다

① 용모복장, 몸가짐을 서비스맨으로서 바르게 해야 한다.

② 밝고 정중한 태도로 성실하게 고객을 대한다.

③ 건강한 체력과 안정된 자세를 기른다.

④ 적절한 언어를 상황에 맞게 구사할 수 있는 능력을 기른다.

⑤ 고객의 질문에 친절하게 답변한다.

⑥ 고객의 이름 및 직위 등 신분파악을 가능한 빨리한다.

2) 고객을 맞이할 때에는 바른 자세를 취한다

① 고객을 기다릴 때에는 대기 자세를 취하며 미소를 띤다.

② 고객을 안내할 때에는 바른 자세를 취한다.

3) 상품지식이 풍부해야 한다

① 와인 및 음료 등에 대해 항상 연구한다.

② 세련된 매너(manner)를 위해 노력한다.

③ 요리 및 조리방법에 대해 꾸준히 연구한다.

4) 고객이 필요로 하는 것을 파악하여 신속히 제공해야 한다

① 고객의 유형에 따라 서비스를 다르게 실시한다.

② 고객에게 안정감과 만족감을 줄 수 있도록 노력한다.

③ 고객에게는 항상 세심한 주의를 기울이도록 한다. 고객은 언제나 평등하게 대우한다는 것을 잊지 않는다.

5) 서비스와 매출에 대해 철저히 연구해야 한다

① 서비스와 매출 및 고객의 증감을 계속 분석한다.

② 식·음료를 추천하여 권유하는 방법을 연구한다.

③ 신제품 개발에도 힘쓴다.

6) 고객이 보다 만족을 느낄 수 있도록 정중히 환송해야 한다

① 정확, 신속, 명료한 회계 계산을 한다.

② 고객의 방문에 대해 감사의 마음을 표한다.

③ 만족한 서비스를 하고 있는가 항상 반성한다.

7) 고객에게 만족을 주는 행위를 해야 한다

① 고객의 얼굴을 익혀 호칭을 붙여서 인사한다.

② 고객의 기호를 기억한다.

③ 소속, 회사, 단체, 직위 등을 기억한다.

④ 고객이 좋아하는 위치(table, room)를 기억한다.

6. Complaint의 발생과 처리방법

서비스를 아무리 완벽하게 하려 해도 고객의 불평은 발생한다. 왜냐하면 인
간은 완벽할 수 없으며 사람마다의 주관이 다르고 모든 고객의 욕구가 다르기
때문이다. 따라서 고객의 지적이나 불평이 발생했을 경우 항상 긍정적인 자세
로 고객의 입장에 서서 정확한 원인을 파악하여 불평에 대한 해결방안을 강구
하여 고객에게 호감을 줄 수 있는 만족한 조치가 이루어지도록 신속하게 처리
해야 한다. 그럼으로써 회사의 이미지를 높이고 신뢰감을 형성하여 고객으로
하여금 재방문 및 고정고객이 될 수 있도록 노력해야 한다.

1) 고객은 다음과 같은 원인으로 불평한다

① 전화를 오래 받지 않았을 경우

② 예약을 했는데 예약되어 있지 않았을 경우

③ 입구에서부터 불친절하게 할 경우

④ 말씨가 퉁명스럽거나 난폭하거나 접객태도가 불량할 경우

⑤ 음식에 불순물이 들어 있거나 음식 맛에 이상이 있을 경우

⑥ 뜨거운 음식이 뜨겁지 않거나 차가워야 할 음식이 차갑지 않을 경우

⑦ 기물에 흠이 있거나 불순물이 묻어 있을 경우

⑧ 주문한 것과 틀린 경우

⑨ 시간이 너무 지체될 경우

⑩ 설비 및 시설의 미비로 신체나 의복이 손상된 경우

⑪ 서비스맨의 부주의로 신체나 의복이 손상된 경우

⑫ 영업장이 불결하거나 서비스맨의 용모복장이 불결 및 영업장 분위기가 산만한 경우

⑬ 마지막 계산 시 수납사원이 불친절할 경우

⑭ 주차시설 이용 시 불편하거나 주차요원이 불친절한 경우

2) Complaint 처리방법

1단계 : 무조건 정중히 사과한다.

2단계 : 주의집중을 한다.(listen with concern)

3단계 : 조용히 듣는다.(stay calm)

4단계 : 분명하게 사과한다.(apologize for the problem)

5단계 : 고객의 입장이 된다.(empathize)

6단계 : 질문하고 메모한다.(ask questions take notes)

7단계 : 해결 방법을 제시한다.(offer solution)

8단계 : 문제를 해결한다.(act on the problem)

9단계 : 과정을 확인하고 또 확인한다.(monitor progress and follow up)

3) 서비스맨의 10훈(訓)

(1) 활력을 가져라

① 지식과 기술을 습득해서 자기계발에 힘쓴다.

② 업무에 대한 신념으로 적극성을 지닌다.

(2) 신속한 판단을 할 수 있도록 훈련하라

① 업무에 대한 숙달로 신속하고 정확한 판단을 할 수 있다.

(3) 주관을 갖고 환경에 적응할 수 있는 융통성을 가지며 역경을 발전의 계기로 삼는다.

(4) 신뢰감을 얻을 수 있도록 먼저 고려한다.

① 항상 상대방의 입장을 먼저 고려한다.

② 약속을 엄수한다.

③ 언행을 일치시킨다.

④ 동료의 실수를 질책하기보다는 발전할 수 있는 경험으로 삼도록 한다.

(5) 규칙을 준수하라

① 100% 만족은 있을 수 없으므로 질서를 위해서는 개개인의 편리만을 주장하지 않도록 한다.

(6) 맡은바 책임을 다하라

① 책임완수는 자신을 성숙한 인간으로 향상시킨다.

② 세심한 계획은 책임완수를 뒷받침할 수 있다.

(7) 실수를 두려워하지 마라

① 실수의 원인은 반드시 파악해서 같은 실수를 반복하는 일이 없도록 한다.

(8) 순간순간에 최선을 다하라

① 오늘 일을 내일로 미루지 않는다.

② 하루를 반드시 반성하고 넘어간다.

(9) 시간을 귀중하게 보내라

① 시간이 중요한 만큼 다른 사람의 시간도 중요하다.

② 여가시간을 적절히 활용한다. 일에서 인생을 배우도록 노력한다.

③ 일에서 보람을 찾도록 하고 건전한 가치관을 함양한다.

(10) 자기관리를 잘 한다

① 호텔리어로서 모범이 될 수 있도록 자기관리를 한다.

② 고객으로부터 지적받지 않도록 관리한다.

COMPLAINT REPORT

담당		차장		부장	

일 시	○○○○년 ○○월 ○○일 (　요일)		
TABLE NO.		지적사항구분	설문지, 고객, 중역진, 간부
			서비스/시설 음식 및 기능
고객명		직 위	연락처

COMPLAINT 내용(6하원칙)

조치내용 :

부서장 조치사항		교육일지	교육인원	교육담당
	1차			
	2차			
	3차			

CHAPTER 03

호텔레스토랑 서비스의 실무

Food & Beverage Service Management

CHAPTER **3**
호텔레스토랑 서비스의 실무

| 제1절 | 예약업무 |

식당예약은 고객과 식당 사이에 날짜, 시간, 인원, 메뉴, 가격 등을 상호 약속하여 제공하고 제공받는 것을 말한다.

따라서 업무적인 관계로 고객을 접대하거나 인간관계를 나눔에 있어서 예약의 의미는 식당이용에 있어서 중요하다고 할 수 있다. 이와 같이 예약은 고객이 계획하고 있는 행사를 차질없이 진행할 수 있도록 예약담당자는 고객의 모든 요구사항을 정확히 접수하여 철저한 사전준비와 효율적인 서비스로 고객에게 최상의 서비스를 제공하여야 한다.

예약접수의 방법으로는 고객에 의한 직접예약, 전화에 의한 예약, 팩스(FAX) 등에 의한 방법이 있다.

1. 고객에 의한 직접예약

고객이 식당예약을 하기 위해 방문하는 경우에 예약담당자는 밝은 미소와 함께 최상의 예의와 호의를 가지고 "어서 오십시오. 무엇을 도와드릴까요?"라고 인사를 한 후 좌석으로 안내하여 다음과 같은 요령으로 예약접수를 받도록 한다.

① 행사일자, 시간, 인원 수, 모임명, 예약자 성명 또는 주최자 성명, 연락처 등을 확인한 후 접수를 한다.

② 장소(room) 또는 테이블의 좌석배치를 결정한다.

③ 고객의 요구사항(사진, 꽃, 케이크, 안내문, 메뉴)이나 준비사항 유무를 확인한다.

④ 예약사항을 반복 확인한다.

⑤ 예약취소는 예약확인을 통해 반드시 하루 전에 취소하는 사람의 성명, 연락처, 취소일자, 시간을 기재하여 예약운영에 차질이 없도록 한다.

⑥ 예약된 장소와 테이블은 행사 예정시간으로부터 1시간 이상 경과되면 상황에 따라 다른 고객에게 판매할 수 있게 된다. 그러나 이런 점에 대해서는 예약 시 반드시 예약하는 고객에게 알려드려야 한다.

2. 전화에 의한 예약

전화는 호텔상품을 판매하는 데 있어서 필수 불가결한 기구이며, 고객과의 의사전달을 매개하는 기구이다. 고객은 호텔에 직접 방문하는 경우도 있으나, 여러 가지 문제에 대하여 전화문의나 전화예약을 하는 경우 전화는 상품을 판매하는 중요수단이며 편의를 도와주는 조력기구라 할 수 있다. 따라서 예약 담당자들은 고객과 직접 대면할 때보다 더욱 예의 바르고 친절하게 응대하여 전화예약업무를 성실히 수행하도록 한다.

① 전화벨이 울리면 신속하게 받아야 하며 전화벨이 두세 번 이상 울리기 전에 즉시 응답해야 한다.

② 일자, 시간, 인원을 묻고 테이블이나 장소의 사용가능 여부를 확인한다.

③ 그 외의 특별한 사항 또는 준비사항 등을 사전에 묻거나 알려준다.

④ 연락처, 예약자 성명이나 주최자 성명을 받고 다시 한 번 모든 예약사항을 확인한 후 "○월 ○일 ○시 ○분에 ○○장소로 예약하여 놓겠습니다.

예약해 주셔서 감사합니다"라고 끝인사를 한다.

⑤ 예약취소는 예약확인을 통해 반드시 하루 전에 취소하는 사람의 성명, 연락처, 취소일자, 시간을 기재하여 예약운영에 차질이 없도록 한다.

⑥ 통화 중에 예약전화가 걸려오면 "잠시만 기다려주시겠습니까?"라고 먼저 상대방의 양해를 구하고 허락을 받은 후 새로 걸려온 전화에 응답해야 한다.

■ **전화예약 응답 시의 대화내용**

감사합니다. ○○○ (레스토랑명) ○○○ (본인의 이름)입니다.

– 성명 : 예약하시는 분 성함을 알려주시겠습니까?

– 일자 : 원하시는 날짜를 알려주시겠습니까?

– 시간 : 몇 시에 오시겠습니까?

– 인원 : 몇 분이 오시겠습니까?

– 연락처 : 연락처를 알려주시겠습니까?

– 준비사항 : 그 외의 특별한 준비사항이 있습니까?

다시 한 번 확인하여 알려드리겠습니다.

○○월 ○○일 ○○시 ○○장소(테이블)로 예약하여 놓겠습니다.

예약해 주셔서 감사합니다.

저는 ○○○ (레스토랑명)의 ○○○ (본인의 이름)입니다.

| 제2절 | 고객 영접 및 안내 |

1. 고객 영접서비스

영접은 식당의 종류와 크기에 따라 다르겠으나 일반적으로 한두 명이 지정되어 고객을 영접하고 식탁으로 안내하게 된다. 업장지배인과 리셉셔니스트 등이 이 업무를 담당하게 되며 고객이 식당으로 입장하면 안내담당자는 입구에서 단정한 자세로 고객에게 접근하여 다음과 같은 절차로 영접한다.

■ 고객 영접 시 서비스절차

① 미소 띤 밝은 얼굴로 공손하고 명랑한 인사말로 고객을 맞이하며 아침, 점심, 저녁 등으로 구분하여, 적절하게 인사를 한다(형식적이거나 기계적이라는 느낌이 들지 않도록 마음을 담아 정중하게 인사한다).

② 고객의 국적을 알 경우 그 나라의 언어로 대화한다.
(한국어, 영어, 일어 등)

③ 고객의 이름을 아는 경우에는 이름을 불러드리면서 인사를 한다.
(안녕하십니까, 김 사장님, 어서 오십시오.)

④ 고객이 예약하였을 경우에는 그 사람이 자기 이름을 일러줄 것이며, 그렇지 않을 경우 고객의 성함을 물어본다.

⑤ 고객의 성함을 알고 난 다음에는 "○○○손님, 예약을 하셨습니까?"라고 예약확인을 하고, 일행의 인원 수를 확인한다.

⑥ 예약고객의 경우 영업담당자는 사전에 성명, 예약사항을 숙지하고 고객을 식탁으로 안내한다.

⑦ 고객이 예약을 못하셨을 경우에는 적당한 장소에 테이블을 지정하고 고객을 테이블로 안내한다. 배정할 테이블이 없을 경우에는 정중히 양해를 구하고 사용 가능한 시간을 알려드리고 대기 장소로 안내한다.

⑧ 손님을 받기 위해 테이블 리셋업(reset-up)이 다 되었다고 생각되면 준비된 테이블로 안내한다.

⑨ 기다리는 고객이 많을 경우에는 고객이 얼마 동안 기다려야 하는지를 솔직하게 인지시켜 드리고, 어떠한 상황하에서도 기다릴 시간을 너무 많이 차이가 나게 말하여서는 안 된다.

⑩ 고객이 기다리기 곤란할 경우에는 호텔 내 다른 식당의 예약사항을 파악하여 괜찮으시다면 예약을 해드리고 안내한다.

2. 테이블 안내서비스

고객안내 서비스와 좌석을 배정할 때 가능한 한 다음 사항에 유의하여 수행한다면 고객의 만족도를 높일 수 있다.

① 젊은 남녀고객은 벽 쪽 조용한 식탁으로 안내한다.

② 멋있고 호화로운 옷을 입고 있거나 인기 있는 고객은 식탁 중앙으로 안내하여 다른 고객들에게 자랑스럽게 보이도록 한다.

③ 똑같은 옷이나 유사한 옷을 입은 사람은 서로 떨어진 좌석으로 안내한다.

④ 남녀를 불문하고 혼자 오신 고객은 벽 쪽 전망이 좋은 창가 식탁으로 안내한다.

⑤ 연로한 고객이나 지체가 부자유한 고객은 입구에서 가까운 테이블로 안내한다.

⑥ 식당 분위기를 흐리거나 다른 고객에게 좋지 못한 영향을 미치는 손님이 있을 때에는 지배인에게 속히 연락하여 외국인과 내국인을 골고루 섞어서 균형을 이루도록 테이블 배정에 신경을 쓴다.

⑦ 고객이 특별한 테이블을 지정하여 앉기를 원할 때에는 예약되어 있지 않는 한 그 테이블에 앉도록 안내한다. 고객의 의사를 무시하거나 강권하여서는 안 된다.

⑧ 고객의 특별한 좌석요구가 없을 경우는 모든 스테이션에 골고루 손님을 받도록 나누어서 배정 안내한다.

⑨ 테이블이 깨끗이 치워지고 리셋업(reset-up)이 완료되지 않은 테이블에 고객을 모셔서는 안 된다.

⑩ 한 테이블에 서로 안면이 없는 고객을 선객의 양해도 없이 합석시켜서는 안 된다.

⑪ 이미 너무 많은 고객을 받은 스테이션에 집중되게 고객을 안내하여서는 안 된다. 일단 고객이 착석하면 좋은 음식과 최상의 서비스를 기다림 없이 제공하여야 하기 때문에 지나치게 많은 고객을 한번에 받는다는 것은 불가능하다는 것을 명심하여야 한다. 그러므로 적절한 서비스를 받을 수

있는 테이블이 준비될 때까지 고객으로 하여금 기다리게 하는 편이 좋다.

⑫ 안내담당자는 호텔 내의 모든 정보를 항상 숙지하여 고객 문의 시 즉시 제공할 수 있어야 한다.

⑬ 안내담당자는 서비스 구역 내에서 고객들에게 정중히 인사, 환송하고 맵시 있는 걸음걸이와 상냥한 대화로 접객하며 항상 미소짓는 얼굴을 하여야 한다.

⑭ 고객의 불평이 있을 시에는 담당지배인에게 즉시 보고하고, 고객과 절대로 다투어서는 안 된다.

제3절 │ 주문받는 요령

식당에서 고객들이 원하는 음료와 식사를 주문받는 일은 대단히 중요하다. 서비스 요원의 근무 목적인 매출의 극대화와 고객의 기호 및 입장을 합리적으로 조화시켜 훌륭한 음식과 훌륭한 서비스를 제공해야 한다.

1. 메뉴의 내용 숙지

서비스 요원은 자신이 근무하는 식당에서 취급하는 모든 요리 및 주류의 내용을 완벽하게 숙지하여 고객에게 설명할 수 있어야 한다.

2. 적극적인 음료 판매

식당의 매출 신장은 음료 판매 실적에 좌우된다. 식사를 제공하기 전에 식전음료(Aperitif) 판매는 물론 와인(Wine) 판매에도 주력하여야 한다.

3. 세일즈맨십의 발휘

(1) 식당서비스 요원은 훌륭한 세일즈맨이 되어야 한다.

(2) 훌륭한 세일즈맨은 상품을 팔기 전에 먼저 자기 자신을 팔아야 한다.

(3) 고객이 원하는 것을 정확히 판단한다.

(4) 가격을 팔지 말고 가치를 팔아야 한다.

(5) 분위기를 팔아야 한다.

① 친절한 상담역

고객은 모든 메뉴의 내용을 정통한 것이 아니다. 친절하게 설명하여 고객이 불편하지 않도록 유도, 권유 판매하여야 한다.

② 고객의 기호 및 사정을 정확하게 파악

고객의 기호를 파악하고 기분과 체면에 손상이 없도록 능동적인 자세로 주문을 받는다.

③ 주문내용의 정확한 기록 및 확인

주문받은 내용은 정확하게 기록하고 확인하여 차질이 없도록 만전을 기한다.

4. 주문의 기법

(1) 바른 자세로 주문을 받는다.

(2) 추천할 상품에 대해 정확히 숙지한다.

(3) 주문한 상품에 대해 정확히 확인한다.

(4) 서비스 중간에 추가주문을 받는다.

제4절	식당서비스의 절차

1. 영업개시 전의 업무

보통 오전 업무를 말하며 이때 영업장의 전반적인 확인 및 준비, 관리 등을 다음과 같이 실시하게 된다.

(1) 출근과 동시에 영업장의 key를 수령하여 영업장의 문을 연다.

(2) 영업장의 구석구석을 점검한다.

(3) 전날의 영업결과를 확인한다.

  ① 예약 테이블의 배치

  ② table flower의 확인

  ③ 영업장 청소 상태

  ④ 전등, 전화, 음향기, 환풍기, 제빙기 등의 작동여부 확인

  ⑤ 비품, 집기, 소모품의 확인 및 배치

(4) 준비가 완료된 뒤 출근 조원과의 미팅

2. 식당서비스 수칙

식당서비스 수칙이란 고객에게 물적, 인적 서비스 제공 시 고객의 요구사항과 욕구를 최대한 만족시킬 수 있도록 고안된 행동절차에 관한 규칙이다.

- 요리서비스 원칙은 뜨거운 요리는 뜨겁게, 찬 요리는 차갑게 서비스한다.
- 접시에 준비된 요리와 음료는 오른쪽에서 서비스한다. 단, 빵이나 샐러드같이 좌측에 놓이는 것은 왼쪽에서 제공한다.
- 요리가 준비되는 시간, 주방에서 식탁까지 운반할 때 걸리는 시간, 고객이 식사할 때의 시간을 체크하여 둔다.

- 요리를 운반할 때에는 신속하게 걷고 식탁 가까이 오면 조용하고 품위 있게 서비스한다.
- 고객이 손을 사용해야 하는 뼈나 껍질이 있는 요리를 제공할 때에는 Finger bowl을 우측에 제공하거나 물수건을 내도록 한다.
- 요리를 제공한 후 소스나 필요한 것이 빠진 것은 없는지, 또는 Ice water 나 Wine은 충분한지를 점검한다.
- 식사가 끝나면 오른쪽에서 조용히 치우고 테이블의 빵 조각 등을 치운다. 단, 빵 접시, 샐러드 접시는 좌측에서 치운다.
- 테이블 클로스가 소스나 음식물로 더러워진 경우에는 테이블 클로스와 같은 색의 냅킨으로 덮는다.
- Ice water나 엽차를 한번 더 점검한다.
- 디저트가 끝나면, 테이블 위의 빈 용기는 모두 치운다(물, 와인 제외).
- 커피를 다 드신 고객에는 추가 커피를 여쭈어보고 원하는 대로 드린다.
- 디저트나 커피를 제공한 후 bill을 마감하도록 한다.
- 고객의 요청이 있을 때에만 테이블 bill을 갖다 드리고, 손님을 초대한 경우에는 손님들이 합계금액을 눈치채지 못하게 조용히 계산자(주최자)에게 알려준다.
- 고객의 착석, 입석을 도와준다.
- 뚜껑 있는 그릇이나, 마크가 들어 있는 접시 또는 무늬가 들어 있는 그릇은 마크 등이 고객의 정면에 오도록 한다.
- 접시의 테 안쪽에 엄지손가락이 닿지 않도록 한다.
- Red wine은 Glass의 3/4, White wine은 2/3 정도로 채워서 고객이 직접 따라 마시는 일이 없도록 한다.
- Host와 고객을 구별할 수 있을 때는 고객부터 서브한다.
- Wine tasting은 Wine을 주문한 고객에게 한다(host 우선).
- 테이블에서 직접 조리되는 요리일 때에는 고객의 취향을 확인해서 고객의 기호에 맞게 조리한다.

- 접시를 뺄 때에는 고객의 오른쪽에서 오른발을 한 발자국 내딛고 네 손가락을 펴서 접시를 가리키며 "다 드셨습니까?" 또는 "치워도 좋겠습니까?"라고 양해 내지 의견을 물어본 뒤 오른손으로 큰 접시부터 쥐고 한 발자국 뒤로 물러서서 왼손에 옮겨 쥐며, 접시 위에 은기물과 남은 찌꺼기를 정리한 다음 같은 방법으로 다음 것을 치운다.

3. 서비스 규칙과 치우는 요령

- 서비스 규칙(Service rules)은 세팅할 때, 음식을 제공할 때, 사용한 기물이나 접시를 치울 때의 순서와 방법을 말한다.
- 치우는 요령(Bussing system)이란 종사원들이 고객이 사용한 기물과 접시류를 빼거나 치워주는 작업시스템을 말한다.

4. 영업종료 후의 업무

- Table의 cleaning
- 바닥 청소
- 냅킨 정리
- 집기, 물품, 소모품의 수령 및 배치
- Flower 정리
- 고객 수 및 매상 기록관리
- Table setting
- 영업장의 소등

제5절 | 테이블 세팅

일반적으로 사람이 요리를 맛있게 먹기 위해서는 미각, 시각, 후각, 청각, 촉각 등의 5각이 전부 만족을 느끼지 않으면 안 된다고 한다. 백색 클로스(White cloth) 위에 뿌려지는 은은한 조명, 감미로운 와인(Wine)의 향기, 식욕을 돋우는 각종 조미료의 향미, 기름에 튀기는 소리, 거기에 첨가되는 부드러운 빵의 촉감, 이러한 것들은 청결하고 품위 있는 테이블 세팅과 더불어 요리의 맛을 실제 이상으로 높여주어 식욕에 만족을 주는 것들이다.

1. 테이블 세팅 요령

테이블 세팅을 위한 준비 작업으로 다음과 같은 방법으로 테이블 클로스의 깔기를 하여야 한다.

- 식탁이나 의자가 별 이상 없이 안정된 상태인지 점검한다.
- 사일런스 클로스(Silence cloth)가 잘 깔려 있는지 점검한다.
- 테이블 클로스는 백색 리넨을 사용하는 것이 원칙이다. 그러나 식당의 종류나 운영방침에 따라 색상, 무늬, 섬유질 등이 변할 수도 있다.
- 테이블 클로스의 크기는 식탁 위에 깔렸을 때 테이블 아래로 늘어지는 길이가 30cm 정도이면 적당하며 사방이 똑같은 길이로 늘어져야 한다(식탁의 넓이가 90×90cm인 경우 테이블 클로스의 크기가 150×150cm이면 좋다).
- 테이블 클로스를 펴거나 식탁기물을 다룰 때는 가능하면 세 손가락(엄지, 검지, 중지)만을 사용한다.
- 테이블 클로스가 완전히 건조된 상태인가를 점검한 후에 테이블 클로스의 끝부분이 의자에 닿을 정도로 늘어뜨린다.
- 손바닥으로 클로스의 주름을 펴서는 안 되며 끝부분을 당겨서 편다.
- 테이블 클로스를 평평하게 펴고 테이블 클로스의 중심이 맞도록 한다.
- 밑으로 늘어진 부분이 모두 동일하도록 손질한다.

2. 테이블 세팅 순서

개 념	위 치	이유 및 내용
쇼 플레이트 (show plate)	(1) 각 커버(cover)의 중앙에 놓는다. (2) 테이블 끝으로부터 1cm 정도 떨어지게 놓는다.	(1) 균형 있는 외관을 위해서 (2) 고객이 착석할 때 옷깃이 닿지 않도록

⬇

개 념	위 치	이유 및 내용
디너 나이프 (dinner knife) 디너 포크 (dinner fork) 추가적인 기물	(1) 칼날이 안쪽으로 향하게 하여 쇼 플레이트의 오른쪽에 붙여 놓는다. (2) 쇼 플레이트의 왼쪽에 보기 좋게 붙여놓는다. (3) 디너 나이프나 디너 포크로부터 식사코스의 역순으로 놓아간다.	(1) 고객이 오른손으로 사용할 수도 있도록 (2) 오른손으로 자른 음식을 왼손으로 먹기 위하여 (3) 외곽으로부터 사용해 들어올 수 있도록

⬇

개 념	위 치	이유 및 내용
빵 접시 (B&B plate) 버터 나이프 (butter knife)	(1) 왼쪽편, 테이블 가장자리로부터 3cm 위쪽에 놓는다. (2) 빵접시 위의 오른쪽 1/4 정도 부분에 놓는다.	(1) 왼손으로 빵을 먹을 수 있도록 하기 위해서 (2) 왼손에 빵을 쥐고 오른손으로 버터를 바를 수 있도록 하고 아울러 사용법도 설명하기 위하여

⬇

개 념	위 치	이유 및 내용
디저트 스푼 (dessert spoon) 디저트 포크 (dessert fork)	(1) 두 개를 쇼 플레이트 상단에 위치하도록 놓는다. (2) 디저트 스푼의 손잡이는 오른쪽을 향하게 한다. (3) 디저트 포크의 손잡이는 왼쪽으로 향하게 한다. (4) 스푼은 포크의 위쪽에 놓는다.	(1) 후식이기 때문에 (2) 오른손으로 용이하게 손잡이를 잡을 수 있도록 (3) 왼손으로 용이하게 손잡이를 잡을 수 있도록 (4) 왼편보다는 오른편이 먼저라는 통념에 따라

⬇

| 냅킨 (napkin) | 중앙부, 오른쪽, 왼쪽 혹은 글라스에 꽂는다. | 냅킨의 형태와 메뉴에 따라 변할 수 있다. |

⬇

| 물잔 (water-goblet) | 디너 나이프의 칼 끝부분 위에 놓는다. | (1) 음료를 마실 때 오른손을 사용한다. (2) 글라스컵 세팅의 기준을 잡는다. |

⬇

| 소금과 후추병 (salt & pepper shaker) | 뒤쪽에 둘을 함께 놓는다. | 사방에서 쓸 수 있도록, 또한 모양이 단정하도록 |

⬇

| 꽃병(점심 때) 촛대(저녁 때) | 테이블 중앙부에 놓는다. | 장식을 위해 |

⬇

| 텐트 카드 예약 사인 | (1) 중앙부 가까이에 놓는다. (2) 들어오는 통로 가까이에 놓는다. | (1) 쉽게 읽을 수 있도록 (2) 쉽게 볼 수 있도록 |

3. 정식 테이블 세팅(Formal Table Setting)

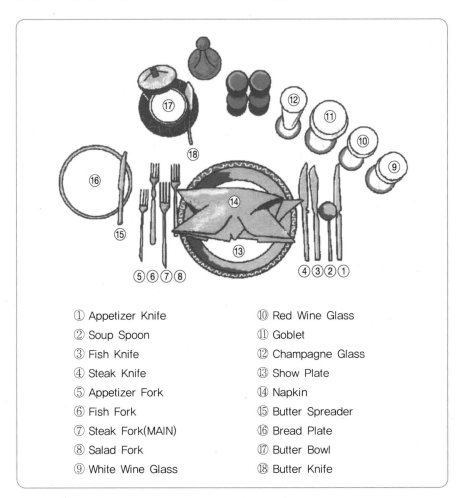

① Appetizer Knife
② Soup Spoon
③ Fish Knife
④ Steak Knife
⑤ Appetizer Fork
⑥ Fish Fork
⑦ Steak Fork(MAIN)
⑧ Salad Fork
⑨ White Wine Glass
⑩ Red Wine Glass
⑪ Goblet
⑫ Champagne Glass
⑬ Show Plate
⑭ Napkin
⑮ Butter Spreader
⑯ Bread Plate
⑰ Butter Bowl
⑱ Butter Knife

〈그림 3-1〉 정식 테이블 세팅

호텔레스토랑별 서비스

Food & Beverage Service Management

CHAPTER **4**
호텔레스토랑별 서비스

| 제1절 | 한식 레스토랑 |

1. 한국음식의 특징

한국은 삼면이 바다로 둘러싸여 있어 해산물이 풍부하고, 사계절이 뚜렷하여 다양한 곡물을 재료로 한 지방마다의 특색 있는 음식과 조리법이 발달되어 왔다. 한국의 음식은 외양적인 면보다 맛을 우선으로 여기는 관계로 정성과 많은 조리시간이 요구된다. 향토음식, 궁중음식, 관혼상제음식, 사찰음식, 발효음식 등에 따라 독특한 조리법이 전해지고 있는데, 특히 유교사상의 영향으로 돌, 혼례, 회갑, 상례 등에 따른 행사음식이 발달하였고, 상차림도

다양하여 찬수에 따라 3, 5, 7, 9, 12첩으로 준비한다. 일반적으로 상을 차릴 때에는 목적에 따라 반상, 주안상, 교자상, 면상으로 구분한다.

〈표 4-1〉 한식 상차림의 형식

형 식	구성 내용
3첩반상 (양반가의 간식 상차림)	• 기본식 : 밥, 탕, 김치, 간장 • 반찬 : 3가지(생채1, 숙채1, 구이(조림)1) • 후식 : 단 것, 과일, 차
5첩반상 (양반가의 평소 상차림)	• 기본식 : 밥, 탕, 김치, 간장, 초간장, 조치 1가지 • 반찬 : 5가지(생채1, 숙채1, 구이(조림)1, 전1, 마른 찬(젓갈)1) • 후식 : 단 것(떡종류, 한과류), 과일, 차
7첩반상 (양반가의 평소 상차림)	• 기본식 : 밥, 탕, 김치, 간장, 초간장, 초고추장, 조치, 전골 • 반찬 : 7가지(생채1, 숙채1, 구이1, 조림1, 전1, 마른 찬(젓갈)1, 회1) • 후식 : 떡, 한과류, 과일, 차, 화채
9첩반상 (양반가의 대갓집 상차림)	• 기본식 : 밥, 탕, 김치, 간장, 초간장, 초고추장, 조치, 전골 • 반찬 : 9가지(생채2, 숙채1, 구이2, 조림1, 전, 마른 찬(젓갈)1, 회1) • 후식 : 떡, 한과류, 과일, 차, 화채
12첩반상 (임금님 수라상차림)	• 기본식 : 밥, 탕, 김치, 간장, 초간장, 초고추장, 조치 • 반찬 : 12가지(생채2, 숙채2, 구이2, 조림1, 전1, 편육1, 마른 찬(젓갈)1, 회2) • 후식 : 떡, 한과류, 과일, 차, 화채
주안상	육포, 어포, 건어, 전류와 편육류, 신선로, 전골, 얼큰한 고추장찌개, 생채요리, 김치 등
교자상	축하연이나 회식, 모임 등의 상차림으로 한 번에 여러 명의 분량을 하나의 식기에 담는다.
면상	가정에서는 점심을 차리는 상으로, 상업요리나 연회용으로 차리는 상으로서 온면, 냉면, 떡국 등의 간단한 것이 주식이므로 편(떡)과 숙과류 등으로 양도 보충하고, 열량도 채워지도록 한다.

2. 한식메뉴의 구성

1) 밥

쌀은 오곡 중에서도 우리의 주식으로 가장 많이 애용되고 있다. 백미는 산성식품이며, 주성분은 단백질과 탄수화물이다. 밥의 종류에는 약밥, 찰밥, 팥밥, 국밥, 콩나물밥, 볶음밥, 콩밥, 비빔밥, 오곡밥, 비지밥, 김치밥, 무밥 등이 있다.

2) 죽과 미음

죽과 미음은 곡류를 주재료로 한 반유동 상태의 음식이다. 소화에 부담을 주지 않아 환자나 노약자를 위한 보양식, 환자식, 이유식으로 이용되며, 재료가 다채롭고, 종류 또한 다양하다. 죽은 재료에 따라 흰죽, 홍합죽, 닭죽, 전복죽, 팥죽, 잣죽, 콩죽 등이 있다.

3) 면

면은 오래전부터 생일, 혼례, 빈례용 음식으로 잔칫날, 생일날 점심 때 장수를 비는 뜻으로 사용되었지만, 오늘날에는 주식의 한 부분을 차지하고 있다.

4) 국

국은 밥과 함께 먹는 국물요리로 반상차림에는 꼭 있어야 할 기본 부식이다. 재료에 따라 고기국, 생선국, 채소국, 해초국으

로 나누고, 종류로는 맑은국, 흐린 국 등이 있다.

5) 찌개

찌개는 통속 명칭이고, 조치는 옛날 중국요리에서 나온 이름이다. 대개 국처럼 국물이 많지 않고 찜보다는 국물이 많은 것으로 국보다 간이 좀 진하다.

찌개의 재료는 그 범위가 매우 넓고, 한정이 없으며, 식품을 몇 가지씩 배합하여 만드는 예가 많아서 영양구조상 매우 좋은 요리이다. 된장조치, 호박조치, 젓국조치 등이 있다.

6) 전골

전골이란 국처럼 국물이 많은 것도 아니고, 볶음처럼 물이 아주 적은 것도 아니다. 보통 여러 가지 채소와 수육 등을 전골냄비에 빛깔 좋게 담고 조미료는 아주 담백하게 하여 식탁에서 즉석요리로 끓이는 것이 더 별미스럽다.

7) 찜

주재료에 갖은 양념을 하여 물이 가득하도록 넣고 흠씬 삶거나 쪄서 만드는 요리이다. 한국요리 중 가장 다양한 요리로 반상, 주안상, 교자상 등에 차려진다.

8) 선

찜과 같은 방법으로 조리하며 식물성 재료

인 호박, 오이, 가지, 배추, 두부와 같은 재료를 가지고 만든다. 여기에 쇠고기, 버섯 등은 솥에 넣고 육수를 조금 부어 익혀낸 것을 찜과 분류하여 선이라 한다. 종류로는 애호박선, 오이선, 가지선, 두부선 등이 있다.

9) 조림

생선, 고기, 두부, 감자 등의 재료를 큼직하게 썰고 간장 또는 고추장을 섞어서 조린 음식으로 밥반찬에 적합하다. 재료가 익은 후에도 그 조림의 국물을 끼얹어가면서 윤이 나게 조리하는 것이 좋다.

10) 구이

구이는 가장 기본적인 조리법으로써 우리나라에서는 일찍부터 '적'이라는 조리법에서 발달하였다. 소금, 간장, 기름, 술, 식초를 기본조미료로 하였고, 모두 꼬치에 꽂아서 구웠으며, 지금과 같이 파, 마늘을 필수조미료로 사용하지 않고 있다. 육어류 음식의 구이는 크게 나누어 소금구이와 양념구이가 있으며, 그중 양념구이의 간을 간장 또는 고추장으로 하는 것이 특징이라 하겠다. 현재 대표적인 구이는 불고기라 하겠으며, 이는 예로부터 '설야떡'이라 하여 궁중에서는 '너비아니'라 했다.

11) 적(산적)

고기와 채소를 함께 섞어 넓직하게 만들어 지지거나 꼬치에 꿰어 구워 먹는 요리로 서양요리의 바비큐와 비슷하다.

12) 전(전유어)

전은 기름을 두르고 지진다는 뜻이다. 전은 고기, 생선, 채소 등의 재료를 다지거나 얇게 저며서 꼬치에 꿰지 않고 삼삼하게 간을 하여 밀가루, 달걀로 옷을 입혀서 팬(pan)에 기름을 두르고 열이 잘 통하도록 납작하게 양면을 지져내는 것이 통례이다.

전은 웬만한 재료라면 모두 이용하여 만들 수 있으며, 그 종류는 파전, 김치전, 두릅전, 게전, 굴전, 조개전, 새우전, 북어전 등이 있다.

13) 회

회는 어패류를 날것 혹은 조리하지 않은 채로 데쳐 회즙에 찍어 먹도록 한 음식이다. 회를 찍어 먹는 장으로는 겨자즙, 초간장, 초고추장 등을 쓰고 있으나, 고추가 사용되기 전에는 겨자즙에 생강, 파, 산초 등을 섞어서 썼다.

14) 나물(숙채)

나물은 반상에 반찬으로 놓는 찬의 일종으

로 기름이나 양념장으로 볶아서 재료를 익히는 것과 재료를 데쳐서 갖은 양념으로 묻히는 것이 있다.

15) 김치

김치는 한국요리의 가장 기본적인 저장식품 이다.

고추잎김치, 무짠지, 무오가리무침, 톳김치, 연꽃동치미, 배추통김치, 열무김치, 오이소박이, 고구마줄기김치, 나박김치, 박김치, 배추즉석김치, 갓김치, 미나리김치, 파김치, 물김치, 오이김치, 총각김치, 가지김치 등이 있다.

16) 장아찌

장아찌는 짭짤한 밥반찬을 이르는 말이다. 제철에 많이 나는 채소류를 마련하여 간장이나 소금에 절이거나 고추장이나 된장에 박았다가 오랜 시간 후에 먹는 저장식품이다.

가지장아찌, 마늘종장아찌, 풋고추장아찌, 오이장아찌, 콩잎장아찌, 더덕장아찌, 미나리장아찌, 배추장아찌, 마늘장아찌, 멸치무침, 어리굴젓, 굴젓, 조개젓, 명란젓, 멸치젓, 대구알젓, 게젓, 오징어젓 등이 있다.

17) 떡

떡은 한국요리에서 빠지면 안 되는 것으로 그 종류가 다양하다.

계피떡, 깨떡, 경단, 인절미, 절편, 송편, 무지개떡, 증편, 백설기, 시루떡 등이 있다.

18) 과자

떡과 더불어 간식용도 되고, 화채나 차에 곁들여내어 후식용도 되는 한과류는 유과, 전과, 다식, 강정 등으로 나눌 수 있다.

약과, 매작과, 모과정과, 인삼정과, 당근정과, 연근정과, 도라지정과, 생강정과, 굴정과, 곶감, 율란, 생란, 조란, 대추초, 밤초, 쌀다식, 콩다식, 송화다식, 깨엿강정, 들깨엿강정, 콩엿강정 등이 있다.

19) 차

식사 후에 차게 한 음료수로 마시는 것이 화채라면, 뜨거운 것으로 마시는 한국적 음료수가 과일이나 열매잎 등을 이용해서 만든 차라 하겠다.

오미자차, 옥수수차, 계피차, 구기자차, 밀감즙차, 꿀차, 생강차, 모과차, 귤피차, 유자차, 호두차 등이 있다.

20) 화채

더운물에 오미자를 담가 붉게 우려낸 국물에 꽃과 설탕을 타고 과실을 넣거나 꽃을 뜯어 넣고 실떡을 띄워내는 것이 화채이다. 계절에 적절한 과실을 이용하여 만들기도 하는 음료이다. 백숙, 식혜, 귤화채, 사과화채, 딸기화채, 원소병, 유자화채, 수박화채, 수정과, 배화채 등이 있다.

21) 술

과실주는 과실 자체에서 풍기는 향내와 맛이 있어 술에 비길 수 없을 정도로 일품인 술이다. 옛 사람들은 과실주를 약주로 여겨 애용해 왔다고 한다. 풍류를 즐겼던 옛 사람들은 과실주를 일컬어 선주(仙酒)라 부르기도 한다. 머루주, 오이주, 다래주, 딸기주, 마늘주, 포도주, 자두주, 매실주, 모과주, 사과주, 구기자주 등이 있다.

3. 한식 서비스방법

〈표 4-2〉 한식 서비스방법 및 테이블 세팅

구분	서비스방법
차와 물수건 서비스	① 차 서비스는 고객의 오른쪽에서 여자나 연장자로부터 하여 찻잔에 7부 정도 따른다. ② 차는 항상 뜨거워야 한다. ③ 물수건은 차 서비스 후, 고객의 오른쪽 테이블 위에 올려놓는다.
음식 서비스	① 밥상을 접대할 경우 반상기를 사용하므로 요리 담은 그릇은 뚜껑을 덮는다. ② 국물 있는 요리는 오른쪽, 마른 요리는 왼쪽에 놓는 것을 원칙으로 한다. ③ 상의 오른쪽 아랫부분에는 국이나 찌개처럼 국물 있는 더운 요리를 놓는다. ④ 소스에 해당하는 양념간장, 초고추장은 오른쪽 윗부분에 놓는다. ⑤ 손이 자주 가는 요리는 앞에 놓고, 짠 젓갈반찬은 멀리 놓는다. ⑥ 중간 줄은 마른 찬이나 조림 등을 놓는다. ⑦ 사이드 디시(side dish)에 생선가시나 음식 찌꺼기가 있을 경우 자주 갈아준다. ⑧ 두 사람 이상이 식사할 경우 김치는 중앙에 놓고, 더운 요리와 찬 요리는 대각선으로 놓아 서로 이용하기 편리하도록 한다. ⑨ 순서에 따라 요리를 낼 경우 차가운 반찬, 마른반찬, 국물 없는 더운 요리, 국물 있는 더운 요리의 순으로 상에 놓는다. ⑩ 기본찬의 재료는 같은 것이 겹치지 않도록 한다. ⑪ 식사가 끝나면 식기를 전부 치우고 메뉴에 따라 후식과 과일을 놓는다.

제2절 | 일식 레스토랑

1. 일본요리의 특징

일본은 북동에서 남서로 길게 뻗어 있고, 바다로 둘러싸여 있으며, 지형, 기후의 변화가 많아 사계절에 생산되는 재료의 종류가 다양하고, 계절에 따라 맛이 달라지며, 해산물이 풍부하다. 따라서 일본요리는 쌀을 주식으로 하고, 농산물, 해산물을 부식으로 하여 형성되는데, 일반적으로 맛이 담백하고, 색채와 모양이 아름다우며, 풍미(향기, 혀끝감촉, 씹는 맛 등)가 뛰어나다. 이러한 면을 중시한 나머지 식품의 영양적 효과를 고려하지 않는 경우도 있었으나, 제2차 세계대전 후 서구식 생활의 영향을 받아 서양풍, 중국풍의 요리가 등장하게 되면서 영양 면도 고려하게 되었다. 또한 가정요리도 새로운 음식의 개발과 인스턴트 식품의 보급으로 다양하게 변화하고 있다.

2. 일본요리의 분류

1) 형식에 따른 분류

① 혼젠요리(本膳料理)
② 가이세키요리(會席料理)
③ 차가이세키요리(茶會席料理)
④ 쇼진요리(精進料理)
⑤ 후카요리(普採料理)

(1) 혼젠요리(本膳料理)

혼젠요리(本膳料理)는 관혼상제의 경우에 정식으로 차리는 의식요리로서 식단의 기본은 일즙삼채(一汁三採), 이즙오채(二汁五採), 삼즙칠채(三汁七採) 등이 있으나, 일즙오채, 이즙칠채, 삼즙구채, 삼즙십일채 등으로 수정된 것도 있다.

혼젠요리로 각 상에 오르는 요리는 다음과
같다.

① 혼젠: 된장국(一汁), 밥(飯), 일본꼬치
   (초생채(白), 채소나물 및 채소조림 등)

② 니젠: 맑은국, 다섯 가지를 배합한 조
   림, 나물무침 등

③ 산젠: 된장국 또는 생선으로 만든 국,
   생선회, 어패류, 닭고기, 채소 등을 재
   료별로 조려서 그릇에 모양내어 담은 것 등

④ 요젠: 도미의 통구이 등

⑤ 고젠: 고객이 집에 가져갈 수 있는 요리(台引) 등

(2) 가이세키요리(會席料理)

연회석(宴會席)에서 차리는 회석요리(懷席
料理)로 일본인들이 거의 일상적으로 접할
기회가 많은 오늘날 일본요리의 형태이다.
그러나 최근에는 가이세키(會席)요리 중에
도 혼젠요리 형식의 흐름을 이은 것과 회석
요리(懷席料理) 흐름을 이은 것이 구별되고
있다.

일반적으로 혼젠요리 형식은 대중음식점
에서 쓰는 다리 달린 밥상에 요리가 처음부터 배열되어 있는 것이고, 회석요리
(懷席料理) 흐름을 이은 것은 고급레스토랑에서 쓰는 오시키라고 하는 네모난
쟁반에 차례로 요리를 내는 것이다.

맛에 있어서는 전체적으로 엷은 맛이고, 재료가 가진 본래의 맛을 살리는 요리
방법이다. 이것이 일본요리에서 가장 자랑할 만한 특색이라고 할 수 있다.

요리의 구성을 보면 가장 간단한 것은 삼채(三菜)부터 시작하고, 오채(五菜)
가 되면 즙물(汁物)은 삼즙(三汁)이 되며, 칠채(七菜), 구채(九菜), 십일채(十一菜)

등의 홀수로 증가된다. 밥은 채(菜)의 가짓수에 포함되지 않는다.

(3) 차가이세키요리(茶會席料理)

차가이세키요리는 가이세키요리라고도 부르며, 다도에서 나온 요리로 차를 들기 전에 나오는 요리이다. 아주 간단하고 양이 작지만, 요리하는 과정은 매우 복잡하다. 회석이라는 단어는 불교의 일파인 선종에서 나온 말이다. 선승이 수업 중 단식의 좌선 시에 공복감을 막기 위해 돌을 뜨겁게 하여 헝겊에 싸서 회중에 넣었다고 하여 선종승이 시도한 회석이 나중에 다도에서 차리는 요리의 총칭이 되었다고 한다. 빈 속에 차를 마시면 쓰리고 아프기 때문에 간단한 요리를 먼저 조금 먹은 후에 차를 마셨다고 하여 회석요리라고 불리게 된 듯하다. 따라서 차가이세키요리는 검소하고 버리지 않는 식물성 요리였으나, 시대의 흐름에 따라 생선도 이용되는 고급요리로 변하였다. 차가이세키요리는 일즙삼채가 보통이며, 밥, 국, 회종류, 조림, 구이 등으로 구분된다. 그러나 약식으로 일즙이채도 있으며, 이 경우에는 구이가 생략되고, 일즙일채인 경우에는 조림과 구이가 생략된다. 차가이세키요리는 양보다 질을 중요시하며, 재료 자체의 자연의 모습을 최대한 살리는 것이 특징이다.

(4) 쇼진요리(精進料理)

쇼진요리는 다도가 보급되는 전후에 서민에게 전달되었다. 불교전래에 따라 중국의 불교승이 일본에 귀화하는 일이 많아지자, 비린 냄새가 나는 생선과 수조육을 전혀 사용하지 않는 쇼진요리가 점차 보급되었다. 쇼진요리의 뜻은 유정을 피하며, 무정인 채소류, 곡류, 두류, 해초류만으로 조리한 것으로, 미식을 피하고 조식, 즉 검소한 음식을 먹는 것을 의미한다. 선종에서는 육식을 금하는 것을 원칙으로 하며, 식단은 쇼진요리로서 일즙삼채, 일즙오채, 이즙오채, 삼즙칠채 등의 기본에 따라 구성된다. 주로 사원에서 발달하였다. 쇼진이란 용어는 식물성 재료만으로 만들어진 국, 또는 튀김이라는 뜻으로 사용되고 있다.

(5) 후카요리(普茶料理)

후카요리는 오바쿠요리라고도 하며, 황벽산 만복사의 법주였던 스님이 중국에서 찾아오는 선종승들을 대접할 때 쇼진요리를 중국식으로 조리하였던 것으로써 음식명도 중국식 명칭을 따른 것이 아직도 남아 있다.

(6) 기타

항구인 나가사키에서 외국인이나 선원에게 판매하기 위해 시작된 외국풍의 자부요리, 벤토 형식의 요리, 돔부리 형식의 요리 등이 있다.

2) 지역에 따른 분류

(1) 관동요리

관동(간토)요리는 무가 및 사회적 지위가 높은 사람들에게 제공하기 위한 의례요리로서 맛이 진하며 달고 짠 것이 특징이다. 당시에는 설탕을 '우아미'(맛이 좋은)라고 할 만큼 귀했는데, 이것을 많이 사용했다는 것은 관동요리가 그만큼 고급요리였다는 것을 보여준다. 또한 관동지방은 외해에 인접해 있어 단단하고 살이 많은 양질의 생선이 풍

부했으나, 반면에 내해에서 잡히는 생선은 극히 부족하였으므로 외해에서 잡히는 생선에 맞는 요리가 성했다. 한편 토양과 수질 등이 관서지방에 비해 거

칠었기 때문에 간사이요리가 부드러운 맛을 창출한 것에 비해, 간토요리는 농후한 맛을 내게 되었다. 그러나 최근에는 교통의 발달 및 문화의 교류로 인해 간토요리와 간사이요리의 특색 및 구별이 서서히 무너지는 실정이다.

(2) 관서요리

관서(간사이)요리라는 말은 최근에 사용하기 시작한 말로서 그 이전에는 가미가타요리라고 하였다. 간사이요리는 간토요리에 비해 맛이 엷고 부드러우며, 설탕을 비교적 쓰지 않고, 재료 자체의 맛을 살려 조리하는 것이 특징이다. 따라서 간사이요리는 재료의 색깔이 거의 유지되기 때문에 모양이 아름답다. 간사이요리는 대표적인 것으로 교토요리와 오사카요리가 있는데, 교토요리는 공가의 요리로 양질의 두부, 채소, 말린 청어, 대구포 등을 이용한 요리가 많으며, 오사카요리는 상가의 요리로 양질의 생선, 조개류를 이용한 요리가 많다. 최근의 간사이요리는 거의가 약식이며, 회석요리가 중심이 되고 있다.

3) 조리법에 따른 분류

〈표 4-3〉 조리법에 따른 분류

종 류	내 용
생선회(さしみ)	활어회, 흰살생선회, 참치회 등
맑은국(すいもの)	달걀맑은국, 흰 된장국, 닭다시 맑은국
절임류(しお)	배추절임, 다쿠앙, 우메보시
구이요리(しおやき)	소금구이, 데리야키
조림, 삶은 요리(ジョルイム)	생선 아라다키, 쇠고기 데리니, 채소조림
튀김요리(てんぷら)	차새우튀김, 흰살생선튀김, 채소튀김, 쇠고기 덴푸라, 닭고기튀김
찜요리(チム)	생선술찜, 닭고기술찜, 전복술찜
무침요리(あえもの)	채소 시라이에, 이가모미지아에
초회(いとづくり)	새우초회, 게초회, 문어초회

냄비요리(かたてなべ)	복지리냄비, 도미지리냄비, 샤부샤부, 냄비우동, 스키야키
면류(めん)	데우치우동, 기쓰네우동
덮밥류(どんぶり)	닭고기덮밥, 돈가스덮밥, 튀김덮밥
밥(めし)	밤밥, 죽순밥, 굴밥, 천연송이밥
오차즈케(おちゃづけ)	도미차즈케, 김치즈케
초밥(すし)	김초밥, 생선초밥, 상자초밥

3. 일식 서비스방법

〈표 4-4〉 일식 서비스방법

구 분	서비스방법
일반적인 서비스	① 물수건은 손님 앞에서 인사한 후 고객의 오른쪽에서 낸다. ② 사시미와 모듬요리가 2인분 이상일 경우에는 앞접시를 언제나 곁들인다. ③ 샤부샤부나 스키야키 등 냄비요리를 치울 때는 냄비 안에 작은 그릇을 담지 말고 트레이로 작은 그릇부터 차례로 치운 후에 냄비는 냄비대로 별도로 치운다. ④ 냄비요리를 낼 때에는 끓이는 시간이 소요되기 때문에 고객과 대화를 나누는 것이 좋다. ⑤ 가이세키요리의 경우 요리에 대한 설명을 할 수 있도록 충분한 지식을 갖추도록 한다.
방에서의 서비스	① 고객이 방 안에 들어가면 구두를 가지런히 한다. ② 문을 열고 닫을 때는 무릎을 꿇고 앉아 양손으로 문을 열고 닫는다. ③ 문을 열 때는 처음 윗부분을 열고 난 후 양손으로 아랫부분을 연다. ④ 방문은 약 10~15cm 정도 열어놓고 밖에서 대기자세를 하면서 고객의 상황을 살핀다. ⑤ 고객이 방 안의 벨을 사용하기 전에 필요한 것이 없는지 먼저 살핀다. ⑥ 고객에게서 항상 시선을 떼지 말고 서비스에 최선을 다한다. ⑦ 서브하고 나올 때는 뒷모습이 보이지 않도록 한다. ⑧ 방 안에서는 항상 트레이를 사용한다. ⑨ 음식과 그릇이 고객 머리 위로 가지 않도록 한다. ⑩ 빈 그릇이 많을 경우에는 트레이를 2개 갖다 놓고, 한 트레이는 치워 사이드 테이블 위에 놓고 다른 트레이를 사용하여 나머지를 치운다. ⑪ 그릇을 들 때는 입을 대지 않는 한쪽 가장자리를 잡는다. ⑫ 방에 들어갈 때나 나올 때는 항상 정중하게 목례를 하고 서비스에 임하도록 한다.

제3절 │ 중식 레스토랑

1. 중국요리의 개요

중국은 오랜 세월을 두고 넓은 영토와 영해에서 다양한 산물과 풍부한 해산물을 얻을 수 있었으며, 이들 산해진품을 이용한 요리는 불로장수를 목표로 하여 오랜 기간의 경험을 토대로 꾸준히 다듬고 연구, 개발되어 현재는 세계적인 요리로 발전하게 되었다. 특히 폭넓은 식재료의 이용, 맛의 다양성, 풍부한 영양, 손쉽고 합리적인 조리법, 풍성한 외양 등이 중국요리로 하여금 세계의 어느 곳, 어느 사람에게서나 환영받게 하였다.

넓은 영토를 지녀온 중국은 지역적으로도 풍토, 기후, 산물, 풍속, 습관이 다른 만큼 지방색이 두드러진 요리를 각각의 특징에 맞게 독특한 맛을 내는 요리로 발전시켰다. 이처럼 독특한 특성을 지니고 발전해 온 각 지방의 요리는 예로부터 빈번한 민족의 이동과 더불어 상호 교류와 보완을 통해서 오늘날의 중국요리로 발전하였다.

2. 중국요리의 구분 및 특징

1) 지역적 특징

중국요리는 지역적인 특징에 따라 북경요리, 남경요리, 광둥요리, 사천요리의 4계통으로 분류할 수 있다.

(1) 북경요리

북경은 오랫동안 중국의 수도로서 정치, 경제, 문화의 중심지였고, 궁중요리를 비롯하여 고급요리가 발달하여 가장 사치스러운 요리문화를 이룩한 곳이다. 북경은 지리적으로 한랭한 북방에 위치하여 짧은 시간에 조리하는 튀김요리와 볶음요리가 특징이다. 북경요리는 징차이(京菜)라고 부르며, 대표적인 것

은 오리통구이인 카오뻬이징야쯔로, 이 요리의
먹는 법이나 독특한 맛은 국제적으로 높이 평가
되고 있다. 또한 징기스칸 구이인 카오양로우
등 양고기를 쓰는 것도 북경요리의 한 특징이
다. 북경은 화북평야의 광대한 농경지에서 생산
되는 소맥을 비롯한 농작물, 과물이 풍부하여
면, 만두, 빵 등의 종류가 많다. 빵에는 계절의
꽃향기를 넣어 풍미를 살린 것도 있다.

(2) 남경요리

중국 중부의 대표적인 요리로 난징, 상하이,
쑤조우, 양조우 등지의 요리를 말한다. 중국대
륙의 젖줄인 양쯔강 하구에는 오랜 옛날부터 난
징을 중심으로 풍부한 해산물과 미곡을 바탕으
로 한 식생활이 발달하였다. 그러나 19세기부
터 외세의 진출로 상하이가 중국 중부의 중심
지가 되었다. 이 남경요리 중 유럽풍으로 국제
적인 발전을 이룩한 것을 상하이요리라고 한
다. 상하이는 따뜻한 기후와 풍부한 농산물 및
갖가지 해산물의 집산지로서 다양한 요리를 만
들 수 있게 하였고, 특히 이 지방의 특산물인
장유를 써서 만드는 요리는 독특하다. 상하이
요리는 간장이나 설탕으로 달콤하게 맛을 내며,
기름기가 많고 진한 것이 특징이다.

(3) 광둥요리

중국 남부를 대표하는 광둥요리는 광주요리
를 중심으로 복전요리, 조주요리, 동강요리 등
의 지방요리 전체를 일컫는다. 광주는 외국과

의 교류가 빈번하여 이미 16세기에 스페인, 포르투갈의 선교사와 상인들이 많이 왕래하였기 때문에 독특한 요리에 국제적인 요리관이 정착된 특성을 갖게 되었다. 남쪽의 더운 지방에 위치한 광주요리는 재료가 가지고 있는 자연의 맛을 잘 살려 담백한 맛이 특징인데, 서유럽요리의 영향을 받아 쇠고기, 서양채소, 토마토케첩 및 우스터소스 등의 서양요리 재료와 조미료를 받아들인 요리도 있다. 이러한 재료들은 전통요리의 맛에 변화를 가져오는 계기가 되었으며, 또한 중국화하여 서유럽풍이 섞인 다채로운 맛의 연회요리로까지 발전시켰다.

(4) 사천요리

중국의 서방과 양자강 상류의 산악지대 요리를 대표하는 사천요리는 운남(윈난), 광주(꾸에조우) 지방요리까지를 총칭한다. 사천(쓰촨) 지방은 바다가 멀고 더위와 추위가 심한 지역으로 옛날부터 악천후를 이겨내기 위해 향신료를 많이 사용한 요리가 발달해 왔다. 따라서 매운 요리와 마늘, 파, 고추를 사용하는 요리가 많다. 또한 오지이기 때문에 소금절이, 건물 등 보존식품이 발달하여 채소를 이용한 짜차이 같은 특산물을 낳기도 하였으며, 신맛과 매운맛 및 톡 쏘는 맛과 향기가 기본을 이룬다.

2) 중국요리의 일반적인 특징

① 재료선택이 자유롭고 광범위하다.
② 맛이 다양하고 광범위하다.
③ 조리기구는 간단하고 사용이 용이하다.
④ 조리법이 다양하다.
⑤ 기름을 합리적으로 많이 사용한다.
⑥ 조미료와 향신료의 종류가 풍부하다.
⑦ 외양이 풍요롭고 화려하다.
⑧ 녹말을 많이 사용한다.

⑨ 고온에서 조리한다.

3. 중국요리의 메뉴구성

1) 정탁요리

정탁요리는 상요리라고도 불리며, 정식코스 메뉴로 가격에 의하여 메뉴가 작성되며, 2인 이상을 기준으로 한다. 사품요리, 닭고기류, 삼선쓰스, 고추잡채, 해삼탕, 생과일 등의 요리로 구성되어 있다. 고객의 기호에 따라 정탁메뉴가 짜일 때에는 사전예약에 따라 더욱 신선한 재료가 구입된다.

2) 일품요리

일품요리는 정탁요리처럼 순서에 따라 먹는 것이 아니고, 냉채류, 제비집, 상어지느러미, 해삼, 전복, 오리고기, 닭고기 등의 요리를 식성과 양에 따라 자유로이 선택해서 먹을 수 있는 요리이다.

3) 특선요리

요리재료의 특성에 따라 구성되는 차림표이며, 고객의 특별한 주문에 의하여 만들어지는 요리로 곰발바닥, 사슴꼬리찜, 자라요리 등이다. 특선요리는 일반적으로 3일 전에 별도로 주문하여야 한다.

4. 중식 서비스방법

〈표 4-5〉 중식 서비스방법

구 분	서비스방법
주문 방법	① 조리법이 같은 요리는 중복되지 않도록 한다. 이는 중국요리 주문법의 정수라고도 한다(닭튀김과 쇠고기튀김, 팔보채와 전가복). ② 술을 즐기는 고객에게는 튀김요리, 구운 요리, 절임요리 등을 추천한다. ③ 요리의 주문을 받는 시간이 지체되어야 할 경우, 우선 전채의 주문만을 받아 먼저 주방에 주문서를 제시하고, 다음 요리의 주문을 받도록 하며, 고객에게 충분한 시간을 주도록 한다.

	④ 고객이 주문을 망설일 경우 특별요리 또는 고객의 기호를 여쭈어본 후, 그에 알맞은 요리를 추천하도록 한다.
	⑤ 시간을 요하는 고객에게는 조리시간이 짧은 볶음요리를 추천한다.
	⑥ 탕류, 찜류 등 시간이 오래 걸리는 요리는 사전에 고객에게 알려야 하며, 시간이 오래 걸리는 요리를 한꺼번에 많이 주문받지 않도록 한다.
	⑦ 요리의 양이 인원 수에 비하여 너무 많지 않도록 주의한다. 외국인의 경우는 양식과 같이 생각하는 경우가 있으므로, 많은 양의 요리를 주문할 때에는 고객에게 의향을 물어 "고객 수에 비하여 요리의 양이 많은 것 같습니다." "괜찮으시겠습니까?"라고 확인시켜 주문받도록 한다.
	⑧ 술 다음의 식사를 주문받을 때에는 기름진 것을 피하고 산뜻한 죽 종류나 면 종류 등을 권한다.
음식 서비스	① 냉채를 서브할 때는 초청받은 사람을 먼저 서브한 후, 초청한 사람 순으로 한다.
	② 새로운 요리를 서브할 때는 역시 새로운 접시를 먼저 사용했던 접시와 교체한다.
	③ 수프 요리는 고객에게 여쭈어본 뒤 수프 튜린을 사용해서 국자로 수프 볼에 덜어준다. 이때 고객의 옷에 흘리지 않도록 각별히 조심한다.
	④ 요리는 고객 테이블에서 서브해야 하나 테이블이 복잡한 경우 보조 테이블에서 접시를 덜어 서브한다.
	⑤ 생선요리는 머리부분이 왼쪽, 배부분이 고객을 향하도록 해서 서브한다(회전판이 있을 때는 올려놓아 한 바퀴 돌려 고객에게 보여드린 다음 서브한다).
	⑥ 맑은 수프는 고객의 특별한 지시가 없으면 요리의 마지막 코스나 끝날 무렵 식사와 함께 서브한다(외국인일 때는 수프 제공을 먼저 할지 여쭈어보도록 한다).
	⑦ 티포트가 식었을 때는 항상 뜨거운 것으로 바꾸어주어야 한다.
	⑧ 요리를 서브할 때는 필요 이외의 말은 하지 않는다. 서브 도중에 고객이 질문을 하거나 부탁을 할 경우 손에 들고 있던 요리는 보조 테이블에 놓거나 "잠깐 기다려 주십시오"라고 한 뒤 요리를 서브하고, 신속히 돌아와 고객에게 답변하도록 하며, 요리에 침이 튀지 않도록 주의한다.

| 제4절 | 양식당 |

1. 양식메뉴의 구성

1) 전채요리(Appetizer : Hors d'oeuvre)

(1) 전채요리의 정의

전채요리는 식사순서에는 제일 먼저 제공되는 요리로서 불어로는 Hors d'oeuvre (오르되브르)라고 한다. 또한 영어로는 Appetizer, 북유럽에서는 Smorgasbord, 러시아에서는 Zakuski, 이탈리아어로는 Antipasti라고 한다. 이 요리는 일정한 순서의 차림표대로 나오기 전에 고객에게 본 요리를 더욱 맛있게 먹을 수 있도록 식욕을 돋우어주기 위한 목적으로 제공되는 요리이기 때문에 모양이 좋고, 맛이 있어야 하며, 특히 자극적인 짠맛이나 신맛이 있어 위액의 분비를 왕성하게 해야 하고, 분량이 적어야 한다.

Hors d'oeuvre의 기원은 러시아에서 연회를 하기 전에 별실에서 기다리는 고객에게 술과 함께 자쿠스키(Zakuski)라는 간단한 요리를 제공한 데서 시작되었다고 한다.

(2) 전채요리의 종류

Appetizer는 크게 Froid(Cold Appetizer)와 Chaud(Hot Appetizer)로 나눌 수 있다. 또한 가공하지 않고 재료 그대로 만들어 형태와 모양과 맛이 그대로 유지되는 Plain Appetizer와 조리사에 의해 가공되어 모양이나 형태가 바뀐 Dressed Appetizer로도 나눌 수 있다.

(3) 차가운 전채요리(Cold Appetizer : Hors d'oeuvre)

차가운 전채요리는 식욕을 돋우어야 하므로 항상 처음코스에 서브되어야 한다. 요즘은 조리기술들이 점차 단순화되고 건강과 미용 등 칼로리에 대한 의식

이 증가됨에 따라 멜론이나 고기, 생선, 칵테일과 같은 한 가지 요리만을 내는 경향이 두드러지며 Cold Specialties, Specialties of the Season 또는 Small Cold Dishes라는 명칭으로 메뉴에 기재되어 일품요리(à la carte)로 내기도 한다. 이때에는 항상 토스트와 버터를 따라 담아 같이 곁들어내야 한다(melon, cheese, oyster, prawn, celery, smoked salmon, tomato, olive, anchovy, smoked trout, caviar).

알·아·둡·시·다

■ Caviar의 유래

Caviar라는 말은 터키의 Havyar라는 말에서 변형된 것이다. Caviar는 철갑상어의 알로서 진주빛의 회색부터 연한 갈색까지 색깔이 구분되어 다양하다. 역사적으로 최상품의 Caviar는 Yellow-Belied Sterlet이라는 상어의 알로 만들어진 것이다. 그러나 Yellow-belied sterlet종은 지금은 거의 멸종되어 어획량이 적어져, 상대적으로 선호도는 높아지고 있다. 이 상어의 알은 제정 러시아 황제들을 상징하던 전설적인 황금색이었고, 현재는 러시아의 영해 밖에서는 거의 찾아볼 수 없는 어종이 되었다.

① Caviar의 종류
- Beluga : 철갑상어 중 가장 큰 상어에서 추출되는 알로서 가장 크며 색은 회색으로 3~4%의 염분을 함유하고 있다.
- Osetra : 러시아 말로 철갑상어라는 말로서 선호도가 가장 높은 종류이며, 훈제했을 때 특별히 감미로운 맛이 있다. 황금빛 갈색으로 견과류 같은 쌉쌀한 맛을 가지고 있다.
- Sevruga : 이것은 거의 멸종된 상어의 종류로서 상대적으로 선호도가 높으며 황금색이다.
- Malosol : 러시아산으로 Malosol은 적은 염분을 함유하고 있다는 뜻이다. 염분함량 3~4%로 보존기간이 짧다. Malosol은 가격이 매우 비싸다.
- Pausnaya : 러시아 말로 Caviar에 압력을 가한 것이라는 말이다. 짙은 Marmalade와 유사하고, 염분의 농도가 약한 것은 최고의 맛을 낸다.

• Ship : 이것은 Osetra와 Sevruga의 잡종으로, 원산지인 카스피해 연안의 Baku강 근처 삼각주보다 다른 지역에서 드물게 발견된다. 이 Caviar는 특수한 맛과 최상급의 Caviar를 제조할 수 있으나 어획량이 소량밖에 되지 않는다.

② Caviar의 일반적 특징 및 용도

Caviar는 고단백 함유물로, 알의 크기가 크고 색깔은 은회색빛이 연하면 연할수록 질은 좋다. 또한 크기와 색깔이 균일하고 윤기가 있으며 둥근 면이 부드러울수록 질이 좋으며, 건강상태가 좋을 때 추출한 것이라야 한다. Caviar는 부패 속도가 빠르기 때문에 항상 냉동상태로 보관하여야 한다. Caviar Butter, Hors d'oeuvre, Canape, Garnish, Sauce 등에 사용한다.

(4) 뜨거운 전채요리(Hot Appetizer : Hors d'oeuvre)

규모가 큰 연회나 만찬에서는 도담스럽고 향이 강한 뜨거운 전채요리가 수프와 생선코스 사이에 서브된다. 오늘날의 간략해진 메뉴에는 뜨거운 전채요리가 뜨거운 앙트레요리 대신에 서브되기도 한다. 뜨거운 전채요리는 대체적으로 간단한 일품요리(à la carte dishes)로 내기에 적당하며 보통 뜨거운 스낵이라는 명칭으로 메뉴에 기재되기도 한다(baked oyster, escargot, stuffed mushroom).

(5) 세계 4대 전채요리

① 거위간(Foie gras, Goose liver)

② 캐비아(Caviar)

③ 달팽이(Escargot, Snail)

④ 송로버섯(Truffles)

알·아·둡·시·다

■ **달팽이요리(Escargot)의 유래**

달팽이는 프랑스, 중국, 일본 등지에서 정력, 강장식품으로 잘 알려져 있다. 달팽이의 살에는 '뮤신'이라는 점액이 있는데 이것이 조직의 수분을 유지시키고, 혈관, 내장 등에 윤기를 주는 것이라고 한다.

달팽이요리가 생기게 된 것은 15C경의 일이다. 당시의 대법관이 빈민구제를 위하여 자신의 영지를 포도밭으로 만들어 백성들에게 포도를 재배하도록 하였는데, 달팽이들이 포도의 잎사귀를 자꾸 갉아먹자 이를 박멸시키기 위해 농민들로 하여금 달팽이를 잡아먹게 하였다는 것이다.

이렇듯 퇴치를 목적으로 하여 먹기 시작한 달팽이요리는 독특한 맛으로 전 세계 미식가들을 즐겁게 해주는 프랑스의 3대 진미로 자리를 잡게 되었다고 한다.

2) 수프(Soup : Potage)

수프는 일반적으로 육류, 생선, 닭 등의 고기나 뼈를 채소와 향료를 섞어서 오랜 시간 동안 끓여낸 국물인 스톡(Stock)에 각종 재료를 가미하여 만든다. 또한 수프는 소량으로 영양가가 많아 건강에 좋은 요리가 되어야 한다.

(1) Stock

Stock의 주재료는 쇠고기, 양고기, 송아지고기, 닭고기, 생선 등으로 여러 가지 채소와 향료 등을 함께 넣은 후 끓여 찌꺼기를 걸러낸 국물을 말한다.

Stock은 수프와 소스를 만드는 데 기본이 되며, 음식의 맛을 내게 하는 중요한 요소이다. Stock에는 다음과 같은 종류가 있다.

가. Beef Stock

① White Stock

소나 송아지의 무릎뼈나 정강이뼈에 양파, 파슬리, 당근, 셀러리 등의 채소와 향신료를 넣고 소금과 통후추로 양념한 후 3~4시간 이상 끓여낸 다음 찌꺼기를 걸러낸 국물을 말한다.

② Brown Stock

소뼈나 송아지뼈를 잘게 다진 채소(Mire Poix)와 함께 기름에 넣어 볶아 다갈색으로 변화였을 때, 물을 넣어 5~6시간 정도 서서히 끓여낸 다음 통후추나 소금 등으로 가미하여 양념한 후 찌꺼기를 걸러낸 국물을 말한다.

나. Fish Stock

생선의 뼈와 머리, 꼬리, 지느러미 등의 부분에 채소(양파, 파슬리, 셀러리, 버섯 등)와 향신료 등을 넣어 볶은 후, 물을 뭇고 1~2시간 정도 끓인 다음 소금과 후추를 넣고 양념한 후 레몬껍질을 넣고 서서히 끓여 약 30분 후 찌꺼기를 걸러낸 국물을 말한다.

다. Poultry Stock

가금류(오리, 닭, 거위)나 조류(꿩, 메추리)의 뼈나 날개, 목, 다리에 각종 채소와 향신료를 함께 넣고 2~3시간 끓인 다음 양념하여 걸러낸 국물을 말한다.

(2) 수프의 종류

수프는 온도에 따라 Hot Soup(Potage chaud)와 Cold Soup(Potage Froid)로 구분하며, 농도에 따라 Clear soup(potage Claire)와 Thick soup(Potage lie)로 구분한다.

가. 맑은 수프(Clear soup)

맑은 스톡(Stock)이나 Broth를 사용하여 만든 수프로, 대체로 쇠고기 부용(Bouillon)이나 콩소메(Consomme)를 뜻한다.

① 콩소메(Consomme)

콩소메는 부용을 조린 것이 아니라 맑게 한 것이다. 부용이 맑고 풍미를 잃지 않도록 하기 위해 지방분이 제거된 고기를 썰거나 기계에 갈아서 사용하며, 양파, 당근, 백리향, 파슬리 등과 함께 서서히 끓이면서 달걀 흰자위를 넣어 빠른 속도로 젓는다. 이때 주의해야 할 점은 부용을 아주

펄펄 끓이는(boiling) 것이 아니라 천천히 끓여야 한다는 것이다(simmering). 이렇게 1~2시간 끓인 후 White Wine이나 Sherry Wine을 첨가하여 완성시킨 후 천을 대고 걸러내어 이중용기에 넣어 식지 않게 한다.

조리된 콩소메는 가미한 재료에 따라 명칭을 달리하는데, 그 종류가 400가지가 넘는다.

② 부용(Bouillon)

부용은 화이트 스톡을 기본으로 하여 뼈 대신에 고깃덩어리(rump or round steak)를 크게 잘라 넣고 고아낸 국물인데, 위에 뜬 기름을 천을 이용하여 여과시켜 제거(degreasing)한다. 이때 삶아진 고깃덩어리는 주요리(main dish)로 제공되기도 한다.

부용으로 보관할 때에는 용기(보통 스테인리스 용기)에 담아 찬 곳에 두어야 하며, 뚜껑을 덮으면 변질할 위험이 있으며, 식은 국물에 뜨거운 국물을 섞어서 보관해도 변질될 수 있다.

③ 베지터블 수프(Vegetable soup)

• Onion soup는 양파와 마늘을 넣고 끓인 stock에 crouton과 치즈를 뿌려 salamander에 넣어 갈색으로 구워 제공하는 수프를 말한다.

• Minestrone soup는 베이컨, 양파, 샐러드, 당근, 감자, Tomato paste를 볶아 stock에 넣은 후 향료를 첨가하여 끓인 수프를 말한다. Cabbage, Tomato dice, Peas를 첨가하여 제공한다.

나. 걸쭉한 수프(Thick Soup)

걸쭉한 수프는 broths 또는 stocks를 밀가루나 옥수수가루(grits), 보리(barley), 세몰리나(semolina)로 걸쭉하게 하거나, 채소와 감자(또는 퓌레 형태로)를 항상 걸쭉하게 하여 탁하고 농도가 진하게 만든 수프이다.

① Cream soup : 크림 수프는 Bechamel이나 Veloute를 기본으로 하여 만든 수프이다.

• Bechamel : Roux에 우유와 Cream을 첨가하여 만든다.

• Veloute : Roux에 Stock을 넣고 채소와 고기를 함께 끓여서 만든다.

② Pureé soup : 채소를 잘게 분쇄한 것을 pureé라 하며 완두콩, 토마토,

감자 등을 갈아서 굵은 체로 걸러 bouillon과 혼합하여 조리한 수프이다.

③ Chowder : 조개, 새우, 게, 생선류 등과 감자를 이용하여 만든 수프이다.

④ Bisque : 새우, 게, 가재 등의 갑각류로 만든 수프이다.

다. 차가운 수프(Cold Soup)

① Cold consomme는 Hot consomme를 가벼운 젤리 상태가 될 때까지 식힌 다음 sherry wine과 pimento, tomato concasse 등으로 장식한 수프를 말한다.

② Vichyssoise(cold potato soup)는 감자, 양파, 부추를 버터로 볶아 스톡에 넣어 Cream을 첨가하여 만든 수프이다.

3) 생선요리(Fish)

정식메뉴(Table d'hôte Menu)를 서브할 때, 생선요리는 항상 수프 다음에 제공되는 요리로 알려져 있으며, 오늘날에는 생략되거나 주요리를 대신하기도 한다. 생선요리는 뜨거운 오르되브르, 뜨거운 스낵, 주요리, 또는 일품요리로 서브한다.

생선은 육류보다 섬유질이 연하고 맛이 담백하며 열량이 적다.

또한 소화가 잘되고 단백질, 지방, 칼슘, 비타민(A, B, C) 등이 풍부하여 건강 식으로 육류에 비해 선호도가 높아지는 추세이다. 그러나 부패하기 쉬우므로 취급에 유의하여 관리하고, 신선도를 유지하는 데 주의를 기울여야 한다.

(1) 기본적인 생선조리법

① Boiling(끓여 익히기) : 물이나 생선 stock에 식초, 소금, 향신료 등과 함께 약한 불로 삶아내는 조리법이다(새우, 연어, 송어, 뱀장어).

② Poaching(포치하여 익히기) : 생선을 소량의 stock에 wine을 가하여 조리하는 방법이며, 조리방법은 먼저 버터를 살짝 바른 냄비에 소금을 약간 뿌린 생선을 넣고 생선스톡을 1/3 정도 따른 후 뚜껑을 덮고

적당한 온도로 오븐에 익힌다.

- 백포도주에 포치하여 익히기(poaching in white wine)
- 적포도주에 포치하여 익히기(poaching in red wine)(혀넙치, 잉어, 숭어)

③ Smoked(훈제) : 특수한 기술로 오랜 시간 필요한 조리방법이며 양념한 생선에 각종 채소와 향신료 등을 넣어 기름에 양념하여 1~2주 정도 훈제실에 저장하며, 온도는 보통 섭씨 25도를 유지한다. 그 후 다시 1주일 정도 서서히 말려서 조리해 내는 조리법이다(연어, 뱀장어, 송어).

④ Gratin(gratinated) : 생선 표면에 빵가루, 버터, 치즈 등을 뿌린 후 겉이 누렇게 변할 때까지 오븐으로 굽는 조리법이다.

⑤ Grillade(grilled) : 석쇠나 팬(pan)에 굽는 방법으로 버터나 올리브유를 먼저 고루 바른 후 뜨겁게 달구어 생선을 올려놓는다. 석쇠구이를 할 때에는 석쇠자국이 뚜렷이 남도록 굽는다.

(2) 바다생선의 종류

① 대구(Cod) : 회백색 살, 육식성으로 날카로운 이빨을 가지고 있다.

② 명태(Whiting) : 대구과의 일종. 지방이 적으며 살점은 부드럽고 조각 살로 구성되어 부스러지기 쉽다.

③ 청어(Herring) : 은색비늘, 푸른등, 은백색의 배로 육질이 희고 맛이 좋다.

④ 정어리(Sardine) : 청어과의 일종으로 등푸른 생선이다. 단백질이 풍부하고 기름을 많이 함유하고 있다.

⑤ 참치(Tuna) : 고등어과의 육식성 물고기. 최대 무게 500kg, 불그스레한 색의 살은 맛이 뛰어남. 송아지고기나 어린 소의 조리방식으로 조리한다.

⑥ 회색숭어(Gray mullet) : 연어에 속하고 Graying과 비슷함. 육질은 독특하고 풍미가 있다.

⑦ 적도미(Red sanpper) : 바다숭어과의 일종. 일명 바다의 도요새. 육질이 희고 향기가 좋다.

⑧ 허가자미(Sole) : 혀넙치. 가장 맛이 좋고 최고의 질을 가졌으며, 껍질이 쉽게 벗겨진다. 가장 많은 요리법이 개발되어 있는 생선이다.

⑨ 광어(Turbot) : 넙치과에 속하고 해수어 중 가장 선호되는 종류이다. 육질은 희고 단단하여 저장이 용이하고 4~9월 사이의 육질이 제일 좋다.

⑩ 홍어(Skate) : 가오리과. 연골 생선, 날개모양의 몸통과 가슴지느러미만이 요리에 사용되므로 낭비가 큰 생선. 육질은 매우 맛이 있다.

(3) 담수어의 종류

① 뱀장어(Eel) : 이주성 어종으로 해수와 담수에서 산다. 고지방을 함유하고 있어 소화가 용이하지 않다. 중간 크기 뱀장어의 품질이 제일 좋다.

② 농어(Perch) : 육식성, 해수 및 담수성. 비늘이 많고 날카로운 지느러미를 가지고 있다. 육질은 희고 탄력이 있으며 맛이 좋고 부드럽다.

③ 연어(Salmon) : 산란기는 10~12월. 강 상류에 산란. 산란 전에는 살이 붉고 중량감이 있으나, 산란 후에는 중량감이 줄어든다. 수컷보다 암컷이 좋다.

④ 철갑상어(Sturgeon) : 흑해와 카스피해에 서식. 종류에는 sterlet, sturgeon, hausen이 있다. 깨끗한 물에서 서식하기 때문에 민물고기로 간주된다. 이 고기의 알은 caviar로서 알젓을 만드는 데 사용한다.

⑤ 잉어(Carp) : 흐르는 물이나 연못에 서식. 등뼈 물고기로 분류되며 종류에는 mirror, scale, leather 3종이 있다. 육질은 부드럽고 소화가 잘되며 겨울에 질이 가장 좋다.

⑥ 개구리 다리(Frog Leg) : 개구리 다리요리는 중세부터 발전되어 온 요리로서 육질이 매우 연하여 미식가들로부터 사랑을 받아왔다. 개구리는 습지에서 자라며 육질의 탄력과 색깔을 희게 하기 위하여 찬물에 약 12시간 정도 담가놓는다.

(4) 갑각류의 종류

① 게(Crab) : 식욕이 왕성하고 육식을 하는 갑각류로서 연안의 바위 사이에 숨어서 산다. 종류는 다양하며 양쪽에 각각 5개의 다리가 있고 몸체는 칼슘 분비로 딱딱한 껍질로 덮여 있으며, 성장하는 동안 계속 껍질을 벗는다.

② 가재(Crayfish) : 강, 연못, 호수 등의 칼슘이 풍부한 얕은 물에 서식. 다리는 양쪽에 각각 5개씩 달려 있고, 긴 수염을 가지고 있다. 깨끗한 물에서 사는 것이 특징이고 몸길이가 늘거나 줄거나 한다. 특히 맨처음 발은 집게발로 발달되어 있다. 가재의 육질은 물의 청결과 가재가 먹는 먹이의 종류에 따라 결정된다. 속살은 즙이 많고 독특한 단맛을 가지고 있다.

③ 바닷가재(Lobster) : 바다 밑바닥의 갯벌에서 서식. 민물게와 비슷하고 두 개의 집게발이 있다. 육질은 풍미가 있고 우수하여 고가로 팔린다. 보통 산 채로 삶아서 저장하였다가 요리한다.

④ Scampo Lobster : 지중해, 덴마크, 노르웨이 해안에서 발견된 대중화된 바닷가재로 이탈리아 용어다. Lobster에 비해 크기는 작고 핑크색이다. 육질은 바닷가재와 동일하다.

⑤ Syint Rock Lobster : 긴 촉수, 머리와 가슴에 가시가 있지만, 집게발은 없는 갑각류로서 붉은 보랏빛 바탕에 노란 얼룩 반점이 있다. 속살은 매우 맛있으나 바닷가재보다 건조한 맛이 있다. 삶으면 붉은색이 된다.

⑥ 새우(Shrimp) : 모래 해안을 따라 서식, 긴꼬리 갑각류에 속하는 작은 갑각류이다. 긴 촉각과 10개의 발을 가지고 있으나 집게발은 없다. 육질은 희며 고기는 맛있으나, 상하기 쉬우므로 신선한 새우는 근해에서 잡으면 잡는 대로 대부분 배 안에서 삶게 된다.

(5) 패류의 종류

① 굴(Oyster) : 쌍각 연체동물로 껍데기의 바깥쪽은 거칠지만 내부는

매끄럽다. 3~4년생으로 9~4월 사이에 잡는 것이 최상품이다. 껍질이 닫혀 있는 것이 신선한 종류이다.

② 홍합(Mussels) : 얕은 물의 자연 둑에서 양식을 한다. 길쭉하고 검푸른색의 쌍각 연체동물로 속은 홍색이다.

③ 대합(Clam) : 모래사장의 언덕에 서식. 블록한 조가비를 가진 쌍각 연체동물로서 둥글고 골이 패여 있으며 베이지색이다.

④ 관자(Scall) : 껍질은 넓으며, 뚜껑이 되는 부분은 붉고 평평하나 반대쪽은 움푹하다.

⑤ 달팽이(Escargot) : 미식가들이 즐기는 요리로 백여 종류가 있으나, 식용으로 쓸 수 있는 것은 얼마 되지 않는다. 달팽이는 크게 나누어 Mash Snail과 Landd Snail로 나눈다. 프랑스에서 이용되는 달팽이는 Bourgogne, Bretagne, Languedoc 등 포도주 생산지역에서 많이 나는 데, 이는 달팽이가 포도밭에서 서식하기 때문이다. 달팽이는 첫서리가 내리는 가을에 잡는데 이때가 맛이 제일 좋을 때이다.

4) 육류요리(Meat ; Entrée)

앙트레(Entrée)의 원래 뜻은 영어의 Entrance의 뜻이며 코스의 중간에 나오므로 Middle Course를 의미한다. 육류는 높은 칼로리로 구성되어 있다. 특히 단백질, 탄수화물, 지방, 무기질, 비타민 등이 풍부하며 Main Dish로서 가장 선호되는 품목이라 하겠다. 육류를 조리하는데 있어 각국마다 대표적인 조리방법이 있는데, 프랑스에서는 버터, 이탈리아에서는 올리브유, 독일에서는 라드(Lard), 미국에서는 샐러드유로 고기를 구우며, 중국 및 일본에서는 장유로 조리는 방법으로 독특한 맛을 내고 있다. 앙트레에 쓰이는 재료로는 흑색의 육류에 소고기, 송아지고기, 양고기, 돼지고기, 가금류 등을 들 수 있다.

(1) 소고기(Beef Steak)

비프스테이크는 고기를 자르는 방법과 부위에 따라 명칭을 나눌 수 있다.

가. 안심 부위별 명칭

① Tenderloin : 텐더로인

② Chateaubriand : 샤토브리앙

③ Filet : 필레

④ Tournedos : 도르네도

⑤ Filet mignon(Pointe) : 필레미뇽

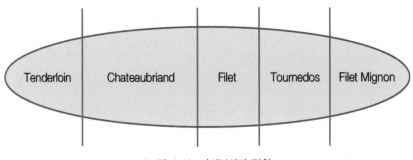

〈그림 4-1〉 안심부위별 명칭

- Chateaubriand : 프랑스 혁명 전 귀족 샤토브리앙이 즐겨 먹었던 것으로 그의 주방장 몽미레이유(Montmoireil)에 의해 고안된 것이라 한다. 소의 등뼈 양쪽 밑에 붙어 있는 연한 안심부위를 두껍게(4~5cm) 잘라서 굽는 최고급 스테이크이다.
- Tournedos : 이 요리는 1855년 파리에서 처음으로 시작되었던 것으로 Tournedos란 눈깜박할 사이에 다 된다는 의미로 안심 부위의 중간 뒤쪽 부분의 스테이크이다.
- Filet Mignon : 이것은 아주 예쁜 소형의 안심 스테이크라는 의미로, 안심 부위의 뒷부분으로 만든 스테이크이다.

나. 스테이크의 종류

① Sirloin Steak

이 스테이크는 영국의 왕이었던 Charles 2세가 명명한 것으로 이 등심 스테이크를 매우 좋아하여 스테이크에 남작의 직위를 수여했다고 한다. 그 후 Loin에 Sir를 붙여서 Sirloin이라고 하였다.

② Porter House Steak

이 스테이크는 Short Loin Steak로 안심과 뼈를 함께 자른 크기가 큰 스테이크이다.

③ T-bone Steak

Short Loin으로 Porter House Steak를 잘라낸 다음 그 앞부분을 자른 것으로, Porter House Steak보다 안심부분이 작고, 뼈를 T자 모양으로 자른 것이다.

④ Rib Steak

갈비 등심 스테이크로 Rib Eye Steak, Rib Roast 등이 있다. Rib Roast(Prime Rib of Beef)는 총 13개의 갈비 중 6번째부터 12번째 갈비까지 7개의 갈비로 이루어진다.

⑤ Round Steak

소 허벅지에서 추출한 스테이크

⑥ Rump Steak

소 궁둥이에서 추출한 스테이크

⑦ Flank Steak

소 배 부위에서 추출한 스테이크

다. Steak 굽는 정도

① Rare(Blue)

Steak 속이 따뜻할 정도로 겉부분만 살짝 익혀, 자르면 속에서 피가 흐르도록 굽는다. 조리시간은 약 2~3분 정도, 고기 내부의 온도는 52℃ 정도

② Medium Rare(Saignant)

Rare보다는 좀 더 익히며 Medium보다는 좀 덜 익힌 것으로, 역시 자르면

피가 보이도록 해야 한다. 조리시간은 약 3~4분 정도. 고기 내부의 온도
는 55℃ 정도

③ Medium(a Point)

Rare와 Well-done의 절반 정도를 익히는 것이며, 자르면 붉은색이 되어야
한다. 조리시간은 약 5~6분 정도. 고기 내부의 온도는 60℃ 정도

④ Medium Well-done(Cuit)

거의 익히는데, 자르면 가운데 부분에만 붉은색이 있어야 한다. 조리시
간은 약 8~9분 정도. 고기 내부의 온도는 65℃ 정도

⑤ Well-done(Bien Cuit)

속까지 완전히 익히는 것이다. 조리시간은 약 10~12분 정도. 고기 내부의
온도는 70℃ 정도

(2) 송아지고기(Veal ; Veau)

Veal은 3개월 미만의 송아지고기를 말한다. 일반적으로 우유로 사육하며, 조
직이 매우 부드럽고 밝은 회색이 Pink빛을 띤다. 3~10개월 정도 된 송아지는
Calf라 부르며 조직은 붉은 Pink색을 띤다.

(3) 돼지고기(Pork ; Porc)

돼지고기는 영국산이 가장 많이 알려져 있으며, 현재 한국에서 가장 많이 사
육하는 품종은 Yorkshire, Berkshire 등이 있다. 용도로는 Bacon Type(주로 고기
를 씀)과 Lard Type(주로 지방을 씀)이 있다.

(4) 양고기(Lamb ; Agneau)

가장 좋은 양고기로는 Hothouse로 생후 8~15주 된 Spring Lamb이 있다. 일반
적으로 사용하는 양고기는 생후 1~2년 미만의 것으로 고기의 색깔은 약간 검
붉은색이며, 조직은 Spring Lamb보다 거칠다.

(5) 가금류(Poultry ; Volaille)

가금이란 닭, 오리, 칠면조, 비둘기, 거위 등 집에서 사육하는 날짐승을 말한다.

가. 가금류의 종류

가금류는 크게 흰색 고기(white meat)를 가진 가금과 검은색 고기(black meat)를 가진 가금으로 분류할 수 있다. 일반적으로 흰색 고기는 앞가슴살 (breast), 검은색 고기는 다리 부분의 고기를 의미한다.

① 흰색 고기를 가진 가금(white meat) : 닭, 칠면조

② 검은색 고기를 가진 가금(black meat) : 오리, 거위, 뿔닭, 비둘기

(6) 육질로 본 가금류의 특성

① 흰색 고기의 가금 : 온순하며 가슴뼈에 살이 있다. 강한 발과 날카로운 발톱, 밝고 붉은색의 벼슬 및 매끄러운 다리의 껍질을 가지고 있다.

② 검은색 고기의 가금 : 목이 부드럽고 유연하다. 몸통의 하반부는 대체로 딱딱하고 두꺼운 지방층으로 둘러싸여 있다.

(7) 가금류의 조리방법

가금류는 삶거나 찌거나 roasting할 수 있으며, 육질이 연한 가금류는 꼬치구 이와 그릴을 한다.

5) 기본 조리법

(1) Baking in the Oven(Cuire au Four) : 오븐에 굽기

식품을 오븐에 넣어 적당한 온도의 건열로 조리하는 것이다. 석쇠(Grid)를 이용할 경우 140~250℃, 트레이(Tray)를 이용할 경우 170~240℃에서 조리한다.

(2) Blanching(Blanchir) : 데침

채소 등을 끓는 물에 순간적으로 넣었다가 건져내어 흐르는 찬물에 헹구는 조리방법으로 Boiling, Stauteing, Glazing 등에 사전조리법으로 이용된다.

(3) Boiling(Cuire) : 삶기

끓는 물이나 스톡(Stock)을 이용하여 끓이는 방법으로 주로 Pasta, Rice, Dry Vegetables의 조리에 사용된다.

(4) Braising(Braiser) : 브레이징

뚜껑 있는 용기(Container)에 식품을 넣고 장시간 조리는 방법으로 180~200℃ 에서 조리한다.

육류나 채소를 약간 뜨거운 기름에 갈색이 나도록 익힌 다음, 약간의 물을 넣고 완전히 익을 때까지 직접 열로 서서히 조리한다. 이때 고기의 표면이 마르지 않도록 국물이나 스톡을 고기에 자주 발라준다.

(5) Deep Fat Frying(Frire) : 튀김

기름을 이용하여 튀기는 조리방법으로 140~190℃의 온도에서 조리한다. 주로 육류, 가금류, 채소, 생선의 조리에 이용되며, 기름의 온도가 너무 낮으면 재료에 흡수되어 버리므로 적정온도를 유지시켜야 한다.

(6) Glazing(Giacer) : 글레이징

① Glazing(for Vegetables)

채소를 Glazing할 때에는 설탕, 버터, 물 또는 스톡(Stock)을 채소에 첨가한 다음, 뚜껑을 열고 계속 흔들어 조리하는데, 당근이나 무 등에 적합하다.

② Glazing(for white meat)

기본적으로 braising과 같으나 좀 더 약한 불로 조리한다. 처음 white wine을 넣고 조린 다음 brown stock을 첨가한 후 약한 불로 계속 조린다.

(7) Gratinating(Gratiner) : 그라탱

요리를 마무리하는 조리방법으로 Cream, Cheese, Egg, Butter 등을 요리의 표면에 뿌린 뒤 Salamander나 Oven을 이용하여 표면을 갈색으로 굽는 방법이다.

(8) Grilling(Griller) : 굽기

석쇠를 이용하여 직접 열로 조리하는 방법으로 숯을 사용할 경우 음식에 특유한 맛을 더한다. 고기를 구울 때에는 고기의 두께가 두꺼울수록 온도는 낮아야 하며, 얇을수록 온도가 높아야 한다.

(9) Poaching(Pocher) : 포칭

Poaching은 Bain-marie(중탕용기)와 같은 조리용기를 이용하여 65~80℃의 물에 서서히 익히는 방법이다. 이때 온도가 80℃ 이상이 되면 식품 내의 단백질이 파괴되기 시작한다.

(10) Pot Roasting(Poeler) : 푸알레

이 방법은 약 140~210℃의 Oven에서 뚜껑이 있는 Pan을 이용하여 mirepoix와 함께 가금류, 육류 등을 조리하는 방법이다. 조리 중 흘러내린 기름을 표면에 계속 뿌려주어야 한다. 조리가 끝날 무렵 약간의 white wine을 첨가하여 조린다.

(11) Roasting(Rotir) : 로스팅

식품을 오븐에 넣어 직접 열로 조리하는 방법으로 처음 210~250℃에서 시작하여 150~200℃에서 끝내며, 계속해서 기름을 칠하면서 굽는 방법이다. 이 방법은 식품의 맛을 완전히 보존시킬 수 있는 방법으로, 조리법 중 가장 힘들고 우수한 방법이다.

(12) Shallow Frying(Sauter) : 살짝 튀김

깊이가 얕은 Pan을 사용하며, 팬을 뜨겁게 한 뒤 기름과 버터를 넣어 급히 익혀내는 방법으로, Steak 조리 시 고기의 표면조직을 수축시켜 내부의 영양분과 고기즙이 밖으로 흘러나오지 않도록 조리하는 법이다. 일명 Pan Frying이라고도 한다.

① Meuniere

　생선에 밀가루를 입혀서 버터로 구워낸 것으로 일명 버터 구이라고도 한다. 생선요리에 적합한 조리법이다.

② Brochette

　육류, 간, 채소 등을 쇠꼬챙이에 꿰어 소테(Saute)한 것이다.

③ Escolopes

　밀가루, 달걀, 빵가루 등을 입혀서 굽는 방법이다.

(13) Simmering(Bouillir) : 끓이기

Poaching과 Boiling의 혼합조리 방법으로 95~98°C에서 조리한다.

(14) Steaming(Cuire a la Vapeur) : 증기에 찌기

증기압을 이용하는 방법과 순수한 증기만을 이용하는 법이 있다. 증기압을 이용하는 법은 높은 신선도를 유지시켜야 할 식품의 조리에 이용되며, 사용온도는 200~250°C이다.

Steaming은 흔히 사용되는 조리방법으로 생선, 갑각류, 육류, 채소, 후식 등의 요리에 많이 사용되며, 식품 고유의 맛을 유지할 수 있는 장점이 있다.

(15) Stewing(Etuver) : 스튜/끓이기

뚜껑 달린 Stewing Pot를 이용하여 braising할 때보다 낮은 온도로 서서히 조리는 방법으로 육류, 채소, 과일찜에 사용되는 조리법이다. 용해된 버터를 Pot에 바른 다음 식품을 넣어 110~140°C의 온도로 서서히 조린다.

6) 샐러드(Salad ; Salade)

샐러드의 어원은 라틴어의 Herba salate로서 그 뜻은 소금을 뿌린 herb(향초)이다. 즉 샐러드란 신선한 채소나 향초 등을 소금만으로 간을 맞추어 먹었던 것에서 유래되었다.

샐러드는 4가지의 기본적인 요소, 즉 본체와 바탕 그리고 곁들임과 드레싱으로 되어 있으며, 또한 지방분이 많은 주요리(main dish)의 소화를 돕고, 비타민 A, C 등 필수 비타민과 미네랄이 함유되어 있어 건강의 균형을 유지시켜 주는 데 좋은 역할을 하고 있다.

샐러드는 크게 순수 샐러드(Simple salad)와 혼합 샐러드(Combined salad)로 구분된다.

(1) 순수 샐러드(Simple salad)

순수 샐러드에 사용되는 푸른잎 채소는 싱싱하고 품질이 좋아야 한다. 그리고 채소는 잎을 떼어서 물을 많이 붓고 잔모래와 이물질이 제거되도록 깨끗이 세정한다. 조심스럽게 다듬어서 물기를 제거하고, 축축한 천을 깐 콜랜더(colander)나 천봉지(cloth bag)에 담아 냉장고에 넣어둔다. 샐러드용 잎 채소는 칼로 썰지 말고 손으로 찢어야 녹(bruising)이 나지 않는다. 각 재료를 식별할 수 있도록 단순하면서도 예술적으로 꾸밈성 있게 샐러드를 담아야 한다. 또한 재료가 싱싱하고 색상과 질감이 대조를 이루어야 접시에 매혹적으로 담아낼 수 있다. 다진 차이브나 파슬리, 워터크레스 한쪽, 트러플 슬라이스 조각으로써 외관상 풍미 증진을 꾀할 수 있다.

순수 샐러드에는 다음과 같은 것들이 있다.

① Green salad

② Garden salad

③ Spinach & Mushroom salad

④ Palm salad

⑤ Chefs salad

(2) 혼합 샐러드(Combined salad)

혼합 샐러드란 각종 재료에 향료, 소금, 후추 등이 혼합되어 양념, 조미료 등을 더 이상 첨가하지 않고 그대로 고객에게 제공할 수 있도록 만들어진 샐러드이다. 일반적으로 oil & vinegar를 많이 사용하며, 경우에 따라 드레싱과 마요네즈도 사용한다.

① Fruits salad

② Fish salad

③ Meat salad

④ Poultry salad

7) 디저트(Dessert)

후식(Dessert)은 식후에 먹는 음식을 총칭하는 말이며, 감미 요리로서 시각적으로 구미가 당기게 화려한 모양으로 만들어진다. 또한 달콤하고 산뜻한 맛을 주어 식사의 마지막을 장식하는 것으로 다음과 같이 구분할 수 있다.

후식은 찬 후식(Cold Dessert), 더운 후식(Hot Dessert) 및 얼음과자(Ice Dessert) 등으로 분류되며, 다음과 같은 다양한 종류가 있다.

(1) 감미요리

가. 후식(Cold Dessert ; Entremet Froid)

① Bavarian Cream : Bavaroise

우유, 달걀 노른자, Gelatin, 설탕, 생크림을 재료로 하여 만들며, 사용되는 주재료 또는 모양에 따라 명칭을 달리한다.

② Pudding

달걀, 우유, 바닐라향, 설탕, 소금을 재료로 하여 증기에 찐 것, 오븐(Oven)에 구운 것, 차게 굳힌 것 등으로 구분되며, 완성된 형태는 연두부와 비슷하고 어린이와 노약자에게 인기있는 후식으로 종류가 다양하다.

③ Mousse

달걀, 생크림, 설탕, 럼(Rum)을 혼합한 다음 글라스에 담아 차갑게 한 부드러운 후식으로, 첨가되는 부재료에 따라 다양하게 만들어진다.

④ Jelly(gelee)

젤라틴, 달걀 흰자, 설탕, 레몬, 백포도주, 물을 섞어서 가열한 후 차갑게 응고시킨 것이며, 이외에 각종 과일 또는 향신료를 첨가하여 만든 것도 있다.

⑤ Charlotte

비스켓을 손가락 모양으로 둥글게(Curled) 만들어 그 속에 바바리안 크림 또는 무스 크림을 넣고 차갑게 응고시킨 것이며, 다른 부재료를 사용하여 다양하게 만든다.

⑥ Fruit Salad

각종 과일을 재료로 레몬주스, 설탕, 시럽을 넣고 주재료와 어울리는 양주(Brand, Liqueur, Wine 등)를 첨가하여 차갑게 만든 것으로 프루츠 칵테일(Fruits Cocktail)과 비슷하며, 아이스크림에 곁들이거나 찬 후식과 더운 후식에 같이 혼합하여 만든 것도 여러 가지 있다.

⑦ Fruit Compote

주재료인 과일을 설탕시럽과 콘스타치(Corn Starch)로 약한 불에 삶아서 조린 것을 말하며, 사용되는 재료에 따라 종류가 다양하다.

나. 얼음 후식(Frozen Dessert)

이 후식은 냉동하여 만든 식품으로서 로마시대부터 전해져 왔는데, 그 종류는 크게 두 가지로 아이스크림과 셔벗(Sherbet)으로 구분된다.

아이스크림은 프랑스어로 Les Glaces라고 하는데, 프랑스의 식품연구가가 우유를 냉동시켜 만든 과자에서 힌트를 얻어 창안한 것이다. 셔벗은 프랑스어로 Sorbet라고 하며, 이것은 과즙과 리큐어(Liqueur)로 만든 빙과를 말한다. 1640년 프랑스의 앙리 2세 때 이탈리아에서 요리사가 왕비에게 리큐어를 첨가하여 만든 Sorbet를 주요리(Main Dish) 다음에 내놓아 당시의 귀족들을 놀라게 했다고 한다. 그때는 인조 냉동시설이 없어 천연얼음을 사용하여 만들었으나, 지금은 갖가지 재료를 이용하여 다양하게 만들어낸다.

① Ice Cream

유제품을 주재료로 하여 설탕, 달걀, 과즙, 시럽 및 여러 가지 향신료 또는 과일을 조화시켜 냉동하여 만든 것이다.

② Sherbet

아이스크림과 다른 점은 유지방을 사용하지 않았다는 점이다. 주된 재료는 과즙, 설탕, 물, 술, 달걀 흰자이며, 저칼로리 식품으로서 시원하고 산뜻하여 생선요리 다음에 제공하거나 후식으로 제공하는데 이는 소화를 돕고, 입맛을 상쾌하게 해주기 때문이다. 또한 모든 과즙은 재료로 사용 가능하며, 그 외에 술 또는 향신료를 이용할 수도 있다.

③ Parfait

달걀 노른자, 생크림, 설탕, 럼(Rum), 뜨거운 물을 재료로 하여 기포상태가 된 것을 냉동시켜 만든 것이며, 여러 가지 과일과 술을 이용하여 다양하게 만든다.

다. 더운 후식(Hot Dessert; Entremet chaud)

이 후식은 여러 가지 방법으로 만들어지는데, 그 방법은 다음과 같다.

- 오븐(Oven)에 익히는 법
- 더운물 또는 우유에 삶아내는 법
- 기름에 튀기는 법
- 알코올로 Flambee하는 법
- 팬에 익혀내는 법 등

① Hot Souffle Grandmarnier

달걀, 우유, 밀가루, 버터, 설탕, 그랑마니에(Grandmarnier)를 재료로 하여 오븐에 익혀낸 것으로 완성된 후에는 분말 설탕을 뿌리고 바닐라 소스로 장식하여 제공하며, 그 외에 사용하는 재료에 따라 여러 가지가 있다.

② Fritter(Beignet)

과일에 반죽을 입혀서 식용유에 튀긴 것을 베녜(Beignet)라고 하는데, 완성된 후에는 설탕과 계핏가루를 묻혀서 럼소스(Rum Sauce) 또는 계피소스(Cinnamon Sauce)를 곁들여서 제공하며, 사과, 배, 복숭아, 파인애플 등이 주로 사용된다.

③ Pan Cake(Crepe)

프랑스의 전통적인 후식으로 밀가루, 달걀, 우유, 설탕 등을 혼합한 후 프라이팬(Fry Pan)을 이용하여 종이처럼 얇게 익힌 것으로, 과일, 브랜디(Brandy), 리큐어(Liqueur) 등으로 만든 내용물과 소스를 곁들여서 여러 가지 모양으로 만든다.

④ Gratin

얇게 구운 크레페(Crepe) 위에 설탕, 레몬주스에 잘게 썬 과일을 올려놓고, 이탈리아식 소스인 사바용(Savayon)을 끼얹어서 오븐에 구워낸 것을 말하며, 그 위에 아이스크림 또는 셔벗을 올려서 제공하기도 한다.

⑤ Flambing(Flambee)

과일을 주재료로 하여 설탕, 버터, 과일주스, 브랜드 또는 리큐어 등을 첨가하여 독특한 맛을 내며, 고객의 테이블 앞에서 조리하는 프랑스 최고의 전통적인 후식이다.

(2) 사보리(Savoury)

치즈로 만든 한입에 먹는 요리로 그 종류는 다음과 같다.

① Cheese Souffle : 크림소스에 스위스 치즈나 가루치즈를 혼합하여 양념과 함께 오븐에 넣어 구워낸 것

② Cheese Straw : 밀가루, 우유, 버터 등에 묽은 치즈에 섞어서 양념한 후 얇게 밀어서 동그랗게 만든 다음 작게 썰어 오븐에 구워낸다.

③ Cheese Custard : 가루치즈를 우유에 붓고 소금, 후추, 파프리카(Paprika) 등으로 조미해서 끓인 다음 달걀 노른자를 넣고 푸딩판에 차갑게 해서 제공한다.

(3) 과일(Fresh Fruits)

다른 내용물과 섞지 않은 생과일을 말한다. 항상 신선함을 유지해야 하고 계절에 따라 다양하게 준비되어야 하며, 한입에 먹을 수 있도록 보기 좋게 잘라서 제공되어야 한다.

(4) 케이크와 파이(Cake and Pie)

케이크와 파이는 사용되는 내용물에 따라 종류가 매우 다양하다. 보관할 때에는 냉장고에 항상 차게 하고, 먹기 간편하게 잘라서 제공한다. 파이는 고객의 기호에 따라 차게 또는 오븐에 데워서 제공하거나 아이스크림과 함께 제공하기도 한다.

8) 커피(Coffee)

커피는 쓴맛, 떫은맛, 신맛, 구수한 맛 등이 조화를 이루어 미묘한 맛과 쾌감을 주는 기호음료로서 카페인(Caffeine), 타닌(Tannin), 지방, 광물질, 엑기스 등의 성분으로 구성되어 있으며, 그중 카페인은 식도에서의 염산분비 및 장의 활동을 자극하여 준다.

(1) 커피의 역사

커피의 기원을 찾아보면 분명한 기록이 남아 있지 않다. 칼디라는 목동이 양떼를 몰고 나갔다가 우연히 커피열매를 발견했다는 설을 비롯하여 커피라는 명칭은 에티오피아의 지명 카파(Kaffa)에서 비롯되었다는 설, 혹은 커피열매를 처음으로 이용했다는 에티오피아의 여인의 이름에서 유래되었다는 등 많은 설들이 전해지고 있다.

기원전 6세기경 에티오피아 고원의 기묘한 나무열매를 산양이 먹고 도취되어 떠들고 있는 것을 바그다드의 의사인 다레스가 발견하여 약용으로 사용하였고, 774년 페르시아의 영웅 키르스와 칸비세스가 아프리카대륙에 침입했을 때 원주민들이 소중히 여기며 먹는 기묘한 단자를 발견했는데, 이것을 먹으면 상쾌한 흥분과 함께 피로가 풀리고 원기가 왕성해진다고 했다. 여기서 이상한 식품이 병사들에게 유명해져 전리품으로 아라비아에 퍼지게 되었으며, 아라비아의 철학자인 아비센나가 최초로 기호음료라고 기록하였다. 특히 11세기경 회교국을 중심으로 널리 퍼진 이 기호음료는 술을 금지하고 있는 회교도들 간에 흥분과 자극을 주는 유일한 음료로서 인기를 더해 갔으며, 이 커피의 어원인 아라비아어의 카프아(Coffea), 즉 술의 이름에서 이를 알 수 있다.

19세기 초에는 끓여서 그대로 마시던 커피가 여과시켜서 마시는 현재의 방법으로 발달되었고, 에티오피아나 아라비아에서만 생산되던 커피콩은 유럽제국의 식민지 확장과 더불어 서인도제도, 자바, 브라질 등에서도 재배하게 되었다. 한편, 우리나라에서 커피를 최초로 접한 사람은 고종 황제로 1895년 아관파천으로 러시아공사관에 머물면서 커피를 마셨다. 독일인 손탁 여사가 중구 정동에 커피점을 차린 것을 시작으로 6·25전쟁 이후 미군부대의 인스턴트 커피를 통해서 대중화되기 시작했다.

(2) 주요 생산지

가. 생산지

① 아프리카 지역 : 에티오피아, 케냐, 우간다, 탄자니아, 아이보리코스트
② 중남미 지역 : 브라질, 콜롬비아, 코스타리카, 과테말라, 멕시코, 엘살바도르, 온두라스
③ 아시아·태평양 지역 : 인도네시아, 파푸아뉴기아, 필리핀, 아라비아, 인도
④ 서인도제도 : 자메이카, 도미니카, 아이티

이들 국가 중에서도 브라질과 콜롬비아, 인도네시아에서 생산되는 커피가 세계 총생산량의 50%가 넘고 있다.

(3) 산지별 커피원두

커피산지가 곧 커피원두의 이름인 경우가 많은데, 산지별로 생산되는 커피원두는 다음과 같다.

① 아프리카 지역(중앙아시아 포함)
- 킬리만자로 : 탄자니아산
- 모카마타리 : 예멘산
- 모카하라리 : 예멘산

② 중남미 지역
- 블루마운틴 : 자메이카산
- 산토스 : 브라질산

③ 아시아 · 태평양 지역
- 만테린 : 인도네시아산

(4) 커피의 3대 원종 및 특징

커피는 크게 아라비카, 로부스타, 리베리카로 구분되고 있다. 이 중 아라비카는 성장은 느리나 원두의 향미가 풍부하고 카페인 함유량이 로부스타보다 적다는 특색이 있다. 반면 로부스타는 성장이 빠른 정글식물이며 자극적이고 거친 향을 내며 경제적인 이점으로 인스턴트 커피에 많이 사용된다.

① 아라비카(Coffea Arabica : Arabian Coffee)

에티오피아 원산, 해발 800~1,000m 정도의 고지대, 기온 15~25℃에서 잘 자라며, 병충해에는 약한 특징이 있다.

반면 미각적으로는 대단히 우수하며 향기롭고 질이 높은 종이다. 로부스타종이 발견되기 전까지는 대부분이 아라비카종이었으나 현재는 전 세계 산출량의 약 70%를 점유하고 있다.

생산되는 커피종 중에서는 가장 품질이 좋고, 카페인 함량 또한 1~1.7% 정도로 낮다.

생산국은 브라질, 콜롬비아, 멕시코, 과테말라, 파나마, 에티오피아, 탄자니아, 예멘, 케냐, 모잠비크, 파푸아뉴기니, 하와이, 말레이시아, 필리핀, 인도 등이며 대부분의 커피 재배권에서 생산된다.

② 로부스타(Coffea Robusta : Wild Congo Coffee)

콩고 원산, 1898년 벨기에의 에밀 로렌에 의해 콩고의 자생지에서 발견된 후 평지와 해발 600m 사이의 저지대에서 재배되며 병충해에도 강한 특성이 있어 1900년 이후 적극적으로 재배되기 시작하였다. 고품질의 로부스타종은 아라비카종에 필적하나 대체로 쓴맛이 강하고 향기와 맛이 약하다. 전 세계 산출량의 30%를 점유하고 있다.

생산국은 인도네시아, 우간다, 앙고라, 콩고, 가나, 카메룬, 말레이시아, 필리핀, 인도 등이다.

③ 리베리카종(Coffea Liberica : Liberian Coffee)

리베리아 원산, 나무가 높고 뿌리가 깊어 저온이나 병충해에도 강하고 100~200m의 저지대에서도 잘 자라며 환경 적응력이 매우 강하다. 그러나 향기도 맛도 좋지 않아 산지에서 약간 소비될 뿐 거의 산출되지 않고 있다.

생산국은 수리남, 가이아나, 라이베리아 등이다.

(5) 원두 가공과 배합

커피의 맛은 좋은 품종의 원두를 선택하는 것 못지않게 가공과정 하나하나가 매우 중요하다. 특히 커피원두를 가공하는 첫 단계인 볶는(Roasting: 배전) 기술에서부터 커피의 맛과 향은 크게 좌우된다.

원두의 볶는 정도에 따라 연한 볶음(American Roasting), 중간 볶음(Medium Roasting), 그리고 강한 볶음(French Roasting)으로 나뉘는데, 그 정도에 따라 맛과 향이 다음과 같이 구분된다.

① American Roast

신맛과 쓴맛이 강하고 오래 보존할 수 있으며, 천연의 맛을 느낄 수 있다.

② Medium Roast

향기와 맛, 빛깔이 좋아 부드러운 맛을 느낄 수 있다(독일 스타일).

③ French Roast

지방성분이 표면으로 스며 나와 오래 보존할 수 없으나, 카페오레(Cafe au lait), 비엔나 커피(Vienna Coffee) 등 주로 어레인지 커피(Arrange Coffee)

메뉴에 알맞다.

우리가 일반적으로 접하는 커피는 배전두라 불리는 원두커피 그대로가

아니라, 볶은 원두를 곱게 분쇄한 분쇄커피나 그 분쇄한 커피를 액화시

켜 분말이나 과립의 형태로 건조시킨 인스턴트 커피가 대부분이다.

(6) 커피의 조리

일반적으로 커피 맛은 수질과 원두의 배합비, 그리고 끓이는 온도와 추출시
간 등에 의해 결정된다.

① 물

커피의 99%는 물이다. 그래서 양질의 커피를 만드는 데 있어서 물의 중
요성은 아무리 강조해도 지나치지 않다. 정수기는 때로 커피의 맛에 역
효과를 낼 수도 있으므로 화학적으로 처리(정제)된 물은 사용하면 안 된
다. 광물질이 섞인 경수(硬水)보다는 연수(軟水)가 적당하다. 그리고 냄새
나는 물을 사용하면 절대 안 된다.

② 온도

섭씨 85~95℃가 최적이다. 100℃가 넘으면 카페인이 변질돼 이상한 쓴맛
이 발생되며, 70℃ 이하에서는 타닌의 떫은맛이 남게 되기 때문이다. 커
피의 서브 적정온도는 80~85℃이며, 설탕과 크림을 넣어 마시기에 좋은
온도는 65℃ 내외이다.

③ 배합비

Regular Coffee의 경우 10g 내외의 커피를 130~150cc의 물을 사용하여 추
출하는 것이 적당하다.

④ 크림

커피에 크림을 넣을 경우, 액상 또는 분말 어느 경우에도 설탕을 먼저 넣
고 저은 다음에 넣는다. 커피의 온도가 85℃ 이하로 떨어진 후에 크림을
넣어야 고온의 커피즙에 함유된 산과 크림의 단백질이 걸쭉한 형태로 응
고되는 것(Feathering현상)을 방지할 수 있기 때문이다.

⑤ 시간

커피의 맛과 향의 완벽한 추출을 위해서는 충분한 시간이 필요하다. 맛과 향이 담긴 섬유조직이 팽창되고 와해되어야만 하기 때문이다.

⑥ 조리기구 및 조리방법

- 퍼컬레이터(Percolator)

일명 포트라고도 하며, 퍼컬레이터 안의 여과기에 커피를 넣고 아랫부분에 물을 넣어 가열하는 방법이다. 커피는 레귤러(Regular)와 같은 맛이 된다. 이 방법은 가열된 물이 위로 올라가 커피와 접촉하여 우러나 밑으로 내려오고, 계속하여 아랫부분의 물이 올라가 우러나온다.

- 사이펀(Syphon)

사이펀은 커피의 침출 여과과정이 잘 이해되고, 커피가 완성되는 것을 끝까지 지켜볼 수 있는 즐거움이 있으며, 커피 본래의 향이 그대로 우러나 좋은 커피를 만들 수 있다.

보통 플라스크와 로드를 상하로 연결하여 사용하는 형으로, 먼저 아래쪽 플라스크에 적당량의 물을 붓고 로드에 커피를 넣어 상하로 연결한다. 다음에 플라스크 부분에 열을 가하여 물을 끓이면 물이 중앙의 관을 통하여 위에 얹힌 로드로 올라간다. 이 끓는 물이 로드 안에 있는 커피 분말에 침투되어 커피가 추출된다.

- 드리퍼(Dripper)

작은 구멍이 뚫린 윗부분의 용기와 밑부분의 용기로 구분되어 있는 것으로 취급하기 간단하고 경제적이다. 먼저 아랫부분 용기를 뜨겁게 한 후 윗부분의 용기에 여과지를 깔고 커피를 적당량 넣은 다음, 물을 위의 중심에서 주위로 조금씩 부어주면 분말에서 기포가 발생하고 추출된 커피는 밑으로 떨어지게 된다.

- 전자동 커피기구(Bunn Automatic)

전열기에서 순간적으로 끓는 중앙관을 통하여 드리퍼에 있는 커피에 분출시켜 커피를 추출하는 기구이다.

• 에스프레소 머신(Espresso Machine)

1817년 이탈리아인이 발명한 커피 조리기구로 증기의 압력으로 커피를 추출한다. 속성으로 커피를 추출할 수 있는 장점이 있다.

• 에그로 커피머신(Egro Coffee Machine)

스위스 Egro사에 의해 개발된 커피조리기구로 원두의 분쇄부터 추출까지 한번에 이루어지는 최첨단 컴퓨터 제어방식의 기계이다. 원두를 즉석에서 갈아 압축된 증기로 커피를 추출하기 때문에 맛이 신선하고 순하다.

(7) Coffee Menu

① 카페오레(Cafe au lait)

카페오레는 커피와 우유라는 의미의 프랑스식 모닝커피이다. 영국에서는 밀크커피, 독일에서는 미히르 커피, 이탈리아에서는 카페라테로 불린다. 여름에는 차게, 겨울에는 뜨겁게 해서 마실 수 있다.

② 카페 카푸치노(Cafe Cappuccino)

이탈리아 타입의 짙은 커피로, 아침 한때 우유와 커피에 계피향을 더하여 마시면 더욱 풍미를 느낄 수 있다. 기호에 따라 레몬이나 오렌지 등의 껍질을 갈아 섞으면 한층 더 여러 향이 어우러져 맛을 낼 수 있는 신사의 커피이다.

③ 카페 로얄(Cafe Royal)

푸른 불빛을 연출하는 커피의 황제 카페 로얄은 프랑스의 황제 나폴레옹이 좋아했다는 환상적인 분위기의 커피이다.

④ 커피 플로트(Coffee Float)

크림커피로 일명 카페 그라세, 카페 제라트로도 불리며, 아이스크림이 들어 있는 커피이다.

⑤ 더치 커피(Dutch Coffee)

네덜란드풍의 커피로, 물을 사용하여 3시간 이상 추출한 독특하고 향기

높은 커피이다.

⑥ 아이리시 커피(Irish Coffee)

이 커피의 고향은 아일랜드의 더블린인데, 아일랜드 사람들이 점차 미국

의 샌프란시스코에 이주하여 이 커피에 아일랜드 위스키나 미스트를 넣

어 마시게 되자 차츰 유명해져서 샌프란시스코 커피라고도 불리게 되었다.

⑦ 비엔나 커피(Vienna Coffee)

음악의 도시 오스트리아의 비엔나에서 유래되었다는 커피로, 비엔나 커

피라는 이름을 가진 커피는 정작 비엔나에는 없으며, 단지 이곳을 방문하

는 관광객들의 입에 오르내리는 이름일 뿐이다.

⑧ 카페 알렉산더(Cafe Alexander)

아이스커피와 브랜디, 카카오의 향이 한데 어우러진 가장 전통적인 분위

기의 커피로, 주로 남성들이 즐기는 커피 메뉴이다.

⑨ 트로피칼 커피(Tropical Coffee)

남국의 정열적인 무드가 살아 있는 커피

로, 화이트 럼(Rum)을 사용한다.

⑩ 카페 칼루아(Cafe Kahlua)

칼루아란 멕시코산 테킬라 술의 일종으

로, 테킬라 술의 향기와 커피의 맛이 어

우러진 독특한 커피이다.

• 재료 : 커피, 칼루아 10㎖, 설탕, 휘핑크

림 적당량

• 만드는법 : 컵에 설탕과 칼루아, 그리고

커피를 차례대로 넣은 후 잘 혼합하여

휘핑크림을 띄운다.

⑪ 아이스 커피(Ice Coffee)

미국에서는 골드커피, 일본에서는 쿨 커

피라 불리며, 이 커피의 생명은 커피의 쓴맛에 있다.

⑫ 카페 에스프레소(Cafe Espresso)

이탈리안 커피로 크림 카페라고도 한다. 이탈리아에서는 식후에 즐겨 마시는데, 피자 따위의 지방이 많은 요리를 먹은 후에 적합한 커피이다.

9) 홍차(Black Tea)

중국에서 녹차를 배에 싣고 유럽으로 가는 도중 적도의 뜨거운 태양열을 받아서 찻잎이 발효되어 유럽에 와서 상자를 열어보니 찻잎 색깔이 모두 까맣게

변해 있어서 버리기 아까워 마셔보니 훨씬 맛이 있어 모두 이러한 차를 마시게 되었으며, black tea라고 불리게 된 이유도 여기에 있다. 홍차는 잎을 끓이지 않고 말려서 잎의 천연 효소작용에 의해 발효시켜 차의 색이 검은색으로 변하고 향료로 변화하여 특수한 향기를 내며, 홍차 잎 속에는 카페인, 단백질, 지방질, 당질, 섬유소, 회분, 비타민, 니코틴산, 무기질 등이 있다.

우롱차(오룡차)는 중간발효한 것으로 홍차의 일종이지만 녹차의 맛을 갖추고 있고, 녹차는 잎을 끓여서 발효를 방지함으로써 녹색을 유지하게 된 차로 주성분으로는 Alkaloid와 타닌, 비타민 C, 휘발성 향료, 단백질 등으로 구성되어 있다.

제5절 | 룸서비스

1. 룸서비스 업무

호텔에서의 룸서비스라 하면 고객이 객실에서 식음료를 주문하면 주문한 음식을 신속, 정확하게 객실까지 배달해 제공하는 서비스를 말한다. 식사는 아침식사와 간식의 주문이 많고 음료로는 소프트 드링크(soft drink)와 커피 등의 주문이 주를 이룬다. 룸서비스는 엘리베이터나 주방 가까운 곳에 위치시켜 편리하고 효율성 있게 운영한다.

1) 아침식사 서비스

아침식사의 경우 과일종류와 주스류, 커피나 홍차는 고객의 요구에 따라 제공하고 한 잔분으로 부족할 때가 많으므로 고객에게 문의하여 계속 서브할 수 있도록 하며 주문보다 여유있는 분량을 포트(pot)에 가지고 가야 한다. 토스트는 항상 뜨거워야 하고 잘 구워진 것이어야 하며 간혹 고객이 바싹 구워 달라고 하면 다시 서브하지 않도록 주문에서 서브에 이르기까지 일일이 확인한다.

룸서비스는 전화로 서비스가 이루어지고 동일장소에서 거듭되는 서비스가 아닌 만큼 완전히 사적인(private) 서비스라는 특성을 살려야 한다. 또한 조식 주문일 경우에는 객실의 문고리에 룸서비스 태그(room service tag)를 사용하여 주문을 받기도 한다. 이때 룸서비스 종사원은 밤늦게 객실을 돌아보고 태그를 수집하여 정해진 시간에 서비스를 제공한다.

2) 식사서비스

룸서비스는 시간이 걸리고 복잡하므로 한가한 시간에 모든 준비를 하여 고객의 불평이 없도록 최선을 다해야 한다. 주방과의 거리가 멀 경우에는 요리가 식지 않도록 음식에 뚜껑을 덮어 서브한다.

필요한 기물이 부족하지 않도록 포크, 나이프, 냅킨, 캐스터(caster) 등은 충분히 준비해 둔다. 커피나 홍차는 포트째 서브하고 커피잔이 식지 않도록 주의 깊은 서비스를 하며, 아늑한 식사 분위기를 만들어줄 수 있도록 한다.

3) 음료서비스

위스키나 칵테일 등의 주문을 받았을 경우에는 바에서 조주하여 서빙 트레이에 담아 조심스럽게 운반한다. 특히 칵테일을 주문받았을 때는 소형의 셰이커(shaker)에 칵테일을 넣어, 이것을 얼음에 채워서 객실에 갖고 가서 고객 앞에서 제공하는 것이 좋은 서비스이다.

콜라 등을 주문받았을 때에는 글라스, 얼음 등을 잊지 말아야 한다. 또한 유리컵은 깨끗한가를 객실에 가기 전에 완전히 점검해야 하며 병은 고객 앞에서 따르는 것이 원칙이다. 호텔의 경우 고객이 후불 서명을 할 때는 객실번호, 서명, 일자 등을 정확히 받도록 한다.

4) 룸서비스의 유의점

① 정확하고 신속하게 서비스가 되어야 한다.

② 종사원은 충분한 업무지식을 가져야 한다.

③ 타 부서와의 상호 협조로 원만한 서비스가 이루어져야 한다.

④ 서브 시에는 주문내용을 재확인하고 룸서비스 카트 또는 트레이를 점검하여 음식을 정확히 제공한다.

⑤ 주문받을 때는 전화통화요령을 지키면서 정확한 주문기록으로 고객이 원하는 대로 서비스가 제공되어야 한다.

⑥ 고객과 룸서비스 간에 원활하고 정확한 의사소통이 이루어져야 하며 서비스상의 세심한 예의와 주의는 전화통화요령에서 시작된다. 판매원은 차림표와 요리내용을 숙지하고 있어야 하며 그렇게 함으로써 룸서비스 부문의 이익증대에 기여하게 된다.

⑦ 받은 주문에 대하여 책임을 지며 주문서는 조리사에게 전달하기 전에 내용을 재확인한다. 또 서브함에 있어서 이동식탁을 사용할 것인가, 쟁반을

사용할 것인가를 미리 확정짓고 테이블에 있어야 할 기물이 갖추어져 있는지 확인한다.

⑧ 복도 등의 청결에 신경 쓰고, 음식은 제공시간에 정확히 맞추어 제공되어야 한다. 요리사는 웨이터와 충분히 협력하여 음식을 재빨리 준비하며 고객의 요구에 맞게 조리한다.

⑨ 룸서비스에 대한 호텔의 방침과 규칙을 반드시 지켜야 하며, 고객이 무엇을 원하고 있는지 룸서비스 부문의 전 직원은 항상 명심해야 한다.

2. 룸서비스의 준비

1) 준비요령

① 룸서비스 트롤리(trolley)들이 정상적인 상태인지 체크한다. 사용이 불가능하거나 수리를 요하는 것은 모두 영선부로 보내 수리하도록 요청한다.

② 트롤리를 항상 깨끗하게 닦아놓는다(트롤리의 상단, 바퀴, 다리, 금속 프레임, 보온박스 등).

③ 보온박스 속에 있는 램프를 점검하고 깨끗이 청소한 다음 알코올을 채워놓는다.

④ 트레이들을 깨끗하게 닦아서 필요할 때 즉시 사용할 수 있도록 선반 위에 쌓아놓는다.

⑤ 테이블보, 냅킨, 트레이 클로스, 키친 클로스, 글라스 클로스 등 리넨류를 점검하고 지정된 선반 위에 정리해 놓는다.

⑥ 트레이, 컵, 소서(saucer), 글라스 등이 사용하기에 완벽한 상태에 있는가를 점검한다.

⑦ 소금, 후춧가루통, 겨자단지 등을 깨끗이 닦고 다시 채워 놓는다.

⑧ 모든 소스병의 뚜껑을 열어보고 주둥이를 깨끗이 닦아서 다시 닫아놓는다.

⑨ 모든 기물들은 뜨거운 물에 담갔다가 깨끗이 닦은 다음 저장장소에 보관한다.

⑩ 냅킨은 즉시 사용할 수 있도록 미리 접어놓는다.

2) 트레이 또는 트롤리 세팅 요령

(1) 대륙식 아침식사(continental breakfast)

① 기물 : 디저트 플레이트, 컵과 소서, 티스푼, 버터 나이프, 냅킨, 소금, 후
춧가루통, 주스 글라스

② 품목 : 설탕, 버터, 토스트 또는 롤빵(roll bread), 커피 또는 티백(포트에
담긴 뜨거운 물과 함께), 주스, 꿀

(2) 미국식 아침식사(American breakfast)

① 기물 : 디저트 플레이트, 버터 나이프, 티스푼, 컵과 소서, 냅킨, 소금, 후
춧가루통, 미트 포크와 나이프, 시리얼 스푼

② 품목 : 대륙식 아침식사 품목에 달걀요리와 육류요리가 추가된다.

3) 룸서비스의 일반수칙

① 트레이를 운반할 때는 왼손 손바닥을 펴서 받쳐 들어야 한다.

② 세팅하기 전에 트레이 클로스를 깐다.

③ 뜨거운 포트나 음식은 트레이 외곽으로 놓고 물이 나오는 주둥이를 바깥
쪽으로 향하게 놓는다.

④ 무거운 품목은 트레이의 중앙부에 놓아야 한다.

⑤ 고객이 두 사람 이상일 경우에는 객실 테이블에 놓아드려야 한다.

⑥ 고객이 두 사람 이상일 때는 트롤리를 사용하도록 한다.

⑦ 트레이에 뜨거운 요리가 제공될 때는 접시에 뚜껑(food cover)을 씌워 운
반한다.

⑧ 트롤리에 제공할 때 찬 음식은 트롤리 위에, 뜨거운 음식은 온도를 유지
하기 위하여 보온박스에 넣고 박스 내부가 따뜻하도록 알코올 램프를
켠다.

⑨ 캐셔에게 전표를 받아 룸서비스를 출발하기 직전에 트롤리나 트레이에
있는 음식과 전표상의 음식품목이 일치하는지 재차 점검한다.

⑩ 캡틴은 웨이터가 객실로 출발하기 전에 주문된 음식의 모든 준비사항과

준비상태를 체크한다.

⑪ 웨이터는 문을 노크하고 고객의 허락에 따라 입실한다.

⑫ 트레이를 테이블 위에 놓을 때는 주요리가 의자를 향하도록 놓는다.

⑬ 트롤리의 양 날개를 펴 올리고, 서브해도 좋은지 의향을 물어본다. 원하지 않을 경우 객실을 나오기 전에 알코올 램프를 반드시 꺼야 한다.

⑭ 병에 들어 있는 음료를 서브할 경우는 병마개를 열어드려야 한다.

⑮ 빌(Bill)에 사인을 받은 후 테이블 수거를 위한 안내카드 사용요령을 설명해 드리고 객실을 나온다.

⑯ 트레이와 트롤리는 웨이터와 버스보이(bus boy)에 의하여 수거되며 이때 조직적인 수거작업을 위하여 'clearing chart'를 이용한다. 수거된 방은 off 표시를 하여 수거되지 않은 방이 어느 방인가를 한눈에 볼 수 있도록 한다.

⑰ 서명된 빌(Bill)은 즉시 캐셔에게 전하고 문제가 생겼으면 캡틴에게 보고하여 처리한다.

4) 주문받는 요령

① 명랑한 목소리로 고객에게 인사한다. Good morning, room service speaking, May I help you?

② 고객의 말을 주의 깊게 듣는다. 만약 고객이 결정을 내리지 못할 경우는 자세하게 설명해 드린다.

③ Order Book에 정확한 객실번호를 기재하고 주문내용을 자세히 적으면서 주문을 받는다.

④ 한 조에 여러 명이 일을 할 때는 차례대로 주문을 담당해야 한다.

⑤ 빌(Bill)은 3장으로 복사되는 것이어야 한다. 원본은 웨이터에게 주어지며 이것은 주방에 주문할 때 사용된다.

제6절	뷔페식당

뷔페식당은 양식요리를 중심으로 하여 한식, 중식, 일식 등의 다양한 요리가 준비되며, 균일한 요금을 지급하고 다양하게 진열된 요리 중에서 기호에 맞는 음식을 양껏 골라 먹을 수 있으며, 고객 스스로가 운반하여 먹는 셀프서비스 형식의 레스토랑이다.

1. 뷔페식당의 특징

① 기호에 맞는 음식을 자기 양껏 먹을 수 있다.
② 한식, 일식, 양식 등 다양한 요리가 제공되므로 다양한 요리를 즐길 수 있다.
③ 기다리는 시간 없이 신속하게 식사할 수 있다.
④ 비교적 가격이 저렴하다.
⑤ 고객의 불평 불만이 적다.
⑥ 전형적인 Self Service 방식으로 적은 종업원으로 운영할 수 있어 인건비가 절약된다.
⑦ 타 업장에서 사용하고 남은 재료를 활용할 수 있어 식재료의 재고 부담이 적다.
⑧ 위생적인 식사를 할 수 있다.
⑨ 회전이 빨라 매상이 증진되는 이점이 있다.

2. 뷔페의 종류

(1) Open Buffet

불특정 다수를 대상으로 일정한 가격을 지급하면 자기 마음껏 먹을 수 있는 일반적인 뷔페식당의 형식을 말한다.

(2) Closed Buffet

일정한 고객의 수에 따라 정해진 양의 음식이 사전 주문에 의해 제공되는 것으로, 연회 행사 시에 행해지는 형식의 뷔페이다.

3. 뷔페식당의 서비스요령

① 고객들의 Self Service 활동에 지장이 없도록 충분한 공간과 통로가 확보되어야 한다.

② Self Service에 불편을 느끼는 고객은 종업원이 도와준다.

③ 모든 요리는 간편하게 먹을 수 있도록 잘려 있거나 부분화되어 있어야 한다.

④ Soup와 Coffee는 종업원이 서브한다.

⑤ 부족한 음식이 없는지 확인하여 수시로 보충한다.

⑥ 모든 서비스용 빈 접시는 뷔페 테이블이 시작되는 부분의 가장자리에 놓는다.

⑦ 접시가 비워진 고객에게는 더 드시도록 권하고, 빈 접시를 치워도 되는지를 물어본 뒤 빈 접시를 치운다.

⑧ 더운 음식은 덥게, 찬 음식은 차게 제공될 수 있도록 음식관리에 세심한 주의를 기울인다.

| 제7절 | 커피숍 |

1. 커피숍의 특성

호텔레스토랑 중 가장 기본적인 영업장으로 그 기능이 다양하다. 아침식사, 점심식사, 그리고 저녁식사를 제공하는 경양식 식당기능과 각 식사시간 사이엔 커피를 포함한 각종 음료수와 간단한 스낵류 그리고 디저트류가 준비되어 있어 만남의 장소 및 비즈니스 장소로서 Tea Room의 기능을 복합적으로 지니고 있다.

1) Breakfast(아침식사)

(1) Breakfast Set Menu

아침식사는 하루 일과 중 가장 먼저 시작하는 것으로 아침식사 중의 기분이 하루 종일 이어질 수 있으므로 매우 중요하다. 고객들은 대부분 아침 일찍 관광이나 사업상 일을 하기 전에 충분한 시간적 여유 없이 레스토랑에 오기 때문에 서두르기 마련이다. 그러므로 아침식사 서비스 제공에서는 신속, 정확, 친절의 3요소가 절대적이라 할 수 있다.

아침식사에 제공되는 음식은 위에 부담을 주지 않는 부드러운 음식이 바람직하고, 칼로리 면에서는 하루를 시작하는 식사인 만큼 고칼로리의 요리가 좋다.

① American Breakfast

신선한 주스, 빵, 달걀요리 그리고 커피나 홍차로 구성되어 제공된다. 달걀요리 중에서 한 가지를 선택하고 Ham, Bacon, Sausage 중에서 한 가지와 감자튀김이 곁들여진다. 여기에 Sole 또는 Halibut 같은 생선구이가 추가되면 영국식 아침식사(English or European Breakfast)가 된다.

■ 구성내용 A

```
- A Choice of Juice
- Basket of Rolls & Toast
- Two Eggs any Style w / Ham, Bacon or Sausage
- Coffee or Tea
```

■ 구성내용 B

```
- A Choice of Juices
- Basket of Rolls & Toast
- Hot or Cold Cereals w / Milk & Slice Fruits
- Two Eggs any Style w / Ham, Bacon or Sausage
- Coffee or Tea
```

② Continental Breakfast

영국식 아침식사와 구별하기 위하여 대륙식 조식이라고도 하며, 주스, 빵, 커피나 홍차로 구성되어 제공되는 간단한 아침식사이다.

■ 구성내용

```
- A Choice of Juices
- Basket of Rolls & Toast
- Coffee or Tea
```

③ Healthy Breakfast

건강에 대한 욕구와 관심이 높아짐에 따라 영양식 대신 건강식으로 특별히 만든 메뉴이다. 각종의 성인병을 걱정하는 고객들을 위해 각종 미네랄과 비타민이 풍부하고 고단백, 저지방의 식품으로 구성된 메뉴로, 생과일주스, 플레인 요구르트와 과일, 그리고 빵과 커피로 구성된다.

■ 구성내용의 예

```
- Freshly Squeezed Juice
- Plain Yogurt
- Basket of Rolls & Toast
- Frest Fruits
- Coffee or Tea
```

(2) Bread(빵)

① 빵의 분류 : 빵의 무게로 분류한다.

- Bread 종류

  빵의 무게 225g 이상을 말하며, Plain Bread, Rye Bread, French Bread 등이 있다.

- Bun 종류

  빵의 무게 60~225g을 말하며, Hamburg, 샌드위치용 Buns, Hot Dog Buns가 대표적이다.

- Roll 종류

  빵의 무게 60g 이하를 말하며, German Hard Roll, Soft Roll, Breakfast Roll 등이 있다.

② 커피숍에서 사용되는 빵의 종류

아침식사에 빵이 제공될 때에는 여러 가지 잼과 꿀 그리고 버터가 함께 제공된다.

Toast Bread / Rye Bread / French Bread / Croissant / Danish Pastry / Doughnut / English Muffin / Blueberry Muffin / Bagel / Breakfast Roll / German Hard Roll 등

(3) Juice(주스)

① 신선한 생과일주스(Freshly Squeezed Fruits Juice)

Freshly Squeezed Orange / Apple / Grapefruit / Carrot / Pineapple Juice 등

② 캔주스(Canned Juice)

(4) 달걀요리

가. Fried Egg

① Sunny Side Up

달걀을 한쪽만 익힌 후 Salamander 조리기구에 잠시 넣어 윗면을 덥힌 달걀요리

② Turned Over

- Over Easy(Light) : 달걀을 양쪽 모두 익히되 흰자만 약간 익힌 것
- Over Medium : 흰자는 완전히 익고 노른자는 약간 익힌 것
- Over Hard(Welldone) : 흰자와 노른자를 모두 익힌 것

나. Scrambled Egg

달걀 두 개에 한 스푼 정도의 우유 또는 생크림을 넣고 잘 휘저은 다음 가열된 프라이팬에 휘저은 달걀을 넣고 빨리 휘저어야 한다. 앤초비, 감자, 버섯, 새우, 치즈 등을 넣어 만들기도 한다.

다. Boiled Egg

물이 끓는 온도보다 조금 낮은 93℃ 정도의 물에 달걀의 껍질을 깨지 않고 삶은 달걀요리이며, Boiled Egg 제공 시 Egg Stand와 Tea Spoon이 필요하다.

① Soft Boiled Egg(미숙) : 3~4분 정도

② Medium Boiled Egg(반숙) : 5~6분 정도

③ Hard Boiled Egg(완숙) : 10~12분 정도

라. Poached Egg

소량의 소금과 식초를 넣어 약하게 끓는 물(93℃)에 달걀 껍질을 제거하고 삶는 요리

① Soft Poached Egg : 3~4분 정도

② Medium Poached Egg : 5~6분 정도

③ Hard Poached Egg : 8~9분 정도

마. Omelet

보기 좋은 크기와 형태를 만들기 위해 달걀 3개를 사용하여 만든다. 다른 재료를 섞지 않고 달걀만 말아서 만든 것을 Plain Omelet이라 하고, Ham, Bacon, Cheese, Mushroom 등을 속에 넣어서 만들기도 한다.

바. Two Poached Eggs Benedictine

프랑스 베네딕틴 수도원식의 달걀요리로, English Muffin 위에 햄과 칠면조

또는 Chicken Meat를 얹고, 그 위에 Poached Egg를 놓은 다음 Hollandaise Sauce 를 끼얹어 윗불로 소스 색깔을 낸다.

사. Corned Beef Hash with Two Eggs Any Style

쇠고기의 질긴 부위를 소금물에 절인 후 삶아서 작게 다져 감자와 양파, 셀 러리를 넣고 요리하거나, 토마토 페이스트를 넣어 요리하는 방법도 있다. 달걀 요리와 함께 제공한다.

(5) Cereal(곡물식사)

각종 미네랄이 풍부한 가벼운 곡물식사이다.

가. Hot Cereals

따뜻한 우유와 함께 서브하며 과일을 같이 제공하기도 한다.

나. Cold Cereals

차가운 우유와 같이 서브하며 과일을 같이 제공하기도 한다.

(6) Fruit(과일)

아침식사일 때 과일은 일반적으로 중식이나 석식과는 달리 식사의 처음에 서브한다.

① Half Grapefruit : 자몽을 반으로 잘라 속을 Spoon으로 떠먹기 좋게 칼로 손질한 후 얼음을 넣어 차게 한 용기에 제공한다.
② Fresh Fruit Season(계절 과일) : 계절에 따라 다양한 과일을 제공한다.

(7) Pancake and Waffles(팬케이크와 와플)

① Pancake : 밀가루, 달걀, 버터, 우유, 베이킹파우더 등으로 반죽을 만들 어 철판에 구운 것. Blueberry 또는 Pineapple을 첨가하기도 한다.
② Waffle : 팬케이크와 재료는 같으나 와플틀 속에 넣어 구우며 Cinnamon Powder를 뿌려준다.
③ French Toast : 샌드위치 빵을 우유에 적신 후 달걀을 입혀서 철판에 구 우며 Cinnamon Powder를 뿌려준다.

(8) 기타 아침식사

① Smoked Salmon with Cream Cheese and Toasted Bagel

크림치즈를 곁들인 훈제연어에 베이컨과 토스트를 함께 제공한다.

② Hashed Brown Potatoes

삶은 감자를 거칠게 다져서 양파, 파슬리, 후추, 소금, 베이컨을 넣고 둥근 형태를 만들어 튀겨낸 것

③ Breakfast Steak

기름을 제거한 소량의 Sirloin Steak에 Fried Egg, grilled Tomato를 함께 제공한다.

④ Yogurt

아무것도 첨가하지 않은 Plain Yogurt, 첨가물에 따라 Strawberry, Apricot Yogurt가 있다.

2) Breakfast 서비스 요령

(1) 바쁜 일정이나 약속을 앞두고 시간이 없는 고객에게 신속하고 정확하게 서브한다.

(2) 커피나 홍차는 일반적으로 식사 주문 전에 먼저 서브하여 메뉴를 보는 동안 커피를 마실 수 있게 하고, 식사 중에도 커피나 홍차를 더 원하는지 물어본 뒤 2~3차례 더 제공한다.

(3) 아침 메뉴의 제공 순서는 주스→과일 요구르트→시리얼→빵과 달걀 요리, 그리고 팬케이크의 순서로 서브한다.

　가. 보통 과일을 요구르트에 찍어먹고, 달걀과 토스트를 같이 먹기 때문에 같이 서브한다.

나. 보다 빠른 서비스를 위해 Water Goblet에 물을 미리 채워 Service Station에 많이 준비하여 고객이 몰리는 시간에 신속하게 서비스할 수 있도록 대비한다.

다. 주문받을 때 Fried Egg는 굽는 정도를, Boiled Egg는 삶는 시간을 정확히 물어 실수가 없도록 기록하여 주문을 받는다. Omelet요리는 Plain Omelet인지, 속재료를 넣어 만들 것인지, 또는 Plain Omelet에 햄, 베이컨, 소시지를 곁들일 것인지 정확히 구분하여 주문을 받는다.

CHAPTER 05

호텔연회서비스

Food & Beverage Service Management

CHAPTER 5
호텔연회서비스(Banquet service)

제1절 | 연회서비스의 의의 및 특색

호텔 또는 식음료를 판매하기 위해서 제반시설을 갖춘 장소에서 2인 이상의 단체고객에게 식음료와 기타 부수적인 사항을 첨가하여 행사 본연의 목적을 달성할 수 있도록 하고 그에 따른 대가를 수수하는 행위를 말한다. 연회(banquet)서비스에서의 고려사항은 실내의 밝기, 리넨, 와인, 선택, 메뉴 조합, 서비스 속도 등이다.

(1) 현금 예치로 유동자본을 확보할 수 있다.

(2) 자금 통제가 용이하다.

(3) 인건비 통제가 가능하다.

(4) 재고비용이 낮아진다.

(5) 정확한 판매와 이윤을 예측할 수 있다.

제2절 | 연회의 종류

연회행사는 크게 식음료 연회와 임대 연회로 나눌 수 있다.

1) 식음료 연회

(1) 정찬파티 : 풀 코스(full course)를 제공, 주최자(organizer)의 요청에 따라 메뉴, 좌석배치 등을 한다.(점심, 저녁식사)

(2) 칵테일파티 : 알코올 음료에 애피타이저가 제공되는 입석연회

(3) 뷔페파티 : 고객이 요청에 따라 일정 금액의 음식을 마련하여 뷔페식으로 제공하는 연회

(4) 티파티 : 일반적으로 3~5시 사이에 간단히 열리는 파티. 비알코올성 음료에 과일, 샌드위치 등이 곁들여 제공된다.

(5) 출장연회파티 : 고객의 요청에 의해 연회가 열리는 장소로 음식을 싣고 가서 서비스하는 연회

2) 임대 연회

(1) 전시회(Exhibition)

(2) 패션쇼(Fashion Show)

(3) 각종 회의 : 국제회의(Convention), 세미나(Seminar), 강연회

3) 연회의 성공 여부

(1) 수준 높은 서비스(Quality of service)

(2) 식음료의 질(Quality of food & beverage)

(3) 분위기 연출(Atmosphere)

제3절 | Meeting(회의)의 종류

1) Meeting

모든 종류의 회의를 총칭하는 가장 포괄적인 용어이다.

2) Convention

회의분야에서 가장 일반적으로 쓰이는 용어로, 정보전달(기업의 시장조사보고, 신상품 소개, 세부전략 수립 등)을 주목적으로 하는 정기 집회에 많이 사용되며 전시회를 수반하는 경우가 많다.

컨벤션은 국제적 모임 중에도 주로 특정한 안건을 심의하여 어떠한 결론을 유도하는 것과 이러한 모임을 중심으로 각종 관련 행사를 보완하여 축제적 분위기를 겸하는 것이 있다.

따라서 이러한 집회는 형식적이 되어 만장일치의 의안통과가 관례이며 그 대신 각급 분과 위원회의 깊이 있는 토의, 심의가 심도 깊게 다루어지게 된다.

과거에는 각 기구나 단체에서 개최하는 연차총회(Annual Meeting)의 의미로 쓰였으며 요즈음에는 총회, 휴회기간 중 개최되는 각종 소규모 회의, 위원회 회의 등을 포괄적으로 의미하는 용어로 사용되고 있다.

3) Conference

컨벤션과 거의 같은 의미를 가진 용어로 통상적으로 컨벤션에 비해 회의진행상 토론회가 많이 열리고 회의 참가자들에게 토론회 참여기회도 많이 주어진다. 또 컨벤션은 다수의 주제를 다루는 업계의 정기회의에 자주 사용되는 반면 컨퍼런스는 주로 과학기술 학문분야의 새로운 지식습득 및 특정 문제점 연구를 위한 회의에 사용된다.

컨퍼런스는 다분히 회의를 기조로 하는 국제적 집회에 미국에서 주로 사용한다. 그러나 프랑스어계 국가에서는 외교적 성격의 국가적 회의에 이 용어를 많이 사용하고 있다. 컨퍼런스는 연차회의(Annual)를 수반하여 그 규모를 크게 나타내고 있고, 다만 작은 규모의 회의중심의 모임은 컨퍼런스로만 표기하고 있다.

4) Congress

컨벤션과 같은 의미를 지닌 용어로 유럽지역에서 빈번히 사용되며, 주로 국제규모의 회의를 의미하고 있다. 컨벤션이나 콩그레스는 본회의와 사교행사 그리고 관광행사 등의 다양한 프로그램으로 편성되며 참가인원은 대규모가 보통이다. 연차로 개최되며 상설 국제기구가 주체가 된다.

5) Forum

제시된 한 가지의 주제에 대해 상반된 견해를 가진 전공분야의 전문가들이 사회자의 주도하에 청중 앞에서 벌이는 공개토론회로서 청중이 자유롭게 질의에 참여할 수 있으며 사회자가 의견을 종합하게 된다.

Forum은 고대 로마시대의 공회용의 광장에서 나온 용어로 자유토론의 광장을 의미한다. 격식은 비교적 자유롭게 하며 토의주제에 대하여 상반된 입장에서 자기주장과 질의를 할 수 있다. 이때는 사회자의 역할이 더욱 강조되며 능률적인 토론장의 운영이 요체이다. 심포지엄이 격식을 갖춘 토론형식이라면 이는 시민광장적인 자유로운 토론 형식이다.

6) Symposium

제시된 안건에 대해 전문가들이 다수의 청중 앞에서 벌이는 공개토론회로서 포럼에 비해 다소의 형식을 갖추며 청중의 질의기회도 적게 주어진다.

즉 특정문제를 놓고 연구, 검토하기 위한 전문가의 토론장이 바로 심포지엄이다. 토론주제에 대해 전문가들이 연구를 거쳐 상호의견을 나누며 이들이 모임 종결부에서 관련된 주제에 대한 건의사항과 제반 문제점을 정리하여 보고서를 작성한다.

7) Panel Discussion

청중이 모인 가운데, 2~8명의 연사가 사회자의 주도하에 서로 다른 분야에서의 전문가적 견해를 발표하는 공개토론회로서 청중도 자신의 의견을 발표할 수 있다. 패널토의는 방청인들을 중심으로 장내를 메우고 발표자의 제목발표와 해당사항의 전문가들의 상호 질문답변 등의 토론을 갖는 형식의 회의이다. 청중의 참여보다는 전문가끼리의 토론의 비중이 크며 여기에 참가하는 발표자와 토론자는 완벽한 준비를 사전에 가질 수 있어 보다 효과적인 토론이 가능하다.

8) Lecture

한 사람의 전문가가 일정한 형식에 따라 강연하며, 청중에게 질의 및 응답시간을 주기도 한다.(강연)

9) Workshop

주로 교육목적을 띤 회의로서, 30~50명 정도의 참가자가 참가자 중 1인의 주도하에 특정분야에 대한 각자의 지식이나 경험을 발표, 토의하는 형태이다.

10) Exhibition

무역, 산업, 교육분야 또는 상품 및 서비스 판매업자들의 대규모 전시회로서 회의를 수반하는 경우도 있다.(전시회)

11) Teleconferencing

회의 참석자가 회의장소로 이동하지 않고 국가 간 또는 대륙 간 통신시설을 이용하여 회의를 개최한다. 원격회의는 회의경비를 절약하고 준비 없이도 회의를 개최할 수 있는 장점이 있으며, 오늘날에는 각종 Audio, Video, Graphics 및 컴퓨터 장비를 갖추고 고도의 통신기술을 활용하여 회의를 개최할 수 있으므로 그 발전이 주목되고 있다.

제4절 | 연회절차

연회서비스는 고객이 미리 선택한 메뉴로 예약된 수의 고객들에게 서비스하는 것이다. 웨이터나 웨이트리스는 대개 아메리카형이나 러시아형을 메뉴에 맞도록 약간 변경하여 서비스한다. 예를 들어 수프나 스테이크를 서브한다면, 수프 스푼이나 스테이크 나이프를 세팅해야 한다.

만일 차가운 음료를 식사 전에 내놓는다면, 고객이 테이블 좌석에 앉기 직전에 이를 테이블 위에 올려놓는다. 이때 물컵에 물을 채워두고, 빵 접시에 빵과 버터를 얹어놓아야 한다.

연회 서비스의 단점은 한 테이블에 많은 사람들이 좁게 앉기 때문에 고객 개개인에게 친숙한 서비스를 할 수 없다는 것이다.

① 직원은 전체 고객의 수와 서비스 형태에 따라 배치한다.
② 테이블 배치 : 행사의 형태, 연회장의 크기, 고객의 수, 기호에 따라 배치한다.
③ 예상 고객 외 10명 정도의 추가고객을 고려한다.
④ 각종 기물류 : 메뉴, 서비스 스타일에 따라 준비한다.

제5절 | 연회예약과 기록

1) 연회예약

고객의 예약행사를 처리하기 위해 책임 있는 사람과 연락할 때 임시예약을 예약일지에 기록한다. 고객은 메뉴와 와인목록을 받고 시설의 편의를 안내받는다. 일단은 고객이 그 장소에서 행사를 개최하기로 결정하면, 날짜, 시간, 룸 그리고 가능하다면 메뉴, 와인 등 그리고 대략의 인원을 확인하기 위해서 기록

한 것과 일치하는지 일지의 기재사항을 확인한다. 날짜가 가까워지면 다음의
항목들이 확인되어야 한다.

① 행사일시

② 연회장소, 행사명

③ 참석하는 인원 수, 최저 지급인원

④ 확정적인 메뉴 선택

⑤ 음료와 와인 준비

⑥ 테이블 모형과 좌석배치

⑦ 행사성격, 문구 요구물, 예를 들면 좌석표와 테이블 위에 놓는 소형 메뉴판

⑧ 악단, 디스코 음악 또는 저녁식사 후의 연설과 같은 연회, 사회자

⑨ 지급 방법, 예약금 지급여부

⑩ 그 밖의 특별한 요구들

이 모든 정보는 연회부 지배인에 의해서 또는 더 작은 부서에 있는 책임있는
지배인이나 부지배인 중 한 명에 의해서 확인되고 다루어져야 한다. 일단 행사
가 예약되면, 확인하고 준비를 하며 모든 직원들에게 준비사항을 통보한다. 이
것은 연회정관의 사용에 의해서 이루어진다. 이것은 실제로 고객과 직원 사이
를 연결하는 모든 내용을 포함하는 중요한 문서이다.

2) 연회기록 및 단체고객 관리

모든 형태의 연회행사의 판매촉진을 위해서는 일관된 판매노력이 요구된다.
연회행사의 경우, 행사 후 고객관리는 매우 중요하다. 행사에 참가한 단체의
이름, 주최자의 이름, 전화번호를 카드에 적어놓고 실적부문에는 일자, 형태,
사용장소, 지급가격 등의 연회기록을 적어놓는다.

이 같은 연회기록카드는 색깔별로 구분해서 표시하는데 행사 매출액이나 개
최건수에 기초해서 단체의 질을 나타내도록 한다. 예를 들어, 파란색은 최고단
체, 녹색은 좋은 단체, 노란색은 비교적 좋은 단체 등이다.

한동안 연회를 개최하지 않은 단체는 비활동단체로 분류하고, 수시로 연회
를 개최하는 단체를 활동단체로 구분하여 보관한다.

비활동단체에게는 전자메일이나 DM, 전화, 개별방문을 통해 연락을 취하는 등 꾸준한 연회개최를 위한 노력을 해야 한다.

제6절 | 연회 직원의 직무

여러 연회서비스 장소와 종사하는 직원의 수는 행사의 규모, 동시에 개최되는 행사의 수 그리고 서비스의 종류에 따라 바뀐다. 더 큰 시설들에는 오로지 연회부서에만 종사하는 다수의 상시직원이 있다. 또한 작은 시설들에서는 당직 지배인이나 급사장이 어떤 종류의 행사라도 책임을 지고 인원이 부족할 때 다른 부서의 레스토랑 직원이나 임시직원을 활용하기도 한다.

(1) 연회관리자

연회관리자는 고객에 의해 요구된 문의사항, 예약 그리고 모든 정보를 처리할 책임이 있지만 그 지위나 직책은 식당규모에 따라 다르다. 연회관리자는 연회룸의 규모, 공급력, 식단표, 최고 동원가능 인원 그리고 테이블모형을 포함하는 행사에 모든 조건들에 대한 지식을 충분히 갖추고 있어야 한다. 행사의 세부사항은 연회지배인에게 책임을 인계하게 된다.

(2) 연회지배인(Banquet manager)

대부분의 경우에 이 지위는 연회관리자의 지위를 겸하게 된다. 모든 연회준비 및 악단, 꽃 그리고 세부사항의 변화를 모든 관련부서에 알리는 것 등과 모든 예약사항의 준비 등을 책임지는 것이 연회지배인의 임무이다. 또한 직원의 근무시간표 작성, 직원의 교육훈련 담당, 적정인원의 확보, VIP 직접 영접, Daily Meeting 주관, 업무일지 및 Daily Sales Report 작성 등을 담당한다.

(3) 연회 캡틴(Banquet captain)

연회 캡틴은 특별한 행사를 취급하는 데 있어서 연회지배인을 돕고 서비스 직원들을 감독하고 협조한다. 장소와 예약된 여러 가지의 행사들이 준비되도록 확인해야 하는 책임을 져야 하며 행사의 준비와 운영, 그리고 서비스가 원활히 수행하도록 한다.

(4) 연회 웨이터와 웨이트리스(Banquet waiter & waitress)

고객서비스를 위해서 청구된 기물과 소모품들을 수령하여 오며, 연회홀을 정리하고 테이블을 셋업한다. 행사를 위해 주어진 명세서(funtion sheet)에 준하여 홀을 정리하고 테이블을 배열한다. 또한 정당한 순서에 따라 정중하고 효율적으로 그리고 제시간에 맞추어 식사서비스를 하고, 각 코스가 끝나면 접시류를 치운다. 수시로 기타 주어진 업무를 수행한다.

(5) 바 지배인(Bar manager)

바(bar)는 행사를 준비하는 측면에서 매우 중요하고 바쁜 곳이다. 이 역할은 행사를 위해 모든 바를 준비하고, 재료를 주문하고, 정확한 주류 서비스를 위해 바에 필요한 직원을 두게 하고 직원을 적절히 편성하는 임무를 한다.

(6) 와인 스튜어드(Wine steward)

전임 와인 스튜어드는 바 지배인과 밀접한 관계에 있어 함께 일하고 행사 시 모든 와인의 준비와 서비스에 대한 책임이 있다. 그들은 시간제 직원들을 감독하고 이들에게 임무와 근무위치를 부여한다.

(7) 대기직원(Waiting staff)

연회부에 있는 대부분의 대기직원은 시간제 조건으로 일하는 임시직원이다. 그들은 행사가 시작되기 한 시간 전쯤에 도착하여 head waiter로부터 메뉴와 서비스, 그들의 대기위치에 대해 지시받고, 보통 약 10인분의 식기를 받는다. 행사의 당일에 임금을 지급하는 관례는 대부분 사라졌다. 임시직원은 일반적으로 빈번히 교대하면서 일하며, 주단위 혹은 월단위로 보수를 받기도 한다.

(8) 운반직원(porting staff)

대부분의 연회와 행사 담당 부서들은 직원 중에 몇 명의 운반인을 두고 있다. 그들의 임무는 다양한 종류의 행사를 위해 가구를 옮기고 정리하며 운반되어야 할 필요가 있는 그 밖의 모든 힘든 일을 수행한다.

제7절 | 테이블과 좌석배치

연회행사에서 테이블과 의자의 배치는 고객들의 편안함과 서비스 직원의 안전과 효율성을 높이기 위한 중요한 요소이다. 행사를 예약하는 고객은 좌석모형 중에서 어느 하나를 택할 수 있다. 대부분의 시설은 다양하게 개최되는 연회행사들을 위해 몇 가지 형태의 준비된 테이블 모형을 가지고 있고 고객들은 그들이 요구하는 테이블 모형에 관해서 예약장소에서 설명을 듣고 결정한다.

연회 테이블은 다양한 크기로 공급되는데 다리가 네 개 있는 마스터 테이블과 다리가 두 개인 연장 테이블로 나눠진다. 이 같은 테이블은 보통 쉬운 보관과 운반을 위해 다리를 접는 식이거나 다리가 없는 연장 테이블들이 제공된다. 15인용의 주테이블은 각각의 1인분 식기를 테이블 위에 놓을 수 있도록 약 60cm의 공간을 필요로 한다. 연회 내용에 따라 사용되는 여러 가지 연회장 배치의 형태를 다음과 같이 살펴볼 수 있다.

1. 연회장 배치형태

연회장의 배치는 규모에 따라 다음과 같이 다양하게 편성될 수 있다.

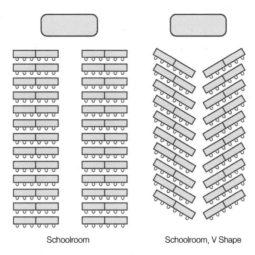

Schoolroom   Schoolroom, V Shape

〈그림 5-1〉 학교 교실형 연회장 배치

① 라운드 테이블(round table style)

　대규모 참가자의 행사에 어울리는 형태이다. 식사와 함께 제공하는 디너 쇼나 패션쇼 등의 테이블 배치에 많이 쓰인다.

② 학교 교실형(school room style)

　이는 학교 교실의 책, 걸상처럼 좌석이 배치된 형태이다. 보통 1개의 테 이블에 3개의 의자를 배치하도록 한다.

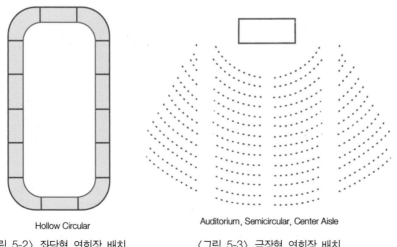

Hollow Circular

〈그림 5-2〉 좌담형 연회장 배치

Auditorium, Semicircular, Center Aisle

〈그림 5-3〉 극장형 연회장 배치

③ 좌담형(hollow style)

이는 연회장 가운데에 공간을 두고 서로 마주보며 앉는 형태이다. 공식적인 회의용 배치형태이며 넓은 공간이 필요하다.

④ 극장형(theater style)

이는 연회장의 정면을 향해 의자를 일렬로 배치한 형태로 중앙무대를 중심으로 하여 배치한다.

⑤ U자형(U-shape)

이는 한쪽을 터서 가운데에 공간을 두고 배치한 형태이다. 일반적으로 60×30의 직사각형 테이블을 사용하는데 테이블 전체 길이는 연회행사의 인원 수에 따라 다르고, 일반적으로 의자와 의자 사이에는 충분한 공간을 둔다.

⑥ T자형(T-shape)

이는 적은 참가자의 행사에 자주 사용되는 배치형태이다. 많은 고객이 헤드 테이블에 앉을 때 유용하다.

⑦ 회의형(conference style)

이는 소규모 인원의 회의참가 시에 주로 사용되며 가운데에 공간을 두지 않는 형태이다.

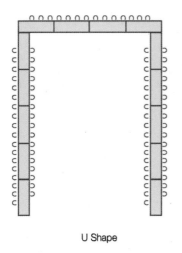

U Shape

〈그림 5-4〉 U자형 연회장 배치

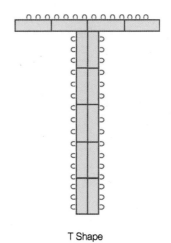

T Shape

〈그림 5-5〉 T자형 연회장 배치

2. 연회행사 시 좌석배치

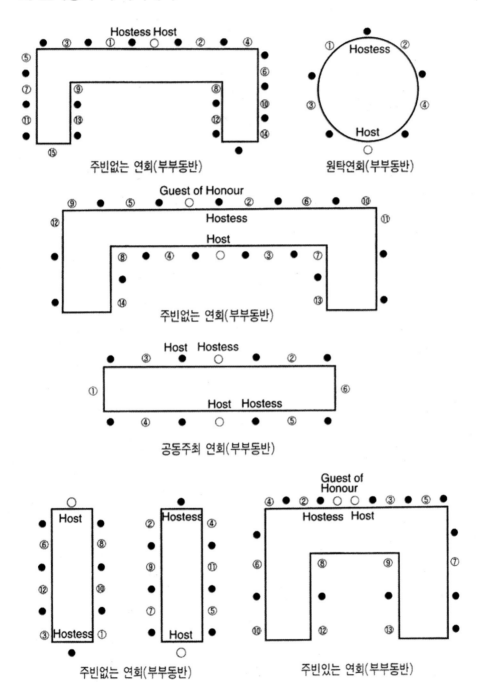

주빈없는 연회(부부동반)

원탁연회(부부동반)

주빈없는 연회(부부동반)

공동주최 연회(부부동반)

주빈없는 연회(부부동반)

주빈있는 연회(부부동반)

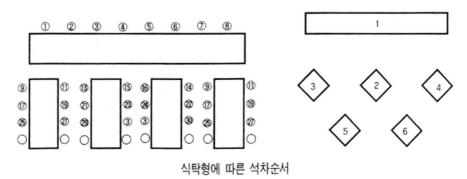

식탁형에 따른 석차순서

〈그림 5-6〉 연회행사 시 좌석배치

| 제8절 | 연회서비스의 순서 |

① 고객들은 예상되는 착석시간 30분에서 45분 전에, 예를 들면 7시 45분이면 7시부터 도착하기 시작할 것이다. 격식을 차린 행사에서 고객들은 사회자에 의해 안내를 받는다.

② 고객들이 모두 모였을 때 그들은 접객원이나 사회자에 의해서 그들의 자리에 앉도록 안내받게 된다.

③ 고객들은 될 수 있는 한 서비스 직원에 의해 도움을 받고 자리에 앉는다.

④ 처음 순서로 만약 찬 음식이 제공된다면, 이는 이미 테이블에 놓여 있을 것이다. 만약 찬 음식이 아니라면 뜨거운 접시에 음식을 모아 제공한다. 순서대로 음식을 공급한다.

⑤ 음식서비스 직원은 연회장에서 물러난다.

⑥ 다음 순서를 위한 접시는 연회장으로 가져오고 식기대나 서비스 테이블에 놓아둔다. 처음 순서의 접시는 치우고 나서 두 번째 순서의 접시를 테이블에 놓는다.

⑦ 더러운 접시는 식기세척을 위해 수거하고 다음 순서를 준비한다.

⑧ 음식을 공급하고 서비스 접시들을 치운다.

⑨ 다음 순서를 위한 접시들을 가져오고 서비스 테이블에 놓아두며 이전 순서의 접시를 치우는 것은 일반적으로 가장 중요한 순서이다.

⑩ 접시들을 테이블에 놓고 더러워진 접시들은 세척을 위해 치운다.

⑪ 그 외에도 필요한 소스 등과 몇 가지의 부속물을 연회장으로 가져와서 제공한다.

⑫ 이 순서는 커피를 포함해서 남아 있는 순서에도 모두 적용시킨다. 격식을 갖춘 저녁식사 동안의 연설은 커피를 마시는 동안에도 개최될 것이다.

이 서비스의 순서는 연회의 규모나 서비스방법의 결정에 따라 적용될 수 있다. 식사서비스 동안 접객원은 자기의 역할에 주의를 기울여야 한다. 그는 연회개최 시간 동안에 모든 것이 만족스럽게 진행되도록 함으로써 주최자에게 신뢰를 줄 수 있어야 한다.

제9절 | 외부 케이터링

외부 케이터링(Catering)은 보통 요리, 음료를 지정한 장소에 운반하여 고객이 만족할 만한 연회행사를 실시하는 것을 말한다. 음식을 외부에서 제공하는 이러한 형태는 현재 매우 광범위하며 많은 전문적인 회사들이 독점적으로 취급하고 있다.

출장연회에서는 국빈을 위한 행사가 많으므로 아래의 사항을 준수한다.

(1) **출장연회의 종류 :** 사옥이전, 준공식, 개관파티, 가든파티, 가족모임, 결혼 피로연

(2) 출장 가능한 요리와 불가능한 요리가 있으나 특별한 경우 이외에는 모두 가능하며 출장장소의 주방시설과 수도시설 유무에 따라 요리를 조절하여야 한다.

(3) 호텔 내의 파티와는 달리 소수의 인원을 위하여 출장파티를 할 수는 없으나, 요리가격에 따라 변수로 크게 작용하므로 일정한 인원을 보증받아서 확실한 출장이 되도록 한다.

(4) 출장비는 식대 이외의 것에 청구한다. 출장장소의 거리에 따라 출장비를 정한다. 특히 장거리 출장 연회일 경우 숙박비, 식대까지 계산하여 출장비를 정한다.

CHAPTER **06**

호텔레스토랑 기물의 종류와 취급법

Food & Beverage Service Management

CHAPTER **6**
호텔레스토랑 기물의 종류와 취급법

| 제1절 | 메뉴 취급방법 |

메뉴는 단순히 판매하고자 하는 상품의 표시, 안내, 가격만을 나타내는 단순한 목록이 아니라 고객과 레스토랑을 연결하는 판매촉진의 도구로서 궁극적으로는 매출과 이윤이 직결되는 영업장의 얼굴과 같은 중요한 역할을 하는 무언의 세일즈맨이다.

1) 메뉴 취급방법

① 들고 갈 때는 허벅지 이하로 내려가지 않도록 하고 옆구리에 끼고 가는 것이 좋다.

② 고객에게 드릴 때는 우측에서 오른손으로 서비스한다.

③ 고객에게 드리기 전에 더럽거나 파손되지 않았는지 살펴보고 또한 특선 메뉴 등이 제대로 준비되었는지를 확인한다.

④ 메뉴를 사용하다 보면 그 메뉴의 각진 부분이 잘 망가지거나 접히는데 이러했을 경우에는 갈아주도록 한다.

⑤ 메뉴는 정해진 위치에 잘 보관하여 사용한 메뉴를 놓을 때는 항시 조심스럽게 취급한다.

⑥ 두 장으로 된 덮개식 메뉴는 경우에 따라 안쪽 부분을 펴서 보여드리는
것도 센스 있는 서비스이다.

제2절 | 은기물류

은기물(silver ware)은 음식을 자르거나 먹는 데 사용되는 순은제, 은도금제, 스테인리스 제품들을 총칭하여 말하며, 가격이 비싸고 관리가 어렵기 때문에 호텔에서는 순은제보다 은도금을 많이 사용하고 있다. 일반 레스토랑에서는 가격이 싸고, 보관 및 관리가 쉬우며, 내구성이 뛰어난 스테인리스 기물을 많이 사용하고 있다. 은기물은 고객이 식사할 때 사용하는 나이프(knife)와 포크(fork), 서비스직원이 서빙할 때 사용하는 서비스 플래터(service platter), 커피 포트(coffee pot), 소스 보트(sauce boat), 카빙 나이프(carving knife) 등이 있다.

1) 은기물류 취급방법

① 은기물류는 항상 청결하게 하지 않으면 안 된다. 이물질이 묻는다든가 습기가 찬다든가 하면, 사용할 수 없을 정도로 녹이 쓴다. 이때에는 디스탄(distan)을 이용하여 직접 닦든지, 아니면 세척을 내보내야 한다.

② 기물손상 방지를 위해 은기물과 스테인리스 기물은 따로 구분하여 모은다.

③ 수거한 기물은 세척기로 씻은 후 종류별로 분류하여 모은다.

④ 왼손으로 적당량의 은기물 손잡이를 쥐고 용기의 뜨거운 물에 담갔다 핸드 타월로 기물의 손잡이를 감싸 쥐고 오른손으로 음식이 닿는 부분에서부터 손잡이 쪽으로 닦는다.

⑤ 나이프는 칼날이 바깥쪽을 향하도록 하고, 핸드 타월이 칼날에 찢어지지 않도록 주의하여 닦는다.

⑥ 여러 종류의 기물을 한꺼번에 닦을 때는 포크부터 닦고, 변색된 기물은 광택제로 윤을 낸다.

⑦ 은기물은 서로 부딪쳐 흠이 생기기 쉬우므로 던져 넣거나 한꺼번에 쏟아 넣지 않도록 하고 일정한 곳에 모아 놓는다.

⑧ 닦은 기물은 종류별로 가지런히 모아 기물함 또는 규정된 보관장소에 비치한다.

⑨ 운반할 때는 소리나지 않도록 트레이(tray)를 사용한다.

⑩ 깨끗하게 준비된 기물로 테이블 세팅을 할 때에는 음식 부분을 잡지 않고 손잡이 옆부분을 잡는다.

⑪ Knife를 다룰 때에는 주의하고 특히 고객 앞에서는 주의를 기울여 조심스럽게 취급해야 한다.

2) 은기물류의 종류

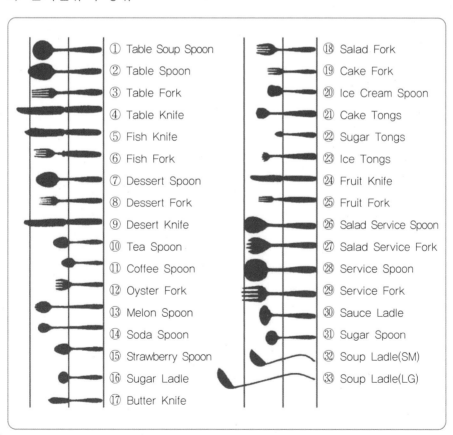

① Table Soup Spoon	⑱ Salad Fork
② Table Spoon	⑲ Cake Fork
③ Table Fork	⑳ Ice Cream Spoon
④ Table Knife	㉑ Cake Tongs
⑤ Fish Knife	㉒ Sugar Tongs
⑥ Fish Fork	㉓ Ice Tongs
⑦ Dessert Spoon	㉔ Fruit Knife
⑧ Dessert Fork	㉕ Fruit Fork
⑨ Desert Knife	㉖ Salad Service Spoon
⑩ Tea Spoon	㉗ Salad Service Fork
⑪ Coffee Spoon	㉘ Service Spoon
⑫ Oyster Fork	㉙ Service Fork
⑬ Melon Spoon	㉚ Sauce Ladle
⑭ Soda Spoon	㉛ Sugar Spoon
⑮ Strawberry Spoon	㉜ Soup Ladle(SM)
⑯ Sugar Ladle	㉝ Soup Ladle(LG)
⑰ Butter Knife	

〈그림 6-1〉 은기물의 종류

제3절 | 도자기류

1) 도자기류(China Ware) 취급방법

① 금이 갔는지, 깨졌는지, 오물이 남아 있는지, 항상 확인한다.

② 부딪치지 않도록 조심하고 한꺼번에 많은 양을 운반하지 않는다.

③ 접시를 잡을 때는 테두리 안쪽으로 손가락이 들어가지 않도록 한다.

④ 접시를 들고 운반할 때에는 접시를 몸 안쪽으로 밀착하여 들고, 접시 든 팔을 흔들지 않으며 전후좌우를 살피며 운반한다.

2) 운반하는 방법

(1) 깨끗한 Plate를 운반하는 방법

손가락이 Plate 안으로 들어가면 안 된다. 하나하나의 Plate를 다룰 때는 엄지 손가락을 사용한다. 많은 양의 Plate를 운반할 때에는 왼손에 Arm Towel을 깔고 위에 올린 다음 왼쪽 허리춤에 기대어 오른손으로 받쳐들고 운반하거나 Gueridon을 이용하여 안전하게 운반한다. 무리하게 운반하다 Breakage가 발생하지 않도록 한다.

(2) 음식물이 담긴 Plate를 운반하는 방법

뜨거운 Plate는 Arm Towel로 손을 보호하며 운반한다. 고객 앞에 뜨거운 Plate를 내려놓을 때에는 특히 조심해야 하며 뜨겁다는 말을 해야 한다. 손가락 사이에 끼워서 운반한다.

| 제4절 | 글라스류 |

1) 글라스류 취급방법

글라스류(Glass Ware)는 서비스 기물 중에서 가장 많이 고객의 입에 닿는 물건 중 하나이다. 많이 사용하는 만큼 많이 깨지고 이가 빠진 글라스가 고객에게 제공될 경우 위험하므로 각별히 주의해야 한다.

① 원통형 글라스는 밑부분을 잡고, 손잡이(stem)가 있는 글라스는 손잡이부분을 잡으며, 윗부분이나 글라스 안에 손가락을 넣어 잡지 않는다.

② 원통형 글라스는 트레이로 운반하며, 미끄러지지 않도록 트레이에 매트 또는 냅킨을 깔고 무게가 한쪽으로 쏠리지 않도록 가장자리부터 글라스를 붙여놓는다.

③ 손잡이가 있는 글라스를 손으로 운반할 때에는 손잡이 부분을 손가락 사이에 끼워서 윗부분이 아래쪽으로 향하도록 거꾸로 들고, 글라스와 글라스들이 부딪치지 않도록 하며, 놓을 때는 맨 마지막에 끼운 글라스부터 역순으로 내려놓는다.

④ 일시에 많은 양의 글라스를 운반하거나 세척할 때에는 용도에 맞는 글라스 랙(glass rack)을 사용한다.

⑤ 금이 갔거나 깨진 것이 있는지 확인한 후, 용기에 담긴 뜨거운 물의 수증기에 한 개씩 쏘여서 닦는다.

⑥ 수증기를 쏘여서 닦아도 얼룩이나 물자국 등이 닦이지 않을 때에는 뜨거운 물에 담갔다 닦는다.

⑦ 냅킨을 펼쳐 잡은 후 한쪽 엄지손가락과 냅킨을 글라스 안쪽에 넣고, 나머지 손가락은 글라스 바깥부분을 쥐며, 다른 한쪽 손은 글라스 밑바닥을 냅킨으로 감싸 쥐고, 무리한 힘을 가하지 않으면서 가볍게 돌려 닦는다. 윗부분 안팎을 닦은 후 손잡이 부분과 밑바닥 순으로 닦는다.

⑧ 마지막으로 얼룩이 남아 있지 않고 선명하게 닦였는지 점검한다.

2) 글라스(유리컵)류의 종류

① Delmonico Glass
② Collins Glass
③ Shot Glass
④ Highball Glass
⑤ Old Fashioned Glass
⑥ Irish Coffee Glass
⑦ Pilsner Glass

⑧ Beer Mug Glass
⑨ Pousse Cafe Glass
⑩ Parfait Glass
⑪ Glip Glass
⑫ Red Wine Glass
⑬ White Wine Glass
⑭ Sherry Wine Glass

⑮ Flute Champagne Glass
⑯ Brandy Glass
⑰ Cocktail Glass
⑱ Sour Glass
⑲ Liqueur Glass

〈그림 6-2〉 글라스의 종류

제5절 | 리넨류

1) 테이블 클로스

테이블 클로스(table cloth)는 식탁의 청결함을 돋보이게 하기 위해 보통 면직류, 또는 마직류로 만든 흰색 클로스를 많이 사용한다. 그러나 최근에는 각 레스토랑의 콘셉트에 맞게 다양한 소재와 색상의 클로스를 사용하고 있다.

■ **테이블 클로스의 특징**

① 백색 리넨(Linen)을 사용하는 것이 원칙이다.
② 사용한 클로스는 리넨실을 통해 세탁소로 보내서 세탁한다.
③ 테이블 위에 펼 때는 접었던 선이 식탁의 가로 세로와 평행이 되도록 씌운다.
④ 테이블에서 늘어진 길이는 의자의 밑판 끝부분에 맞춘다.
⑤ 늘어진 클로스는 의자와 직각이 되어야 한다.

2) 언더 클로스

언더 클로스(Under Cloth)는 스펀지 같은 재질의 천 또는 두꺼운 플랜넬(flannel)을 사용하며, 테이블 클로스보다 크지 않게 테이블 규격과 같이 부착하거나 움직이지 않도록 고정시켜 사용한다. 보통 사일런스 클로스(Silence Cloth)나 테이블 패드(Table pad)라고도 부른다.

■ **언더 클로스의 특징**

① 식탁 위의 소음을 줄여준다.
② 테이블 클로스의 수명을 연장시켜 준다.
③ 움직이지 않게 고정시킨다.
④ 테이블 클로스의 밖으로 보이면 절대 안 된다.

3) 미팅 클로스

미팅 클로스(meeting cloth)는 회의, 세미나 등의 행사 때 테이블에 덮는 천으로 무늬가 없는 단일 색상의 촉감이 부드러운 털로 다져서 만든 클로스를 말한다.

4) 냅킨

냅킨의 역사는 로마시대에 하인이 타월과 물그릇을 들고 돌면서 손을 씻게 했던 데서 비롯되었으며 그 타월을 마파(Mappa)라고 했다. 이것이 냅킨의 기원이 되었으며, 테이블 클로스 역시 언제부터인지 정확히는 알 수 없으나 약 1000년 전 프랑스와 영국에서 사용하기 시작한 것으로 전해지고 있다. 냅킨 (napkin)은 테이블 클로스와 같은 면직으로 레스토랑에 따라 사이즈가 다르며, 보통 흰색과 밝은색을 많이 사용하나 영업장의 콘셉트와 메뉴에 따라 잘 어울리는 색상의 냅킨을 사용하기도 한다.

(1) 냅킨의 특징

① 식탁의 마지막 장식이라 할 수 있다.

② 모양의 다양성과 정돈된 상태는 수준 높은 분위기의 변화와 좋은 첫인상을 주게 된다.

③ 빠르고 쉽게 또한 위생적이고 아담하고 단정하게 접는다.

④ 접힌 냅킨은 서비스 플레이트나 식탁 위에 그냥 세워 놓는다.

⑤ 규격은 50cm×50cm, 60cm×60cm, 67.5cm×67.5cm 등의 종류가 있다.

⑥ 청결한 느낌을 주기 위해 백색을 원칙으로 하나 테이블 클로스와 잘 어울리는 색깔을 사용하기도 한다.

⑦ 재질은 부드러운 리넨을 사용한다.

⑧ 접는 방법은 다음과 같이 구분된다.

(2) Napkin 접는 방법 및 종류

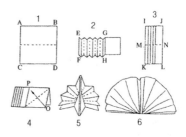

〈그림 6-3〉 (1) 부채꼴 모양

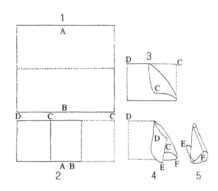

〈그림 6-4〉 (2) 고깔 모양

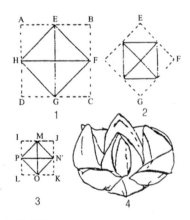

〈그림 6-5〉 (3) 연꽃 모양

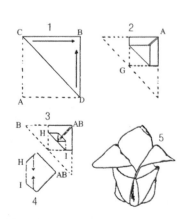

〈그림 6-6〉 (4) 왕관 모양

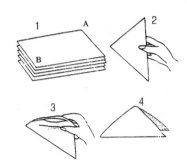

〈그림 6-7〉 (5) 텐트 모양

5) 워쉬 클로스

워쉬 클로스(wash cloth)는 기물이나 집기류 등을 닦을 때 사용하는 면직류로 냅킨이나 기타 클로스와 색상이나 모양을 달리하여 사용하기 편리하고 구분하기 쉽게 만든 것을 사용한다.

6) 리넨류의 취급방법

① 식기를 취급하는 것과 마찬가지로 위생과 밀접한 관련이 있으므로 청결한 사용과 보관이 필요하다.

② 종류에 따라 용도가 다르므로 그 외에 다른 목적으로 사용되지 않도록 한다.

③ 흠집, 얼룩 또는 찢어진 리넨(linen)은 사용하지 않는다.

④ 운반할 때는 음식물로 인해 얼룩이 생기지 않도록 조심해서 다루고, 이쑤시개 및 기타 오물 등은 깨끗이 제거한 후, 일정하게 접는다.

⑤ 사용이 끝난 리넨은 반드시 리넨 카트(cart)로 수거한다.

⑥ 세탁된 리넨은 지정된 장소에 종류별로 구분하고, 구겨지거나 먼지가 묻지 않도록 깨끗하게 보관한다.

> ## 제6절 | 장비류

1) 왜건

테이블의 기물수거를 편리하게 하기 위해 왜건(Wagon)을 사용한다. 트롤리는 적재적소에 비치함으로써 숙련된 웨이터와 웨이트리스가 업무를 수행하는데 큰 도움을 준다. 보통 트롤리(trolley)라 부르기도 한다.

(1) 왜건의 종류

가. 서비스 스테이션

사전준비물을 잘 갖추어 놓은 테이블을 서비스 스테이션(Service Station)이라 하며, 고객의 테이블에서 약간 떨어진 곳에 설치하여 웨이터나 웨이트리스의 업무를 보다 신속하고 편리하게 해준다. 서비스 스테이션에는 실버웨어, 글라스웨어, 차이나웨어 등 고객에게 직접 서비스되는 기물들을 비치하며, 테이블을 치울 때도 편리하게 사용된다.

나. 서비스 왜건

서비스 왜건(Service Wagon)은 요리를 운반 또는 서브할 때 사용하는 이동 운반차로 영업 전에 암타월(arm towel), 서빙 기어(seving gear), 트레이(tray)를 충분히 비치해 둔다.

다. 플랑베 왜건

플랑베 왜건(Flambee Wagon)은 고객 앞에서 조리사가 직접 조리하여 요리를 서브하는 알코올(고체) 또는 가스 버너를 갖춘

카트(cart)이다. 영업 전에 알코올 또는 가스와 서빙 기어(serving gear)의 충분한 양 및 조리 시 필요한 프라이팬, 와인, 양념류, 각종 테이블 소스 등을 고정 비치해 둔다. 화재 예방을 위해 반드시 소형 소화기와 석면포를 비치한다.

라. 프라임 립 카

프라임 립 카(Prime Rib Car)는 프라임 립을 고객의 테이블 앞에서 직접 카빙하여 서브할 때 사용되는 이동식 수레이다. 판매가 끝날 때까지 준비된 요리와 소스가 식지 않도록 전기 또는 알코올을 이용하여 적당한 온도를 유지하고, 도마, 카빙 나이프, 포크 및 소스 국자를 준비한다.

마. 디저트 왜건

디저트 왜건(Dessert Wagon)은 보관이 용이하도록 냉장설비가 되어 있으며, 여러 가지 후식을 진열하여 고객이 잘 볼 수 있도록 꾸민 전시용 수레이다. 영업 전에 디저트 플레이트, 디저트 스푼, 포크 등 필요한 기물을 갖추어 즉석에서 서브할 수 있도록 한다.

바. 애프터 디너 드링크 카트

애프터 디너 드링크 카트(After Dinner Drink Cart)는 여러 종류의 브랜드 및 리큐어를 진열하여 고객이 선택해서 먹을 수 있도록 만든 것으로 고급 레스토랑에서 사용하는 이동식 수레이다. 항상 브랜디 글라스와 리큐어 글라스도 같이 비치하여 즉석에서 서브하기도 한다.

사. 바 칵테일 왜건

바 칵테일 왜건(Bar Cocktail Wagon)은 각종 주류의 진열과 조주에 필요한 얼음, 글라스, 부재료, 바 기물 등을 비치하여 고객 앞에서 주문을 받아 즉석에서 조주하여 서브할 수 있도록 꾸며진 이동식 수레이다.

Flambee Wagon

Roast Beef Wagon

Liqueur Wagon

Room Service Wagon

〈그림 6-8〉 왜건의 종류

아. 디시 워머

디시 워머(Dish Warmer)는 접시를 뜨겁게 데우기 위해 만들어진 전열기구로 이동하기 쉽도록 바퀴가 부착되어 있고, 온도조절도 되며, 주로 프랑스 레스토랑의 비품으로 사용된다.

CHAPTER 07

호텔레스토랑 주방관리

Food & Beverage Service Management

CHAPTER 7
호텔레스토랑 주방관리

주방관리의 개념 및 특성

1. 주방관리의 개념 및 특성

1) 주방관리의 개념

주방관리는 주방이라는 일정한 공간을 중심으로 고객에게 제공될 상품을 가장 경제적으로 생산하여 최대의 이윤을 창출하는 데 요구되는 제한된 인적 자원과 물적 자원을 관리하는 과정이라고 할 수 있다. 즉 사전에 설정된 콘셉트를 바탕으로 주방의 크기와 위치를 결정하고, 주방의 시설과 배치, 저장고의 종류, 크기와 설치 위치, 주방기물의 선정, 주방환경 등의 기본원칙을 바탕으로 특정한 업장의 상황적인 변수를 고려하여 기능적으로 계획한 후 디자인되고 실행되도록 관리하여야 한다. 그리고 주방이란 주어진 공간에서 고객에게 제공될 상품을 가장 경제적으로 생산하여 최대의 이윤을 창출하는 데 요구되는 사항들을 구체적으로 관리하는 장소를 말한다.

2) 주방관리의 특성

주방은 하나의 생산조직이며 생산시스템이다. 주방을 구성하고 있는 모든 요소들은 각각 하나의 생산요소이기 때문에, 어떠한 형태로든지 조리과정에 영향을 미치며 작용하고 있다. 경영진을 포함하는 조리사, 주방의 설비, 조리기술, 식자재 등의 생산자원은 물론이며, 물품구매, 조리과정, 마케팅, 인력자원관리, 원가관리 등의 모든 기능은 상호 의존관계에 있으며 상호작용을 하기 때문이다. 최소의 생산비용을 투입하여 최대의 생산효과를 달성하고 이를 지속적으로 유지하기 위하여 주방은 생산자원과 생산기술이 효율적으로 재기능을 발휘해야만 하나의 생산관리 시스템으로서의 유효성이 있는 것이다.

| 제2절 | 주방의 설계와 유형 |

레스토랑을 계획할 때 가장 중요한 주방관리의 시작은 올바른 주방의 배치와 주방설계이다. 주방의 배치와 설계는 주어진 공간 내에서 레스토랑이 추구하는 목적에 따라 경제성, 효율성이 반영된 시설이 되도록 하는 것이 기본이다. 그 이유는 주방은 한 번 완성되면 변경이 어렵고, 잘못된 시공으로 인해 재투자의 손실은 물론, 영업에 많은 지장을 초래할 수 있기 때문이다.

1. 주방의 배치

주방의 배치는 기본적으로 통풍이 잘되고, 조명이 적당해야 하며, 이동과 조리업무를 하기 위한 공간이 확보되어야 하고, 영업장, 창고, 식재료 수령장소 등과 가까운 곳에 위치시켜야 한다.

2. 주방설계

일반외식업소와 달리 호텔의 주방설계는 여러 가지 사항들을 고려해야 한다.

① 영업장의 성격

② 평균 주방근무인원

③ 주방장비

④ 각 섹션의 면접비율

⑤ 창고와 주방의 거리

⑥ 냉장고와 조리대의 거리

⑦ 통로의 면적

⑧ 서비스 카운터의 여부

⑨ 주방과 영업장의 출입용이성

⑩ 서비스 카운터 및 주방 각 섹션과의 조화

⑪ 서비스방법과 시스템

⑫ 메뉴의 범위 등

⑬ 그 밖에 기물창고, 조리사무실, 휴게실, 라커 등의 시설

3. 주방의 유형

1) 주방의 유형

주방의 유형은 일정한 규격과 형태가 공식화되어 있지 않고 영업장의 영업형태, 규모, 운영방법, 효용성 등에 따라 독립주방, 메인주방, 단위주방, 즉석조리주방으로 구분한다.

(1) 독립주방

독립주방이란 모든 종류의 음식을 자체에서 해결하는 주방으로 일반 레스토랑에서 흔히 볼 수 있는 주방의 형태이다. 독립주방은 시설에 대한 투자비용이 많이 소요되고, 많은 직원이 필요하다. 호텔에서는 조리시스템에 따라 메인 주방(main kitchen)이 존재하더라도 대부분 독립주방을 보유하고 있다. 호텔에서

의 동양식 주방이 이러한 독립주방의 범주에 속한다고 할 수 있다. 독립주방은 특정한 메뉴만을 취급할 수밖에 없고, 음식 생산에 제한을 받는다.

(2) 메인주방

메인주방(main kitchen)이란 일반적으로 양식 조리부문에서 취하고 있는 주방의 형태로 동일부문 내에 여러 개의 주방을 갖추고 있는 형태로서 양식조리의 기초류(base)인 소스(sauce), 수프(soup), 스톡(stock) 및 반제품 등을 만들어서 여러 주방에 공급해 주는 기능을 가진 주방으로 지원주방 또는 준비주방이라고도 한다.

메인주방 시스템을 갖춘 주방은 대규모의 시설과 모든 종류의 기자재를 갖추고 있으며, 특히 주방의 면적이 넓고, 식재료의 출입이 용이하게 설계되어 있으며, 왜건(wagon)을 자유자재로 출입시킬 수 있는 규모의 대형 냉동, 냉장고를 독립적으로 갖추고 있다. 메인주방 시스템에서는 업무의 효율성을 높이기 위하여 일반적으로 부속주방이 같은 층에 배치되어 있다.

(3) 단위주방

단위주방은 호텔의 경우 메인주방을 중심으로 각 식음료업장에 부속된 주방이며, 영업에 필요한 최소한의 면적, 기자재, 저장시설 등을 갖추고 반제품을 수령하여 완제품을 생산하는 주방이다. 단위주방에서는 시스템화된 조직이 요구되며, 불필요한 시설 및 기자재는 가능한 축소시키고, 인체 공학적인 설계로 고객에게 가능한 빠른 시간 안에 음식이 제공될 수 있게 되어 있다. 특히 단위주방은 영업장과 가깝게 위치해 있다.

(4) 즉석조리주방

즉석조리주방은 단위주방의 한 유형으로 볼 수 있으나, 반제품을 완제품으로 생산하는 비율보다 거의 완제품을 간단하게 조리하여 제공하는 빠른 서비스형태의 주방을 말한다. 셀프서비스로 제공되기 때문에 주방과 영업장 간의 구역이 명확히 구별되지 않고, 카운터, 즉 서비스 테이블이 곧 고객 테이블로 사용된다. 주방과 카운터가 일직선이 되도록 배치하고, 특히 내장재 및 기자재가 고객의 눈에 보이므로 외관이 수려한 기자재를 설치하여, 전기를 이용한 기자재의 선택이 필요하다.

2) 기능별 주방의 분류

호텔의 레스토랑에는 연회, 커피숍, 한식, 양식, 일식, 중식, 뷔페레스토랑 등의 여러 시설이 있으며, 주방 또한 그 수와 비슷하게 운영된다. 호텔의 주방은 단위주방을 지원하는 메인주방과 고객에게 음식을 직접 제공하는 레스토랑에 소속된 영업주방으로 나눌 수 있다.

〈표 7-1〉 메인주방의 분류 및 기능

메인주방(main kitchen)	주방의 기능
뜨거운 요리주방 (hot kitchen)	호텔의 핵심주방으로 스톡, 수프, 소스를 생산하여 영업주방에 공급해 주는 주방
차가운 요리주방 (cold kitchen, garde-manger)	차가운 전채, 소스, 수프 및 각종 샐러드, 테린, 파테, 안티페스토 등을 생산하여 영업주방에 공급해 주는 주방
육가공 주방 (butcher kitchen)	각종 육류, 가금류, 어패류 등을 부위별로 손질하고, 햄, 소시지를 생산하여 영업주방에 공급해 주는 주방
제과, 제빵 주방 (pasrty & bakery kitchen)	빵, 케이크, 초콜릿, 쿠키, 파이 등의 제과, 제빵과 디저트를 생산하여 영업주방에 공급해 주는 주방

〈표 7-2〉 영업주방의 분류 및 기능

영업주방 (section kitchen)	주방의 기능
영업장별 주방	한식, 일식, 중식, 프랑스식, 이탈리아식 등의 영업장 주방으로 국가별 고유음식을 생산하는 주방
연회주방 (banquet kitchen)	호텔에 따라 연회주방이 독립되어 있거나 별도의 연회주방 없이 지원주방의 도움으로 운영하는 주방
커피숍 주방 (coffee shop kitchen)	커피, 주스, 차 등의 음료를 주로 제공하나 메인주방의 지원을 받아 간단한 음식도 생산하는 주방
뷔페 주방 (buffet kitchen)	자체적으로 또는 메인주방의 지원을 받아 다양한 음식을 생산하는 뷔페레스토랑의 음식을 전담하는 주방
룸서비스 주방 (room service kitchen)	객실고객을 대상으로 음식을 생산하는 주방으로 보통 독립적인 주방을 운영하지 않고 타 영업장에서 룸서비스 음식을 겸하여 생산

제3절	주방조직과 직무

주방은 음식의 생산과 식재료의 구매 및 메뉴개발, 원가관리, 인력관리 등 전반적인 업무를 효율적으로 수행하기 위한 구성원들로 조직된다. 주방조직은 경영형태와 규모 및 메뉴의 성격에 따라 차이는 있으나, 기본적인 구성은 유사하다. 특히 주방의 조직과 직무는 전문적인 기능을 소유하고 있는 사람들로 구성되어 있어 각 직무의 역할이 매우 중요하다.

1. 주방조직

주방의 업무는 영업장별 또는 맡은바 직무별로 세분화되어 독자적으로 이루어지는 것 같으나, 실제로 음식을 완성하기 위해서는 이들 각 조직원들 상호간의 연결 및 조화가 잘 이루어져야 한다. 이를 위해서는 각자의 직무를 성실히 수행하고 조직의 공동목표를 위해서 서로 협력하는 노력이 필요하다.

국내 특급호텔의 주방조직은 호텔의 경영형태, 규모, 기능에 따라 다르지만, 일반적으로 식음료 조리이사 → 조리부장 → 주방장 → 1st Cook → 2nd Cook → 3rd Cook → Cook Helper 등의 순서로 조직되어 있다. 외국계 체인호텔은 Executive Chef → Executive Sous Chef → Sous Chef → Chef de Partie → Demi Chef de Partie → 1st Cook → 2nd Cook → 3rd Cook → Cook Helper의 순서로 된 프랑스식 조직체계를 갖추고 있다.

국내의 특급호텔 조리부조직을 예들 들어 살펴보면 〈그림 7-1〉과 같다. 먼저 주방부문이 영업활동에 대한 전체적 권한과 책임을 갖는 총주방장이 있고, 이를 보좌하는 수석조리장과 양식당, 커피숍, 뷔페, 카페테리아, 바 등의 주방을 관할하는 조리 1과장, 연회, 메인주방을 담당하는 조리 2과장, 한식, 일식, 중식의 동양식 주방을 책임지는 3과장 등이 있다. 이러한 기본조직의 구성 아래 각 단위영업장을 중심으로 정(head chef), 부조리장이 있으며, 그 다음 직급에 따라 슈퍼바이저(supervisor), 섹션 셰프(section chef), 쿡, 쿡 헬퍼, 트레이니(trainee : 견습생) 등으로 조직되어 있다.

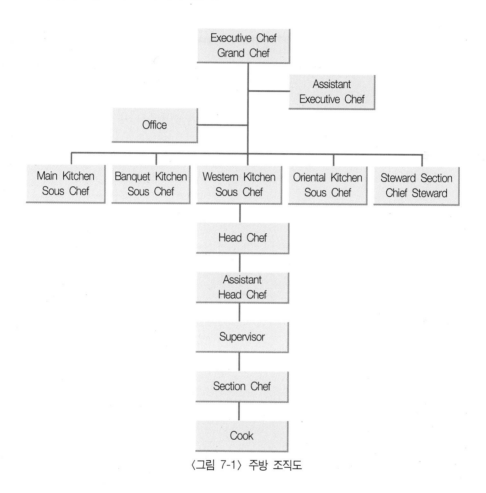

〈그림 7-1〉 주방 조직도

2. 주방의 직급별 직무

1) 총주방장

총주방장(executive chef)은 조리부서 영업활동에 대한 전체적 권한과 책임을 갖고 주방의 총지휘자로서 주방의 전반적인 관리, 운영, 지휘 및 감독을 한다. 특급호텔의 총주방장은 수십 개의 모든 주방을 책임지며, 특히 세계적인 체인 호텔의 경우에는 그 명성과 기준에 맞는 음식이 생산되도록 운영하고 있다. 주방장들과 자주 접촉하여 주방이 원활히 운영되도록 관리한다.

① 모든 영업장에 제공하는 메뉴를 개발하고 감독한다.

② 메뉴별 표준조리표(standard recipe)를 관리, 감독한다.

③ 식음재료의 구입, 식재료의 출입통제, 적정재고유지 등을 총괄한다.

④ 원가의 조정, 식재료 대체, 조리표(recipe) 조정 등의 원가관리(cost control)를 한다.

⑤ 조리의 인력관리(전환배치, 교육, 적재적소배치) 및 인사사항을 총괄한다.

⑥ 주방기물 및 기기관리에 대한 모든 업무를 총괄한다.

2) 부총주방장

부총주방장(assistant executive chef)은 총주방장을 보좌하며 그가 부재중일 때 업무를 대행한다. 조리의 개발 및 정보수집, 메뉴관리, 식재료관리, 인력관리 등 주방운영 전반에 관하여 총주방장과 의논하여 보고하고, 각 주방장들을 지휘, 감독한다.

3) 주방장

주방장(sous chef)은 부총주방장을 보좌하며, 하나 또는 여러 개의 단위주방 업무를 관리, 감독한다. 단위주방의 메뉴관리, 조리표관리, 생산관리, 원가관리, 인력관리 등을 지휘, 감독한다.

① 메뉴관리 : 고객의 메뉴 선호도, 메뉴 개발에 따른 정보수집, 특별행사 메뉴 등에 대하여 총주방장과 함께 관리, 감독한다.

② 조리표관리 : 조리표상의 이상 유무와 조리표 작성 등을 관리, 감독한다.

③ 생산관리 : 조리표에 의한 정확한 생산, 적정량 생산, 적정재고유지 등을 관리, 감독한다.

④ 원가관리 : 식재료의 구입, 식재료의 출입통제, 원가 및 기술교육 등을 관리, 감독한다.

⑤ 인력관리 : 적재적소의 배치, 근무시간표의 관리, 영업장 간 지원 등을 관리, 감독한다.

4) 조리장

조리장(chef de partie)은 주방장의 지휘를 받으며, 주방장의 부재시 직무를 대행한다. 주방업무 전체에 관하여 주방장과 함께 의논하고, 부하직원을 관리, 감독한다. 단위주방의 중간책임자로서 영업장의 신메뉴 개발, 고객관리, 인력관리, 원가관리, 위생 및 안전관리, 조리기술지도 등 단위영업장의 주방업무를 주방장과 협조하여 수행한다.

5) 부조리장

부조리장(demi chef)은 조리장을 보좌하여 실무적으로 조리업무를 수행하고, 조리장의 부재시 그의 직무를 대행하며, 하급조리사의 기술지도를 한다.

6) 1급 조리사

1급 조리사(1st cook)는 부조리장을 보좌하고, 전문적인 조리업무를 수행한다. 호텔에 따라서는 담당부서(section)의 업무를 총괄하며, 음식의 마지막 과정을 담당한다. 주방의 운영현황을 상급자에게 보고하고, 조리사 간의 협동과 원활한 업무를 위해 노력하며, 하급 조리사의 기술지도를 한다.

7) 2급 조리사

2급 조리사(2nd cook)는 1급 조리사를 보좌하여 조리업무를 수행하며, 그의 지시에 따라 식재료의 수령, 빈카드(bin card) 정리, 식재료의 부분별 손질, 주방 내 업무 등을 수행한다.

8) 3급 조리사

3급 조리사(3rd cook)는 2급 조리사를 보좌하고, 식재료를 손질하며, 직접조리를 담당한다. 냉장, 냉동고를 정리하고, 주방기기 및 기물의 정리, 정돈, 주방시설 위생 전반에 관한 관리책임을 갖는다.

9) 견습조리사

견습조리사(apprentice)는 3급 조리사의 조리업무를 도우며, 주방업무에 관한 기본적인 사항을 수행한다. 육류, 생선, 채소 등 식재료의 기초적인 취급방법과 조리의 기본기를 익힌다. 또한 칼의 사용법 및 보관, 방화, 안전 및 위생에 대한 교육을 받는다.

> 스튜어드(steward)는 호텔 내 전 영업장 및 주방에서 사용하는 기물의 구입과 관리, 재고 및 손망실 파악, 일선영업장에 배치된 용역에 대한 인력관리 및 교육과 관련된 업무를 담당한다. 하급 스튜어드는 연회기물의 이동 및 배치와 주방의 각종 식기류 세척을 담당하고, 식기세척기(dish washer)를 관리한다.

3. 기능별 주방조직

호텔은 여러 개의 식음료업장이 운영되고 있기 때문에 효율적인 주방운영이 필요하다. 주방조직은 직급, 직무별 조직을 기본으로 한다. 한편, 주방은 기능에 따라 식음료업장에 부속된 영업주방과 이를 지원해 주는 지원주방 또는 준비주방으로 구분할 수 있으며, 그에 대한 자세한 업무내용은 앞서 설명한 주방의 유형에 잘 나타나 있다.

우리나라 호텔조직에서 주방부서의 소속은 독립되어 있어 총주방장이 이사에서부터 규모가 작은 2급 호텔의 경우 계장까지 다양하다. 반면 체인의 경우는 주방부서가 식음부서에 소속되어 있어 식음부서장의 관리하에 둔다. 어떤 조직이 합리적이고 과학적인지는 오너와 경영자가 결정해야 하는 사항이지만, 오늘날과 같은 식음부서의 기능이 다양해지고 관리가 복잡해진 시점에서는 스킬보다 관리가 더욱 요구된다고 생각한다.

제4절 | 주방기기 및 기물

주방기기의 발달로 많은 부분의 조리작업이 기계화되어 있으며, 이를 이용하여 음식 생산의 균일화는 물론, 노동력을 절감할 수 있게 되었다. 그러나 주방기기의 잘못된 사용은 조리사의 신체에 치명적인 손상을 입히거나 비싼 기계의 수명을 단축시키기도 한다.

주방기기의 적절한 관리를 위해서 모든 조리사는 다음과 같은 사항을 숙지하여야 한다.

① 모든 조리기기는 사용 전에 방법과 용도를 충분히 숙지한 후, 전문가의 지시에 따라 정확하게 사용한다.
② 사용용도 이외의 다른 목적으로 사용하지 않는다.
③ 기기에 무리가 가지 않도록 사용한다.
④ 기기에 이상이 있을 경우, 즉시 사용을 중지시킨 후 적절한 조치를 취한다.
⑤ 기기의 전압용량이 영업장 전압과 일치하는지 확인한다.
⑥ 각종 기기는 모터에 물기가 스며들지 않도록 주의하며, 항상 청결하게 유지한다.

제5절 | 주방의 위생과 안전

1. 주방위생의 중요성

음식물의 품질과 안전성은 레스토랑 경영에서 지켜야 할 가장 중요하고도 기본적인 사항이다. 위생적으로 조리된 음식은 안전하고 품질이 좋을 수밖에 없다. 맛이 변질된 음식이나 건조된 음식, 오래되어 신선해 보이지 않는 음식들은 고객에게 만족을 줄 수 없다. 좋은 품질의 기본은 철저한 위생관리에 의한 안전도, 모양, 화학성분, 조리의 적합도, 일정한 농도, 영양가, 맛에 관심을 두는 것에 있다. 위의 같은 사항 중에서 한 가지라도 잘못되었을 때 음식물이 비위생적으로 처리되어 레스토랑에 커다란 손실을 가져오게 된다.

위생문제는 법으로 규정해 놓은 사항이기 때문에 할 수 없이 지켜야 하는 것이 아니고, 사람의 건강과 직결되는 문제이기 때문에 더욱 그렇다. 따라서 레스토랑을 찾는 고객의 건강은 물론, 사업의 성공을 위해 항상 안전한 음식을 제공하기 위한 위생관리에 많은 노력을 기울여야 한다.

2. 위생관리의 기본사항

어떻게 하면 안전하고 좋은 음식을 만들 수 있을까? 표준조리표와 위생규칙에 따른 올바른 조리를 할 때 품질은 향상된다.

다음은 레스토랑의 주방에서 위생관리를 위해 기본적으로 지켜야 할 사항들이다.

① 안전한 음식을 공급하기 위한 위생적인 주방시설과 체계적인 위생교육, 그리고 직원들 각자 위생에 대한 관심을 갖게 하고, 상호 감시를 통한 관리를 실시한다.

② 정기적으로 시설물과 직원들의 위생상태를 점검하고, 정해진 위생규칙에 따르고 있는지를 확인하며, 필요할 때는 시스템을 개조할 수 있도록 한다.

③ 정부의 위생관계자가 위생점검을 할 때 이에 적극적으로 협조한다.

④ 식품위생 프로그램을 기본으로 한 HACCP 시스템을 준비하도록 한다.

> HACCP이란 식품제조업소에서 식품의 안전에 중점을 두고 실시하는 중요한 프로그램으로 재료의 구입경로와 음식물의 공급 때까지 모든 준비과정들을 분석하여 어디서 재료가 오염될 수 있으며, 세균이 퍼질 수 있는가를 찾고 조절할 수 있도록 되어 있는 시스템을 말한다. 우리나라에서도 최근 위해요소중점관리제(HACCP : Hazard Analysis Critical Control Point)를 실시하는 식품회사들이 있어 안전하고 위생적인 식재료를 공급받아 음식을 생산하고 있다.

3. 주방시설의 위생관리

주방의 생명은 위생적인 음식을 생산하는 것에 달려 있다. 따라서 주방에서는 무엇보다 식재료의 구매과정에서부터 훌륭한 조리사에 의한 조리, 그리고 최종적으로 고객에게 제공되기까지의 모든 과정에서 안전하고 위생적인 업무활동이 이루어져야 한다. 주방의 일차적인 책임자는 조리사이므로 조리사는 주방시설, 주방기기, 식재료, 비품 등과 관련하여 위생적인 활동을 해야 한다.

1) 시설물 세척관리

주방공간에 배치되어 있는 모든 시설물은 사용방법이나 보존기간을 불문하고 조리작업자가 조리상품을 만들어내기 위해 이용했다면 무조건 세척하여야 한다. 그래야만 수명이 오래갈 뿐만 아니라 시설물을 위생적으로 관리하고 보존할 수 있는 것이다.

일반적으로 호텔주방에서 사용하는 시설물의 세척방법은 주로 물을 이용하거나, 기름을 이용하여 세척하는 경우가 대부분이다. 그러나 특별한 시설물에 대해서는 세제의 화학력에 의한 세척방법으로 화학세척(scientific wash)방법을 이용한다.

2) 기물류 및 식기류 세척

주방의 기물류 및 식기류 세척작업은 특별한 기술이나 전문적인 기능을 요하지 않기 때문에 대부분의 주방종사자들은 직접적·일반적인 세척방법을 통해 작업이 끝난 후에 세척하고 있는 실정이다. 그러나 기물류나 식기류의 세척작업은 시간과 노동력이 많이 드는 작업이며, 또한 위생상 중요한 위치를 차지하는 작업이라는 점을 감안한다면 주방관리자나 조리사들의 특별한 관심과 작업방법을 개선할 수 있는 노력이 필요하다.

주방시설물은 항상 청결한 상태로 유지해야 하고, 또한 사용자는 일정한 간격을 두고 시설물 점검이 이루어져 조리업무에 차질이 없도록 해야 한다.

3) 세척방법

(1) 세제 사용 세척법

세정액에 의해 오염된 시설물을 물리적으로 제거하는 방법이다. 이는 기물 세정액으로 세척한 다음 반드시 깨끗한 물로 헹구어내는 것이 좋다.

천연유지를 원료로 하여 만들어진 비누 대신 화학적 합성품을 원료로 하여 만들어진 합성세제는 약알칼리성 세제와 중성세제로 구분하여 사용하고 있다.

(2) 소독제 사용 세척법

식기와 식품의 소독에 주로 사용되는 세척방법으로 주로 식중독, 소화기계 전염병을 예방하기 위하여 행해진다. 소독제로 사용되는 것으로 차아염소산나트륨이 있는데, 이것은 화학 식기의 변색을 유발하기 때문에 2~5분 정도 담근 후 염소냄새가 나지 않도록 잘 헹군다.

4) 세제의 종류 및 사용용도

주방시설물에 사용하는 세척제는 매우 다양하다. 그러나 사용하는 용도와 사용방법에 따라 사용자의 주의사항을 철저하게 습득한 후에 사용하는 것이 매우 안전하고 위생적으로 처리할 수 있는 것이다.

특히 환경오염문제가 사회문제로 대두되고 있는 현실에 비추어본다면, 세제 사용은 가급적 자제하는 방향으로 흘러야 한다. 주방시설물에 사용하는 세제의 종류와 사용용도는 다음과 같다.

(1) 디스탄(distan)

디스탄은 계면활성제로서 은도금류(silver ware, silver plate, nickel silver)로 된 모든 기물의 정기적인 세척에 사용된다.

사용방법은 은도금류에 묻은 오물을 제거하고 3~5초 동안 디스탄용기에 담갔다가 더운물(90℃)에 헹군다. 그리고 은도금류를 마른 수건으로 닦아내는 순서에 따라 세척해야 한다.

(2) 린즈(linze)

린즈는 계면활성제로 식기류 세척제이다. 사용된 식기가 세척기에서 빠져나올 때 건조시켜 주는 작용을 하며, 100ppm 미만의 소량을 사용하는 것이 좋다.

(3) 사니솔(sanisol)

염소(chlorine)가 다량 함유되어 있는 약알칼리성이며, 계면활성제이다. 강력한 세척, 살균, 악취제거제로서 식기를 세척한다든지 주방바닥을 청소하고자 할 때에는 60~70℃의 뜨거운 물에 0.2~0.3%만 물과 혼합하여 사용한다.

(4) 오븐 클리너(oven cleaner)

오븐 클리너는 계면활성제이면서 강알칼리성 세제이다. 또한 오븐이나 그릴을 세척할 때에는 80~90℃ 정도로 달군 다음에 사용해야 한다. 또한 세정액을 50cc 정도 고루 바른 후 1분 정도 솔을 사용하여 문질러야 한다. 그 다음 뜨거운 물로 깨끗이 씻은 후 마른행주로 닦고 기름칠을 해야 한다. 오븐 클리너는 강알칼리성이므로 사용할 때 피부나 눈에 닿지 않도록 주의하고 반드시 장갑을 끼고 사용해야 한다.

(5) 론자(lonza)

론자는 계면활성제로서 수질의 부패방지 및 이끼 세척제로 사용하는 것이다. 특히 세척기의 기계에 사용하고자 할 경우 약 10분 동안 가동한 후에 사용해야 한다.

(6) 팬 클리너(fan cleaner)

팬 클리너는 계면활성제로서 배기용 후드 등 기름때가 많은 벽이나 타일 등의 세척 시에 사용하는 것이다. 물과 클리너의 비율은 1 : 3 정도로 희석하여 사용하는 것이 좋다.

(7) 애시드 클리너(acid cleaner)

애시드 클리너는 특수세제와 애시딕 포스페이트(acidic phosphate)의 혼합물로서 오물 세척작용과 스케일 제거작용에 강하다. 특히 청량음료나 접시 등 다목적 세척제로 사용하는 경우가 대부분으로 50~70℃에서 1리터(l)에 10g 정도를 10분 정도 사용할 수 있으며, 일반적으로 가정에서 사용할 수 있는 특징이 있다.

(8) 딥스테인(dipstain)

딥스테인은 알칼리성 세제로 문지르거나 손으로 비비지 않고 간단하게 씻어낼 수 있는 특수세척제로서 플라스틱이나 도자기류, 유리그릇류, 프라이팬, 타일, 벽 등에 사용하는 세척제이다.

5) 세척방법

주방시설물은 물리적인 방법으로 세척하는 것이 매우 바람직하지만, 화학적인 방법을 사용하고자 할 경우에는 약제가 쉽게 없어지는 염소제를 쓰는 것이 좋고, 역성비누 등일 경우에는 수돗물로 씻어내는 것이 안전하며 환경오염방지에도 도움이 된다.

(1) 증기 및 열탕소독

주방의 기물류나 도마, 행주 등의 세척에 매우 적당한 방법이다. 증기소독을 할 경우에는 110~120℃에서 30분 이상하는 것이 좋다. 또한 열탕소독은 30초 이상 해야 한다.

(2) 역성비누 세척

역성비누 세척은 대부분의 호텔주방에서 세제용으로 상시 비치하여 사용하고 있는 것이다. 그러나 피부에 직접 닿지 않도록 주의가 필요하다.

(3) 소독액을 이용한 세척

주방의 작업대, 기물 및 장비, 도마 등의 세척을 하는 데 매우 좋은 방법으로서, 염소용액제, 옥소소독제, 강력살균세척소독제 등이 있다.

(4) 자외선 세척

주방에서 자외선 세척방법을 사용하는 경우는 극히 드물지만, 자외선 중 2357A의 살균력이 강한 것을 이용하기 때문에 도마나 기물류에 적합하다.

4. 주방의 안전관리

1) 안전관리의 흐름

호텔에서의 안전관리는 무엇보다도 호텔시설, 즉 외형적인 시설 및 내형적인 시설에 의해 고객 및 종사원들의 생명과 재산을 안전하게 책임지는 것이라 할 수 있다.

특히 주방은 조리작업 과정에서 안전사고를 유발할 수 있는 요인이 산재한 곳이기 때문에 안전관리에 따른 장치를 설치하고 종사원에 대한 정규적인 프로그램을 개발한 안전교육이 필수적이라 할 수 있다.

대부분의 호텔안전사고는 고객에게 직접적인 영향을 미치기 때문에 세심한 주의와 대책이 필요하다. 또한 주방에서의 안전사고는 종사원들의 부주의에서 오는 상해 및 화재와 시설관리의 부재에서 오는 대형가스사고에 의한 화재 등으로 다양하다.

2) 안전관리 대상

주방에서 발생할 수 있는 모든 사고와 상해 및 화재 등은 안전관리대상 중 가장 위험하고 무서운 사고의 하나이다. 화재의 원인과 발생방법은 매우 다양하지만, 이유야 어쨌든 간에 화재가 발생할 수 있는 요인을 사전에 예방하고 방지하는 것이 급선무이다.

따라서 주방 안전관리의 대상을 철저히 규명하기 위해서 관리자, 주방조리 종사자 및 주방 구성원들은 정기적인 안전점검을 철저히 해야 한다. 그리고 모든 장비와 기물을 사용규정에 따라 세심한 주의를 숙지하고 정기적인 교육을 실시해야 한다.

3) 안전수칙

안전대책의 미비로 산업체에서는 많은 근로자들이 산업재해를 입을 뿐만 아니라, 조리사들도 호텔주방에서 조리작업을 하는 동안 각종 위험요소로부터 매우 세심한 주의를 기울이지 않으면 안 된다.

그러므로 각 개인은 조리작업 시 각종 기기의 조작방법과 기능을 익히고 안전수칙을 철저히 준수하여 사고의 발생을 미연에 방지하도록 한다.

〈표 7-3〉 조리작업자와 주방장비 및 기물의 안전수칙

조리작업자의 안전수칙	① 칼을 사용할 때는 정신을 집중하고 안정된 자세로 작업에 임한다. ② 주방에서 칼을 들고 다른 장소로 옮겨 갈 때는 칼 끝을 정면으로 두지 않으며, 지면을 향하게 하고, 칼날을 뒤로 가게 한다. ③ 주방에서는 아무리 바쁜 상황이라도 뛰어다니지 않는다. ④ 칼로 캔(Can)을 따거나 기타 본래 목적 외에 사용하지 않는다. ⑤ 칼을 보이지 않는 곳에 두거나 물이 든 싱크대 등에 담가 두지 않는다. ⑥ 칼을 떨어뜨렸을 경우 잡으려 하지 않는다. 한 걸음 물러서면서 피한다. ⑦ 칼을 사용하지 않을 때는 안전함에 넣어서 보관한다. ⑧ 주방바닥은 미끄럽지 않은 상태로 유지한다. 기름이나 물기를 제거한다. ⑨ 뜨거운 용기를 이동할 때는 마른행주를 사용한다. ⑩ 뜨거운 용기나 수프 등을 옮길 때는 미끄러지듯이 넣는다. ⑪ 청결하고 몸에 맞는 유니폼과 안전화를 착용한다.
주방장비 및 기물의 안전수칙	① 손에 물이 묻었거나 물이 있는 바닥에 서 있을 때에는 전기장비를 만지지 않는다. ② 전기장비를 다룰 때는 스위치를 차단한 후에 만진다. ③ 각종 기계의 작동방법과 안전수칙을 완전히 숙지한 후에만 사용한다. ④ 스위치 끈 것을 확인하고 기계를 조작하거나 닦는다. 기계가 작동을 완전히 멈출 때까지 기계에서 음식을 만지지 않는다. ⑤ 전기장비와 전기장치를 점검하고, 전기코드를 꽂을 때 기계 자체에 부착된 스위치가 꺼져 있는가를 먼저 확인한다. ⑥ 작업이 끝나면 전기코드를 뽑기 전에 장비에 부착된 스위치를 먼저 끈다. ⑦ 육류절단기를 청소할 때에는 절단하는 칼날에 손이 닿지 않도록 거리를 두고, 기계를 사용하지 않을 때는 칼날을 닫아 놓고, 스위치는 항상 꺼져 있어야 한다. ⑧ 평소 냉동실의 문을 안에서도 열 수 있는지 확인하고, 작동상태를 점검한다. ⑨ 호스로 물을 뿌릴 때 전기 플러그와 기계의 스위치에 물이 튀지 않도록 주의한다.

알·아·둡·시·다

■ **가스사고의 주요 요인**

가. 사용자
① 미확인으로 인한 가스누설
② 밀폐된 장소에서의 가스 사용
③ 환기불량에 의한 질식사고
④ 가스불꽃 확인 소홀
⑤ 성냥불로 인한 누설가스 폭발
⑥ 호스와 밸브의 접촉불량
⑦ 코크(Cock) 조작 미숙
⑧ 연소기 주위에 인화성 물질 방치 및 화기 근접 사용
⑨ 가스 사용 중 장시간 이탈
나. 공급자
① 교체 미숙으로 가스 누설
② 잔여가스 처리방법 미숙
③ 고압가스 운반기준 미이행
④ 배관 내의 공기치환작업 미숙
⑤ 용기 보관실에서 화기 사용
⑥ 공급원 안전의식 결여
⑦ 실내의 용기보관
⑧ 호스와 밸브 연결 불량
⑨ 도시가스 중간밸브의 조작 미숙

CHAPTER 08

호텔레스토랑 메뉴관리

Food & Beverage Service Management

CHAPTER **8**
호텔레스토랑 메뉴관리

제1절 | 메뉴의 정의

1. 메뉴의 유래

현재 사용되고 있는 메뉴의 역사적 유래는 1541년 프랑스 브론슨윅 공작이 연회행사에서 음식을 제공할 때 순서가 틀리거나 하는 번거로움과 불편함을 해소하기 위해 음식에 관한 내용과 순서 등을 메모하여 식탁 위에 놓고, 그 순서대로 요리를 제공하기 시작하였고 이것이 나중에 후작이나 백작들에게 좋은 평을 받아 이로부터 귀족 간에 유행되었으며, 차츰 유럽 각국에 전래되어 식탁의 차림표로 사용되게 되었고, 이때 사용되던 메모가 오늘날 정식요리 메뉴의 효시로 전해지고 있다.

그 후 19세기 초 프랑스 파리의 팰리스 로얄이라는 레스토랑에서부터 일반화되어 사용한 것이 오늘날 우리가 사용하는 메뉴의 시초로 전해지고 있다.

2. 메뉴의 개념

1) 메뉴의 정의

메뉴는 본래 프랑스말로서 카트(carte)라고 불리나 메뉴라는 단어가 세계 공통어로 사용되고 있다. 오늘날 우리가 일반적으로 사용하는 메뉴라는 말은 프랑스어로 그 어원은 라틴어의 'Minutus', 영어로는 'Minute'에 해당되며, 'small'(작은), 또는 'small list'(작은 목록표)란 뜻이다. 영국에서는 메뉴의 또 다른 표현으로 'bill of fare'라고도 하는데, 'bill'이란 '상품목록'(itemized list)을 의미하고, fare는 '음식'(food)의 의미이다. 따라서 이를 '음식의 상품목록'이라 부르고 있다.

우리나라에서는 메뉴를 차림표 또는 식단이라고 하며, '웹스터사전'에 의하면 메뉴란 A detailed list of the foods served at a meal, 즉 식사로 제공되는 음식의 상세한 목록, '옥스퍼드사전'에서는 Adetailed list of the dishes to be service at banquet or meal 즉 연회 또는 식사에 제공되는 음식들의 상세한 목록으로 각각 설명되어 있다. 위에서 언급된 내용을 종합해 볼 때 메뉴는 식사를 서비스하는 레스토랑에서 제공되는 요리를 상세히 기록한 목록이라 정의할 수 있다.

2) 메뉴의 개념변화

메뉴의 단순한 사전적 정의도 시대에 따라 변화하였다. 1960년대에 메뉴가 '차림표'의 개념으로 정의되었다면, 1970년대부터는 '마케팅과 관리'의 개념이 첨가되어 '차림표'로 정의되었고, 1980년대부터 '차림표'의 개념이 삭제된 강력한 '마케팅과 내부통제도구'로 정의되고 있다. 또한 1960년대와 1970년대 메뉴의 계획과 디자인에 관한 저서, 논문 및 아티클(articles)도 주로 주방에서 일하던 조리사와 식품영양학을 전공한 사람들에 의해 주도되었기 때문에 영양가적인 측면 및 조리방식과 조리표를 중심으로 한 생산지향적인 면이 강조되었다. 그러나 1980년대에 들어서는 실무와 이론을 겸비한 사람들에 의해 메뉴를 보는 시각이 조리표 중심에서 관리중심으로 변화하였다. 그 결과 메뉴에 대한 정의도 마케팅과 관련되어 양면이 강조되어 정의되고 있다.

이러한 메뉴의 사전적 정의와 시대에 따른 메뉴의 정의를 종합해 볼 때, 메뉴는 단순히 판매하고자 하는 상품의 표시, 안내, 가격만을 나타내는 단순한 목록이 아님을 알 수 있다. 메뉴는 판매상품의 이름과 가격, 그리고 상품을 구입하는 데 필요한 조건과 정보를 기록한 목록으로서 생산 및 원가관리 등의 내부적 통제는 물론, 고객과 레스토랑을 연결하는 판매촉진의 도구로서 궁극적으로는 매출과 이윤이 직결되는 영업장의 얼굴과 같은 중요한 역할을 담당하고 있다.

제2절 │ 메뉴의 역할

종래적 의미의 식당관리에 있어서는 메뉴가 단순히 식료의 종류를 기록, 나열하는 기능을 수행한 것에 불과했던 때도 있었으나, 현대 식음료 레스토랑사업에 있어서는 판매와 관련하여 가장 중요한 상품화의 수단으로 그 역할이 증진되어 왔으며, 식당사업의 목표달성을 위하여 관리되어야 할 중요한 분야가 되었다. 고객을 정확히 알고 있다는 것은 레스토랑 경영에서뿐만 아니라 그 어떤 사업에서도 중요한 요소이다. 만일 레스토랑에서 고객이 원하는 상품으로 구성된 메뉴를 판매하고 있다면, 고객은 그 가치에 대한 대가를 분명히 지급하게 될 것이고, 그 결과 레스토랑은 성공적인 경영을 할 수 있게 된다.

1. 메뉴의 기본적 역할

메뉴의 기본적 역할은 첫째, 상품을 고객에게 전달하는 것이다. 외부적으로는 판매 가능한 음식, 가치, 가격을 고객에게 전달하고, 내부적으로는 레스토랑에서 생산하는 상품이 무엇인가를 직원에게 전달하는 것이다. 그러나 메뉴의 진정한 의미를 단순히 알리는 것 그 이상의 역할을 하고 있다. 둘째, 메뉴는 레스토랑 경영에서 가장 기본이 되는 도구로서 경영의 청사진과 같은 역할을 한다.

　메뉴가 가지고 있는 최대매력은 고객으로 하여금 식욕을 일으켜 즉각적인 구매동기를 가져올 수 있게 계획되어 고객이 무엇을 원하는가를 찾아서 구매 욕구를 충족시켜 레스토랑 영업에 강력한 판매촉진도구로 사용해야 하며 특징 적인 인상을 줄 수 있도록 시각적인 디자인을 고려하여 제작되어야 한다.

2. 메뉴의 역할

　① 메뉴는 기업의 경영순환과 같은 역할을 하고 있다.
　　㉠ 경영정책(policy)
　　㉡ 판매계획(planning)
　　㉢ 분석(analysis)
　　㉣ 판매(sales)
　② 메뉴는 레스토랑의 상품판매수단으로 기업주와 고객 간에 매개체의 역할 을 한다.
　③ 메뉴는 판매촉진도구로서의 역할을 한다.
　④ 메뉴는 레스토랑의 실내장식과 큰 조화를 이룬다.
　　㉠ 메뉴의 선택
　　㉡ 메뉴의 색채
　　㉢ 메뉴의 문자구성

제3절 | 메뉴의 종류

1. 지속기간에 따른 분류

1) 고정메뉴

고정메뉴(static menus, fixed menu)는 새로운 메뉴가 등장하기 전까지 몇 개월 또는 그 이상 사용되는 메뉴로 일정기간 동안 메뉴품목이 변하지 않고 제공되는 메뉴이다. 커피숍, 패스트푸드, 패밀리 레스토랑, 기타 체인 레스토랑 등에서 많이 사용하고 있다.

고정메뉴의 장점은 상품의 통제와 조절이 용이하고 상품이 많지 않아 전문화시킬 수 있다. 그러나 단점은 상품이 오랫동안 고정되어 있고 환경변화에 둔감하여 고객이 싫증내기 쉬우며, 시장이 제한적일 수도 있다.

2) 순환메뉴

순환메뉴(cycle menu)는 일정한 주기, 즉 월 또는 계절에 맞추어 변화하는 메뉴이다. 리조트호텔 또는 카지노호텔은 식음료업장, 학교 카페테리아, 병원급식, 단체급식, 교도소급식 등에서 많이 사용하는 메뉴이다. 순환메뉴의 장점은 메뉴에 변화를 주어 고객에게 신선함을 전달할 수 있고, 계절에 따라 메뉴조정이 가능하다. 그러나 단점은 식재료의 재고율이 높을 수 있으며, 계절에 따른 메뉴품목을 생산하기 위해서는 매우 숙련된 조리사가 필요하다.

3) 일시적 메뉴

일시적 메뉴는 특별한 행사기간에 판매되는 메뉴로 페스티벌 메뉴(fevestival menu), 일일특별 메뉴(daily special menu), 계절메뉴(seasonal menu), 가벼운 메뉴(light menu), 건강식 메뉴(health food menu), 채소 메뉴(vegetable menu) 등이 있다.

2. 메뉴 선택방식에 따른 분류

레스토랑에서 제공하는 음식의 종류는 식사내용 및 가격에 따라 크게 타블도트 메뉴(table d'hôte menu), 알라카르트 메뉴(à la carte menu), 그리고 두 가지를 혼합한 결합메뉴(combination menu)와 연회메뉴(banquet menu)로 구분한다.

1) 타블도트 메뉴

타블도트 메뉴(table d'hôte menu, full course menu)는 정식요리 또는 코스요리로 제공되는 메뉴를 말하며, 아침, 점심, 저녁 등 식사시간에 따라 각기 정해진 메뉴품목으로 구성되어 있다. 가격은 코스에 따라 일정하게 정해지든지, 아니면 메인코스를 무엇으로 정하느냐에 따라 다른데, 보통 애피타이저, 수프, 생선요리, 주요리, 샐러드, 후식, 차 등의 순서로 구성되어 있다. 대표적으로 뷔페메뉴와 커피하우스 메뉴를 들 수 있다.

(1) 뷔페메뉴

뷔페메뉴(buffet menu)는 가격과 행사의 성격에 따라 간단히 손으로 음식을 집어 먹을 수 있는 약식 뷔페메뉴에서부터 고급 메뉴들로 가득 찬 정식 뷔페메뉴에 이르기까지 종류와 질이 매우 다양하다. 뷔페메뉴는 결혼피로연, 리셉션, 회의만찬 등 큰 모임이 있는 경우에 자주 제공된다.

(2) 커피하우스 메뉴

커피하우스는 유럽에서 흔히 볼 수 있는 커피전문점으로, 음료는 물론 간단한 식사메뉴도 제공된다. 우리나라 호텔 커피숍에서도 음료와 스낵, 그리고 코스요리를 축소시킨 세트요리를 제공하고 있다.

2) 알라카르트 메뉴

알라카르트 메뉴(à la carte menu)는 일품요리 메뉴를 말하며, 고객의 주문에 따라 조리사의 독특한 기술로 만들어진 요리가 품목별로 가격이 정해져 제공되는 요리이다. 알라카르트 메뉴는 그릴 또는 전문레스토랑(specialty)에서 많이 제공하고 있지만, 정식요리 메뉴를 전문적으로 제공하는 레스토랑에서도 메뉴의 구성상 몇 가지 알라카르트 메뉴는 한 번 작성되면 장기간 사용하게 되므로 요리준비나 재료구입업무가 단순화되어 능률적이라 할 수 있다.

그러나 식재료의 원가상승에 의해 이익이 줄어들 수도 있으며, 단골고객에게는 신선하고, 새로운 맛을 주지 못하고, 지루함을 주어 판매량이 감소할 수도 있다. 따라서 알라카르트 메뉴 레스토랑은 고객 욕구를 감안하여 새로운 메뉴 개발노력을 지속적으로 해야만 한다.

3) 연회메뉴와 결합메뉴

연회메뉴(Banquet menu)는 연회예약을 접수할 때 행사내용 또는 주최 측의 요구에 따라 다양한 알라카르트 메뉴 또는 타블도트 메뉴로 구성되는 메뉴를 말한다. 결합메뉴(combination menu)는 타블도트 메뉴와 알라카르트 메뉴를 혼합한 형태의 메뉴로 중국 레스토랑이나 특정국가의 고유메뉴(ethnic menu)를 판매하는 레스토랑에서 많이 사용되고 있다.

3. 식사시간에 따른 메뉴

메뉴는 유형에 따라 그 범위가 다양하다. 식사시간에 따른 기본적 메뉴의 유형은 조식, 중식, 석식으로 구분되며, 그 밖에 고객의 욕구와 마케팅전략에 따른 다양한 특별 메뉴(specialty menu)가 있다.

1) 조식(07:00~10:00)

서양의 일반적인 조식은 보편적으로 일정 메뉴품목으로 구성되어 있다. 메뉴품목이 간단하고 음식제공이 빠르며, 가격이 저렴하다. 조식메뉴(breakfast menu)는 대표적으로 미국식 조식메뉴(American breakfast)와 대륙식 조식메뉴(continental breakfast)로 구분된다.

2) 브런치(10:00~12:00)

브런치 메뉴(brunch menu)는 브렉퍼스트(breakfast)와 런치(lunch)가 합쳐진 용어로 미국의 레스토랑에서 많이 사용하는 메뉴로 아침과 점심식사의 중간쯤에 있는 식사 메뉴를 말한다. 특히 바쁜 도시생활을 하는 사람들에게 적용되는 메뉴이다.

3) 중식(12:00~15:00)

중식 메뉴(lunch menu)는 근무 중의 피로함을 덜하기 위해 석식보다는 조금 가볍고 간단한 음식으로 샌드위치 등 기타 일품요리로 구성된 메뉴이다.

4) 애프터눈 티(15:00~18:00)

애프터눈 티(afternoon tea)는 영국인의 전통적인 식사습관으로서, 밀크 티 (milk tea)와 시나몬 토스트(cinnamon toast) 또는 멜바 토스트(melba toast)를 점심과 저녁 사이에 간식으로 먹는 것을 말한다. 그러나 지금은 영국뿐만 아니라 세계 각국에서 오후에 티타임(tea time)이 보편화되고 있다.

5) 석식(18:00~22:00)

모든 사람들에게 석식(dinner)은 하루 중 가장 중요한 식사시간으로 좋은 음식을 시간적인 여유를 갖고 즐기기 원한다. 따라서 석식 메뉴는 음식의 개성이 강하고 정교하다. 고객은 석식을 통해서 서비스, 분위기, 장식 등 레스토랑에 대한 새로운 경험을 기대하며, 이를 위해 기꺼이 조식과 중식보다 높은 가격을 지불한다. 또한 석식은 메뉴선택의 폭이 넓은 편으로 스테이크(steak), 로스트 (roast), 치킨(chicken), 해산물(seafood), 파스타(pasta) 등의 주요리로 구성되어 있다.

6) 서퍼(22:00~24:00)

서퍼(supper)란 본래 격식 높은 정식 외 만찬을 의미하였으나, 근래에 와서는 그 의미가 변화되어 늦은 저녁 밤참(supper)으로 제공되는 것을 말한다.

늦은 저녁행사(음악회, 오페라 등의 큰 모임) 후의 식사로서 가벼운 음식과 간단한 코스(2~3코스)로 구성되며, 진한 수프(thick soup)에 소시지와 빵 또는 샌드위치, 음료 정도의 경식으로 제공된다.

제4절 | 메뉴계획

　어떤 음식서비스 경영이라도 기본적인 경영활동 또는 최초의 통제단계로 메뉴계획을 포함한다. 호텔 식음료부분의 운영과 관리에 있어서 고객의 필요와 조직의 목표를 평가한 후에 행해지는 중요한 단계는 메뉴의 계획이다. 메뉴계획은 호텔 식음료부분의 성공적인 운영과 관리에 있어서 가장 중요한 과업 중의 하나이며, 고객만족을 통한 이익의 근대화라는 목표에서 시작되는 레스토랑 마케팅전략의 출발점이다. 레스토랑에서 상품판매를 통하여 매출을 극대화시키려 할 때 메뉴는 판매를 촉진시킬 수 있는 가장 기본적이며 주요한 수단이 된다. 물론 영업장의 설비나 서비스, 장식, 서비스직원의 태도와 음식의 질 등도 판매를 촉진시키는 수단이 되지만, 고객이 레스토랑에 들어오면 실질적인 상품을 표시해 놓은 메뉴가 가장 중요한 판매도구가 된다. 메뉴는 통제단계 유지를 위한 기초이다. 즉 구매, 저장, 준비, 조리, 서비스 등이다. 이러한 기본단계에서부터 고객이 원하는 상품을 생산하기 위해서는 그에 맞는 메뉴가 계획되어야 한다.

1. 메뉴계획의 목적

　메뉴계획은 음식의 질, 양, 서비스 등으로 고객을 만족시켜 이익을 창출할 수 있도록 하는 것을 그 목적으로 한다. 이러한 목적을 성공적으로 달성하고 있는 바람직한 메뉴에는 다음과 같은 내용이 포함되어 있다.

■ 메뉴의 담긴 내용
　① 시장성 : 메뉴는 목표하고자 하는 고객의 특성에 맞도록 한다.
　② 경제성 : 최소한의 원가로 최대한의 이익을 달성하도록 한다.
　③ 우수성 : 우수한 맛과 질을 유지할 수 있는 능력이 있어야 한다.
　④ 진실성 : 메뉴에 기록된 내용(식재료 음식의 양, 조리방법)과 일치해야 한다.
　⑤ 경쟁성 : 고객에게 매력을 줄 수 있는 품목 및 가격, 디자인이 있어야 한다.

2. 메뉴계획 시 고려사항

처음부터 내·외부적 환경을 정확히 분석하여 기획된 메뉴만이 성공을 기대할 수 있다. 치밀한 메뉴계획으로 작성된 메뉴는 고객이 메뉴에 갖는 기대를 만족시키거나 초과하여 레스토랑의 경영목표를 달성하게 한다. 그렇지 못한 메뉴는 매출 및 그에 따른 이익을 증대시키는 데 실패하고 만다. 메뉴계획의 기본은 레스토랑의 콘셉트와 사명을 정확히 설정하고 이에 따른 사항들을 정확히 반영시키는 것이다.

〈표 8-1〉 메뉴계획 시 고려되는 변수

관리자의 관점	고객의 관점
① 조직의 목표와 목적 ② 예산 ③ 식자재의 공급시장 조건 ④ 시설과 기기 ⑤ 종사원의 기능 ⑥ 생산과 서비스 시스템의 유형	① 영양적인 요구 ② 음식의 특성 ③ 본질적인 요인 ④ 비본질적인 요인 ⑤ 생리적, 물리적인 요인 ⑥ 심리적인 요인 ⑦ 개인적인 요인 ⑧ 사회 경제적인 요인 ⑨ 문화와 종교적인 요인

1) 주방시설

모든 메뉴품목을 조리할 수 있는 시설과 주방기기 및 기물을 갖추어야 하지만, 주방면적이 좁은 경우에는 가공식품을 이용한 메뉴를 선택할 수도 있다.

2) 조리인력

조리사의 인원, 조리능력과 시간, 식재료 저장능력 등을 감안하여 원가의 상승요인이 되는 품목은 제외한다.

3) 식재료

식재료 구매가 어려운 품목은 시기에 따라서는 원가상승의 요인이 된다. 이러한 메뉴는 원활치 못한 식재료 공급으로 고객의 신뢰를 잃을 수 있으므로 제외시키고, 계절에 따른 특별메뉴를 계획한다. 또한 다양한 식재료를 필요로 하는 메뉴도 원가상승의 요인이 되므로 동일한 재료로 다양한 맛을 낼 수 있는 메뉴품목을 선택하는 것이 좋다.

4) 마케팅조사

마케팅조사도 메뉴계획을 할 때 중요한 고려사항 중 하나이다. 상권현황, 경쟁업소, 변화에 따른 고객의 욕구와 필요 등 정확한 마케팅조사에 따른 메뉴계획이 수행되어야 한다.

5) 원가관리

레스토랑은 궁극적으로 이익을 목표로 하는 활동이다. 따라서 정해진 원가의 범위를 초과하는 품목은 수익성을 감소시키므로 지나치게 표준원가를 초과하는 품목은 제외시킨다.

6) 영양가

고객의 외식활동은 생리적 욕구충족과 휴식, 오락 등을 즐기는 것 외에 식사를 통한 건강증진도 그 목표가 된다. 메뉴의 구성은 필요한 영양소를 균등하게 제공할 수 있도록 계획한다. 특히 단체급식에서의 메뉴계획은 적절한 영양가에 대한 배려가 중요한 고려사항 중 하나가 된다.

7) 콘셉트

메뉴는 레스토랑의 운영방침, 테마와 객단가, 서비스방법, 실내장식 분위기 등 레스토랑이 추구하는 경영콘셉트에 적합한 메뉴로 작성되어야 한다. 또한 음식도 유행에 민감한 상품이므로 사회, 문화에 따른 변화도 중요한 고려사항이다.

3. 고객의 메뉴선택 요인

레스토랑의 이미지가 조명과 전체적인 톤 및 인테리어 등에 영향을 받는 것처럼 메뉴구성의 형태 또한 고객에게 많은 영향을 미치는 상품력 증진요소의 하나이다.

고객이 메뉴를 선택할 때는 가장 먼저 자신의 경제적 사정을 고려할 수밖에 없다. 아무리 마음에 드는 메뉴를 선택하려 해도 지급능력이 없으면 뜻대로 선택할 수 없게 된다. 고객의 입장에서 메뉴를 선택할 때 금전적 요소 외에 영향을 주는 요소들과 메뉴선택의 다양성을 제공하는 요소들은 다음과 같다.

1) 메뉴선택의 요인

① 메뉴의 수

② 음식의 질

③ 음식의 양

④ 변치 않는 맛

⑤ 향기 및 색깔

⑥ 적정온도의 음식 제공

⑦ 주메뉴 외에 서비스로 제공되는 음식 및 음료

2) 메뉴선택의 다양성

레스토랑에서 제공되는 메뉴의 종류와 다양성은 식사할 때의 경험과 느낌에 따라 커다란 영향을 미친다. 여기서 말하는 메뉴선택의 다양성이란 자신이 지급할 수 있는 가격과 그에 따른 만족도의 객관성을 의미한다. 예를 들어 단골고객 이외의 다른 고객이 자신이 선호하는 메뉴를 발견하지 못했을 때 일반적으로 메뉴가 고객에게 줄 수 있는 선택력이 떨어진다고 할 수 있다. 이렇듯 레스토랑에서 메뉴선택의 다양성을 고려하여 메뉴를 구성할 수밖에 없는 가장 큰 이유는 가격, 식사시간, 메뉴의 수 때문이고, 그 밖의 요소로는 외식을 자주하는 고객층과 주방시설, 조리기술 및 메뉴의 수익성 등이 있다.

(1) 가격

어느 고객이 호텔레스토랑에서 일반 레스토랑의 메뉴가격을 예상하고 풀코스 정식요리를 찾는다면, 그 고객은 정상가격을 지불하고 메뉴를 선택하는 고객에 비해 심리적으로 메뉴선택의 폭이 훨씬 제한될 수밖에 없다. 따라서 업종, 상권, 경쟁자 등에 따라 알맞은 가격을 책정하도록 한다.

(2) 식사시간

식사시간에 따른 메뉴의 구성도 고려해야 할 사항이다. 레스토랑의 성격에 따라 다르겠지만, 고객이 순수하게 식사만을 위해 소비하는 시간은 보통 30분, 길어야 1시간, 단체의 경우에는 2~3시간 정도이다. 그러나 우리나라 대부분의 고객은 메뉴를 단순하게 선택하며, 식사시간도 오래 걸리지 않는 편이다.

(3) 메뉴의 수

규모가 작고 질이 낮은 레스토랑에서 너무 많은 종류의 메뉴품목을 제공하게 되면 오히려 고객에게 부담감을 줄 수 있다. 이와 반대로 비교적 고급에 속하는 레스토랑에서는 선택할 수 있는 메뉴가 보다 다양한 것이 좋다. 고급레스토랑을 찾는 어떤 고객은 가능한 많은 메뉴품목 중에서 선택하기를 좋아하며, 조리장의 특별요리를 충분한 시간을 갖고 즐기려 하기 때문이다.

3) 메뉴가격

화폐효용의 가치에 대한 개념은 산업영역 또는 소비자에 따라 각기 다르다. 사람들이 어느 특정 레스토랑을 자주 이용하는 것은 음식이 마음에 들기 때문이기도 하지만, 그 레스토랑에서의 식사를 그만큼 가치 있는 것으로 인식하고 있기 때문이다. 일반외식업소의 경우 고객이 메뉴가격을 사전에 인식하고 오기 때문에 자신이 식사를 하면서 얼마를 지급해야 할 것인가 염려하는 경우는 거의 없다. 호텔의 식음료업장이나 패밀리 레스토랑은 보통 한 끼 식사를 구성하는 메뉴마다 가격이 따로 설정되어 있다.

4) 메뉴작성

메뉴를 작성하는 절차는 레스토랑의 여건에 따라 다양하겠지만, 일반적인 메뉴작성의 절차는 첫째, 기존의 레스토랑에서 성공하고 있는 품목 또는 경쟁 레스토랑에서 판매하고 있는 품목들을 인력, 기술, 시설에 관계없이 가능한 범위에서 종합하고 둘째, 레스토랑의 콘셉트에 맞는 품목을 선별하는 것이다.

메뉴품목을 선택할 때 고려해야 할 사항은 다음과 같다.

(1) 메뉴품목을 조리할 수 있는 능력과 기술이 있는가?

(2) 책정된 원가기준에 크게 초과하지 않는가?

(3) 조리방법과 절차가 어렵지 않은가?

(4) 서비스하는 데 어려움은 없는가?

(5) 맛과 품질의 변화가 빠르게 일어나지 않는가?

(6) 주방기기 및 기물을 새로 구입해야 하는가?

제5절 | 메뉴디자인

메뉴디자인은 메뉴계획에서 선별된 아이템을 메뉴판을 통하여 어떻게 고객에게 제시하는 것이 가장 이상적인 것일까를 구상하여 실행에 옮기는 것이라고 정의할 수 있다. 즉 메뉴를 마케팅도구로, 또는 광고의 도구로 정의하여 디자인하는 것이다. 메뉴의 근본적인 역할은 알리는 것이며, 제대로 구성된 메뉴는 수익을 높이고, 고객에게 만족을 줄 수 있는 훌륭한 광고 및 판매매체가 된다. 또한 섬세하게 디자인된 메뉴북은 레스토랑 분위기에 일익을 담당하며, 각각의 음식을 항목별로 적절하게 분류하여 작성된 메뉴북은 상품판매에서 중요한 역할을 한다.

메뉴계획에서 최종적으로 아이템이 선정되면 메뉴를 디자인하게 되는데 잘 디자인된 메뉴란 메뉴계획자가 의도한 대로, 배열, 설명, 활자, 메뉴의 크기, 모양, 컬러 등이 레스토랑의 전체적인 개념, 주제와 조화를 잘 이루고, 기능적으로 메뉴의 역할을 잘 수행할 수 있도록 디자인된 메뉴를 말한다. 이렇듯 메뉴를 효율적인 판매수단이 되도록 디자인할 때는 음식의 배열 및 내용, 시각적 구성, 지면, 활자체 등 메뉴북의 제작에 따른 여러 요소들이 조화를 이루도록 해야 한다.

메뉴는 레스토랑(독립된, 체인시스템, 큰, 작은, 전체 서비스, 제한된 서비스)에 따라 다양한 책임이 있다. 레스토랑의 선택과 조직구조가 다양하며, 어떤 레스토랑은 전문적인 메뉴디자이너, 광고회사, 광고 카피라이터와 연계를 맺는다. 메뉴디자인의 책임이 할당된 사람과 관계없이, 모든 계획자와 레스토랑 매니저가 참여하도록 인식하는 것의 과정에 익숙해지기 위해 많은 모험이 필요하다.

| 제6절 | 메뉴관리 |

---

1. 메뉴품목의 변화

상권의 변화, 경쟁업소의 등장, 고객욕구의 변화, 식재료가격의 변동, 기타 사회·문화적 변화 등 레스토랑의 내·외부적 요인들로 인하여 기존 메뉴품목의 삭제 또는 새로운 메뉴품목 개발 등의 필요성이 발생한다. 메뉴는 레스토랑의 콘셉트 및 경영목표를 결정하는 대표적인 상품이자 매출에 직접적인 영향을 미치는 요소이기 때문에 적절한 시기에 메뉴관리를 지속적으로 해주어야 한다.

1) 외부적 요인

사회·문화적 변화에 따라 고객의 맛과 취향이 지속적으로 변하기 때문에 고객의 욕구변화는 메뉴변화의 가장 중요한 요인이 된다. 원가상승에 따른 수

익감소와 경쟁에서 앞설 수 있는 신메뉴품목의 개발, 식재료의 계절에 따른 품귀현상과 성수기를 이용한 품질 좋고 저렴한 식재료의 활용 등으로 판매증대를 위한 메뉴품목의 변화는 반드시 필요하다. 무엇보다 외식산업의 동향에 따른 유행성 메뉴품목으로의 시의적절한 변화는 고객욕구에 부합하는 기본적인 대응책이다.

메뉴를 변화시키는 외부적 요인들은 상권 및 고객욕구의 변화, 경제적 요인, 경쟁상황, 식재료의 수요와 공급, 외식산업의 변화추세 등으로 그에 따른 메뉴품목의 교체 및 변화는 반드시 필요한 관리분야이다.

2) 내부적 요인

메뉴는 반드시 레스토랑의 테마와 일치되어야 그 특색을 살릴 수 있으며, 기존의 인력과 기술로 현재 판매되고 있는 메뉴품목 중 한 가지라도 질을 높일 수 없다면, 메뉴품목의 수정은 불가피하다. 또한 메뉴의 판매동향에 따라 판매량이 기대치에 달하지 못할 때도 메뉴교체가 필요하다. 메뉴를 변화시키는 내부적 요인들로는 식사의 형태, 테마 및 운영방침의 변경, 그리고 메뉴품목 판매동향 등이다.

3) 메뉴의 변화 시기

일반 레스토랑의 경우 메뉴는 개업 이후 6개월이 지난 때부터 변화를 계획하는 것이 좋다. 초기메뉴가 시장분석을 통해 계획되었다 하더라도 완벽하게 적응하기란 쉽지 않으며, 또한 레스토랑 내·외부의 사정으로 변화가 불가피해지므로, 이에 대한 대비는 빠르면 빠를수록 좋다. 기본적으로 판매동향에 따라 새로운 메뉴품목의 개발과 메뉴전략에 의한 품목의 재배열이 필요하다. 신메뉴품목은 6개월 또는 1년에 하나의 메뉴품목을 지속적으로 개발하는 것이 매출변화에 따른 메뉴전략이 된다.

2. 메뉴마케팅

1) 메뉴품목의 배치

(1) 시선에 의한 배치

메뉴북이 고객에게 제시되는 순간부터 마케팅활동은 시작된다. 메뉴북을 펼쳐 보는 순간 고객의 시선이 움직이는 방향에 따라 매출이 변화하기 때문에 메뉴품목의 전략적인 배치는 중요한 부분이다. 미국 레스토랑협회(NRA)의 조사에 의하면 고객이 메뉴를 읽는 데 평균 1분 49초 정도를 소비한다고 한다. 이러한 결과를 살펴볼 때 많은 페이지로 메뉴품목을 나열해 놓는 것은 좋지 않다.

미국의 메뉴 컨설턴트이자 디자이너인 윌리암 도플러(William Doefler)는 고객의 시선초점에 따라 단일페이지 메뉴(single page menu), 두겹 메뉴(two panel menu)로 나누었다. 두 겹메뉴에서는 〈그림 8-1〉처럼 메뉴북을 이등분한 상단에 수익성 높은 메뉴품목을 배치시켜야 한다고 하였다.

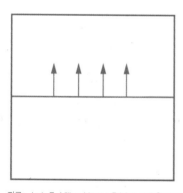 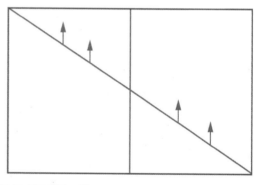

자료: Jack E. Miller, Menu : Pricing and Strategy, 3rd ed., VNR, 1992, p. 27.

〈그림 8-1〉 메뉴 디자인형태에 따른 메뉴품목의 배치

한편, 미국의 코체바 교수는 〈그림 8-2〉와 같이 고객이 메뉴를 처음 보았을 때, 빗금 친 부분에 시선이 집중되고, 이어서 오른쪽 코너 상단→왼쪽→아래쪽, 그 다음에는 오른쪽 아래를 가로질러 위로 시선이 집중된다고 하였다.

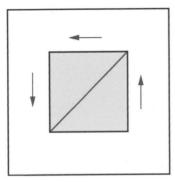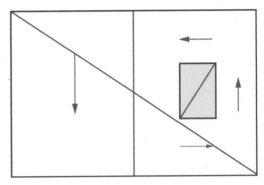

료: Jack E. Miller, Menu : Pricing and Strategy, 3rd ed., VNR, 1992, p. 27.

〈그림 8-2〉 메뉴시선

(2) 가격에 의한 배치

가격이 높고 낮은 순서에 따라 메뉴품목을 배치하는 것은 좋지 못하다. 가격은 될 수 있는 한 고객이 혼동되도록 배치하며, 가장 수익성이 높은 메뉴품목을 시각초점이 가장 좋은 곳에 배치하도록 한다.

2) 메뉴품목의 수

모든 메뉴는 고객의 욕구에 부응하는 품목으로 구성되어야 한다. 그러나 여러 고객층을 확보할 욕심으로 메뉴품목의 수가 너무 많으면, 식재료 및 원가관리가 어렵고, 메뉴품목을 선택하는 데 혼동될 수도 있다. 메뉴품목의 수가 제한되면, 고객이 아이템을 선택하는 데 소요되는 시간이 줄어들어 회전율을 높일 수 있고 식자재의 재고를 줄일 수 있고, 전문성이 있으며, 생산과 서비스에 소요되는 시간이 줄어들고, 질과 표준의 유지가 용이하고 주방공간과 기기를 축소할 수 있으며, 생산과 준비에 요구되는 인건비를 절감할 수 있는 등의 장점이 있다는 것을 메뉴계획자들이 알아야 한다.

3) 메뉴의 가격과 품질

상품의 가치는 가격과 품질에 의해 결정된다. 고객은 품질이 우수하면 가격에 대해 긍정적인 태도를 갖고 그 가치성을 인정하게 된다. 이러한 가치는 표준조리표를 통한 조리기술은 물론, 엄격한 식재료 관리 및 일관성 있는 맛과 질의 유지에서 나온다.

4) 인쇄

메뉴북은 읽어보기 좋고, 흥미를 일으킬 수 있도록 작성되어야 한다. 활자가 너무 작고 빈틈없이 인쇄되어 있으면 메뉴 읽기를 싫어하므로 인쇄가 메뉴의 45~65% 이상을 차지하지 않도록 하는 것이 좋다. 수익성 또는 판매량을 높이고자 하는 품목은 고객시선의 초점이 끌릴 수 있도록 강조한다. 색과 다양한 표시로 변화를 주어 고객의 시선을 집중시키고 기억에 남도록 한다. 그러나 너무 많은 메뉴품목을 강조하다 보면 고객의 시선을 분산시켜 오히려 역효과가 발생하므로 2~4가지 정도의 품목만을 강조하는 것이 효과적이다.

5) 삽화와 사진

메뉴북에 음식사진을 삽입할 경우 사진과 동일한 음식을 제공한다는 고객과의 약속이 된다. 그러나 상황에 따라 약간의 변형이 있을 수 있으므로 이런 경우에는 사진 대신 삽화나 그래픽을 이용하면 제공되는 음식과 반드시 일치시켜야 하는 부담감을 다소 감소시킬 수 있다.

6) 추천판매

추천판매의 교육, 훈련을 통한 서비스는 매출신장과 수익증대에 커다란 영향을 미친다. 따라서 서비스직원은 상품에 대한 정확한 지식을 가져야 하며, 판매하고자 하는 품목을 적극적으로 권유할 수 있는 서비스의 교육훈련이 필요하다.

7) 가격의 조정

가격의 조정은 고객 입장에서는 가장 민감한 부분이다. 가능한 가격을 인상하지 않고 수익을 증대시키도록 노력하는 것이 좋다. 부득이 가격을 인상하고자 할 때에는 신중한 판단이 필요하며, 반드시 품질도 그만큼 향상시켜 가격에 대한 상대적인 만족감을 주도록 한다.

3. 메뉴가격 산출법

메뉴가격을 책정하는 것은 정확한 가격산출의 방법과 절차, 그리고 마케팅을 결합시켜야 하는 기술적인 부분이다. 특히 메뉴마케팅은 판매량에 의한 고객의 반응을 분석하여 각 메뉴품목의 설정은 물론, 전체적으로 균형있는 가격책정을 위해서는 필수적이다. 그러나 많은 레스토랑들이 경영자 또는 관리자의 주관적인 판단에 의해 메뉴가격을 책정하고 있다.

이러한 방법은 그만큼의 경험과 노하우를 필요로 하며, 실패할 가능성이 높을 뿐만 아니라 경영내용을 분석하는 데 타당성 있는 자료를 제시하지도 못한다. 따라서 레스토랑이 기대하는 수익과 고객들의 가치관을 기준으로 과학적이고 객관적인 메뉴의 가격책정이 필요하다.

1) 주관적인 가격산출법

(1) 적정가격법

적정가격법(reasonable price method)은 경영자 또는 관리자의 경험과 추측에 의한 주관적인 판단에 의해서 이 정도면 적당하다고 생각하는 가격을 선택하는 방법이다.

(2) 최고가격법

최고가격법(highest price method)은 경영자가 메뉴품목을 최대한으로 평가하여 고객이 최고로 지급할 수 있겠다 싶은 가격을 선택하는 것으로 영업활동과 고객의 반응에 따라 단계적으로 가격을 조정하는 방법이다.

(3) 최저가격법

최저가격법(loss leader price method)은 상품가치의 최저가를 선택하여 고객으로 하여금 레스토랑의 매력을 느끼도록 하는 방법이다. 이 방법은 낮은 가격을 보고 레스토랑에 들어와 다른 음식까지 주문하도록 유도하는 것으로 가격과 질의 비교에 따라 높은 매출을 기대할 수 있다.

(4) 독창적 가격법

독창적 가격법은 정확한 수익성이나 원가의 개념 없이 시장반응과 관리자의 경험을 바탕으로 실험적으로 가격을 책정하는 방법으로 비현실적일 가능성이 높다.

(5) 경쟁기준가격법

경쟁자기준가격법(competition pricing)은 비용이나 수요를 염두에 두는 것보다 경쟁상대가격을 기초로 가격을 설정한다. 그러나 레스토랑마다 원가와 판매량이 다르므로 단순한 경쟁자의 모방은 위험하다. 레스토랑의 상품가치는 음식 자체만이 아니라 분위기, 서비스방법, 실내장식 등이 포함된 상품으로 평가되므로 경쟁기준가격법은 권장할 만한 가격책정방법은 아니다.

2) 객관적 가격산출법

객관적 가격산출법은 이윤가격법(markup pricing)이라고도 하며, 식재료비 또는 식재료비+인건비에 얼마 정도를 덧붙여 가격을 책정해야 운영비와 이익을 얻을 수 있는지 계산하여 판매가격을 산출하는 방법이다. 객관적 가격산출법에는 팩터가격법(factor pricing method)과 프라임 코스트(prime cost method)가 있다.

(1) 팩터가격법

팩터가격법(factor pricing method)은 오랫동안 가장 많이 사용되어 온 가격산출법으로 식재료비의 몇 배를 받아야 적절한 판매가격(selling price)이 되는지 산출하는 계산방법이다

식재료비(food cost) × 가격팩터(pricing factor) = 판매가격(selling price)

팩터가격법을 사용하여 일정의 판매가격이 산출되었다 하더라도 가격단위를 계산하기 쉬운 단위, 잔돈이 발생되지 않는 단위로서 조정이 필요하고, 아울러 경쟁력과 고객을 흡입할 수 있는 숫자로의 조정도 필요하다.

(2) 프라임 코스트법

레스토랑의 운영비용 중에서 식재료비(food cost)와 인건비(labor cost)가 가장 높은 비중을 차지하고 있기 때문에 이 두 가지를 합쳐 프라임 코스트(prime cost)라 부른다. 프라임 코스트를 이용한 계산은 미국의 해리 포프(Harry Pope)가 개발한 것으로, 식재료비와 식재료비율을 기준으로 한 팩터가격법에 메뉴를 생산하는 데 직접적으로 사용되는 직접인건비를 포함시켜 계산하는 방법이다. 직접인건비는 일반적으로 전체 인건비 중 1/3 정도로 추정된다.

4. 메뉴평가

메뉴평가(menu evaluation)는 ① 고객의 수(customer damand), ② 메뉴구성분석(menu mix analysis), ③ 수익성(contribution margin)이 어떠한가에 그 초점이 맞춰진다. 이러한 메뉴평가를 통해 메뉴품목이 제대로 판매되고 있으며, 또한 얼마만한 이익이 발생되는지를 분석하고, 그 결과에 따라 메뉴품목의 위치를 조정하고 판촉활동전략도 수립하게 된다.

1980년대 초 카사바나(Michael Kasavana)와 스미스(Don Smith)는 메뉴품목의 인기도와 수익성을 평가하여 메뉴에 관한 의사결정을 하기 위한 방법으로 메뉴 엔지니어링(menu engineering)을 개발하였다. 메뉴 엔지니어링의 중요한 관점은 단순히 식재료비율이 어느 정도인가를 확인하는 것이 아니라, 현재의 메뉴구성으로 레스토랑이 얼마만한 이익을 내고 있는가를 분석하는 것이다. 메뉴 엔지니어링에서 유의해야 할 것은 1개월 이상의 매출을 기준으로 평가해야 하며, 전혀 범주가 다른 메뉴품목과 비교하지 말고 주요리는 주요리(main dish), 전채요리는 전채요리끼리 비교하는 것이다.

5. 메뉴 엔지니어링(Menu Engineering)

1) Donald Smith에 의해 개발

메뉴를 각 아이템의 Gross profit과 Sales로 평가하여 4그룹으로 분류

〈Stars / Plow Horses / Puzzles / Dogs〉

2) The 4 Key Menu Categories

- Stars : 선호도 ↑, CM ↑,   선호도도 높고 수익률도 높은 메뉴
- Plow Horses : 선호도 ↑, CM ↓, 선호도는 높고 수익률은 낮은 메뉴
- Puzzles : 선호도 ↓, CM ↑   선호도는 낮고 수익률은 높은 메뉴
- Dogs : 선호도 ↓, CM ↓   선호도도 낮고 수익률도 낮은 메뉴

① STARS(popular and profitable)
- 현재의 수준을 엄격히 지킴
- 포션 크기, 품질, 담는 방법 메뉴의 super stars는 가격 변화에 고객이 민감한 반응을 보이지 않으므로 가격 인상을 시도해 볼 수도 있음
- 메뉴의 가장 눈에 띄는 위치에 배열
- 이 그룹에 속하는 아이템은 위치에 관계없이 고객이 선호할 수도 있으므로 최상의 위치에 전략적 아이템이 배열될 수도 있음

② PLOW HORSES(popular but less profitable)
- 레스토랑의 인기를 위해 중요한 아이템
- 가격에 매우 민감하므로 매가 인상 시 단계적으로 조심스럽게 심리적 가격 매김을 시도하여 초과되는 원가만 붙여서 인상 선호도가 높으므로 메뉴상 아이템의 배열을 고객 시선이 덜 집중되는 곳에 위치시킴
- 전체적인 원가를 줄여 매가를 그대로 유지하면서 공헌마진을 높일 수 있는 방안 강구. 포션을 눈에 띄지 않게 줄임
- 노동강도, Skill을 고려하여 가격 인상하고 super star로 끌어올리거나 삭제
- Side items과 묶어서 CM을 증가시키도록 판촉

③ PUZZLES(unpopular but very profitable)
- 선호도가 높을수록 평균 CM이 높게 나타나므로 선호도 높이는 방안을 강구
- 가격인하, 광고나 할인가격(daily special)으로 판촉

- 메뉴에서 더 popular한 위치로 재배치
- Table tents, chalk boards, 권유판매 등으로 판촉
- 아이템명을 친숙한 이름으로 새롭게 바꿈
- 메뉴에서 아이템의 수를 제한하여 최소화함

④ DOGS(unpopular and unprofitable)

- 가능한 모든 아이템을 메뉴에서 삭제
- Special 고객이 요구하면 inventory에서만 수행하고 메뉴에서는 실시하지 않으며 extra charge를 지불함
- 가격 인상하여 "PUZZLES"군으로 전환시킴
- 어떤 아이템은 market potential을 가질 수 있음
- 더 popular한 아이템과 같이 재배치되면 가능함

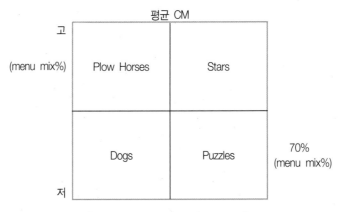

〈그림 8-3〉 메뉴 엔지니어링 매트릭스

〈표 8-2〉 메뉴 엔지니어링에 의한 메뉴품목 분류

수익성 (contribution margin)	메뉴혼합률 (menu mix%)	분류 (classfication)	평가 (evaluation)
High(고)	High(고)	Stars(특상품)	• 인기도와 수익성이 모두 높은 메뉴품목
Low(저)	High(고)	Plow Horses(상상품)	• 수익성은 낮으나, 인기도가 높은 메뉴품목
High(고)	Low(저)	Puzzles(중상품)	• 인기도는 낮으나, 수익성이 높은 메뉴품목
Low(저)	Low(저)	Dogs(하상품)	• 인기도와 수익성이 모두 낮은 메뉴품목

| 제7절 | 고객창출을 위한 가격전략들 |

1. 가격차별

기업은 종종 같은 제품서비스에 대해서도 판매상황과 세분시장에 따라 요금을 달리 부과한다. 이것을 가격차별(price discrimination), 또는 가격믹스라고 하는데, 이는 곧 구매시간, 구매량, 구매경로, 그리고 구매고객의 성격(예 : 연령, 가격민감도) 등에 따라 각각 다른 가격을 책정하여 부과시키는 것을 말한다.

(1) 세분시장별 가격차별

인종, 종교, 성별, 연령에 의하여 사람을 차별하는 것 같은 생각을 떠올릴 수도 있으나, 특별한 행사를 치르기 위해 호텔을 이용하는 경우, 평상시 개인자격으로 호텔을 사용할 때보다 가격민감도가 떨어지기 쉽다. 따라서 시장의 성격 및 구매상황에 따라 선택적으로 가격에 차등을 두어, 차별화된 서비스를 서로 다른 가격대에 제공할 필요가 있다. 세분시장별 가격차별은 구매량을 기준으로 이루어질 수 있다. 즉 구매빈도수가 높은 단골고객과 한꺼번에 많은 수요를 이루는 단체고객에게 특별할인율을 제공하는 것이다.

(2) 예약방법에 따른 가격차별

최근 호텔업계에는 인터넷 마케팅 바람이 불면서, 각 호텔마다 인터넷 웹사이트를 보강하고 인터넷을 통한 마케팅활동을 강화하고 있다. 호텔업체는 보다 많은 사람들이 인터넷 마케팅에 노출되게 하기 위해 인터넷 예약자에게 특별 할인혜택을 주는 방법을 사용한다.

2. 가격층화

가격층화(price lining)란 제품서비스의 가격대를 여러 층으로 분화하는 것을 말한다. 품질이나 크기를 다양화하여 계층별로 가격을 매김으로써 고객에게 선택의 폭을 늘려주는 것이다. 가령 레스토랑의 스테이크를 판매할 때 부위와 크기에 따라 다양한 가격층을 제시한다면 고객의 선택권은 그만큼 많아지고, 결과적으로 새로운 수요가 창출될 수 있다(예 : 노인분량(senior portion) - 적은 양, 낮은 가격 - 실버시장의 수요창출). 호텔산업에서는 시장의 다양한 고객층을 흡수하기 위하여 호텔상품을 다층화(tiering)한다. 그리고 제공되는 서비스 수준에 따라 가격층화를 하여 각 세분시장별로 중요하게 고려하는 가치(가격 또는 서비스)에 적합한 호텔을 각각 선택할 수 있도록 한다.

3. 묶음가격

서로 연관성 있는 몇 가지 상품을 판매함에 있어서 단일상품으로 묶어서 낮은 가격으로 제공한다. 기업은 고객에게 각각의 서비스에 대해 개별적으로 가격을 부과하는 방법을 사용하거나, 그렇지 않으면 여러 종류의 서비스를 합쳐서 한꺼번에 부과하는 가격전략을 채택할 수 있을 것이다. 묶음가격(price bundling)은 둘 이상의 제품서비스를 패키지의 형태로 고객에게 판매하며 특별가격을 제공하는 가격전략이다. 가령 패키지 여행상품, 호텔의 휴가철 패키지(객실+식당이용권+부대시설 이용), 레스토랑의 코스메뉴 등은 이러한 묶음가격의 예이다.

묶음가격은 때로는 인기 있는 제품서비스와 수요가 떨어지는 제품서비스를 하나로 묶어서 제공한다. 그러나 패키지에 포함된 제품서비스를 별도로 구매했을 때의 총 합계액보다 싼 가격에 제시되므로, 고객은 종종 이 특별 묶음가격에 유인되어 개별적으로는 구입할 의향이 별로 없는 서비스까지도 구입하게 된다. 따라서 묶음가격은 고객의 대량구매를 촉진하기 위한 방법으로 종종 쓰인다.

4. 유인가격

유인가격전략(leader pricing)은 고객을 일단 구매장소로 유인하기 위하여 몇 몇 항목의 가격을 파격적으로 인하시키는 것을 말한다. 때로는 원가 이하로 가격을 설정하는 손실유도품(loss leader)을 사용하기도 하는데, 이와 같은 손실유도품으로 일단 고객을 유인한 후 이윤이 남는 다른 제품서비스까지도 구매하도록 유도하는 것이다.

5. 심리적 가격

(1) 단수가격

단수가격결정(odd pricing)은 1,000원 단위, 10,000원 단위와 같이 딱 떨어지는 숫자보다는 거기에 약간 못 미치는 가격수준에 가격을 결정하는 것으로서, 실제 가격차이보다 심리적으로 상당히 저렴하다는 인상을 고객에게 심어주려는 기법이다. 가령 10,000원 대신 9,900원에 가격이 책정된 경우 단위가 만 원대에서 천 원대로 줄어들면서 고객의 가격심리에 100원 이상의 할인효과를 내게 된다. 또한 단수가격 결정은 가격을 일정단위 이상을 넘지 않게 설정했을 경우 과세대상에서 제외되거나 높아지는 누진세율의 적용을 받지 않는 세금혜택을 볼 수 있다는 이점도 있다. 따라서 주어진 세율이 적용되는 가격범위에서 최고한도액선에 가격을 설정하기 위해 기업에서 사용하는 경우도 있다.

(2) 점화가격

높은 단위의 숫자가 변화될 때에는 일종의 문턱(threshold)을 넘는 효과가 있다. 문턱이 높을수록 걸려 넘어지기 쉬운 것처럼 변화하는 숫자의 단위가 높을수록 고객이 인지하는 변화폭은 크다. 예를 들어 똑같이 300원의 차이가 있는 경우라도 1,600원과 1,900원의 가격차이보다는 1,900원과 2,200원의 가격차이를 더 크게 지각하는 경우이다. 이는 100자리가 아닌 1,000자리의 숫자가 달라졌기 때문이다. 이러한 가격의 심리학적 측면은 가격인상 시에 적용되기도 한다.

(3) 명성가격

스스로 우아한 것으로 포지셔닝(positioning)하는 호텔이나 레스토랑은 그에 상응한 고가격시장으로 진출하기 위하여 특정고객을 유치하기 위하여 커버차지(cover charge)로 부과하고, 배타적 이미지 조성을 할 수 있다. 이러한 경우에 명성가격(Prestige pricing)은 가격이 기대범위 이하이면 수요는 오히려 감소하며, 가격이 높을 때 고객은 매력을 느끼고, 구매하고 싶은 충동을 느낀다. 고객의 지위와 명성을 상징하는 제품서비스의 가격은 구매고객의 자부심과 허영심을 충족시켜 주는 선에서 결정될 수 있다.

6. 특별홍보가격

특별홍보가격(special promotional pricing)은 크리스마스, 졸업시즌, 어버이날 등과 같이 특정계절이나 휴일에 수요극대화 및 새로운 고객창출을 목적으로 한시적으로 책정하는 판매촉진을 위한 가격이다. 호텔에서는 비수기에 특별 디너쇼 등 행사를 만들어 특별가격으로 보다 많은 고객을 유치하려 시도한다. 외국의 호텔들은 밸런타인데이에 커플들에게 객실과 샴페인, 식사를 특별 밸런타인데이 패키지에 모두 포함시켜 특별홍보가격으로 제공함으로써, 이러한 특별행사가 없었더라면 호텔을 찾지 않았을 사람들에게 호텔을 이용할 이유를 부여해 준다. 특별홍보가격은 한시적으로 이루어지는 특별가격 할인이므로 가격인하의 부작용으로 나타나는 호텔이미지 하락의 위험을 감소시킬 수 있다.

CHAPTER 09

식음료 재료관리

Food & Beverage Service Management

CHAPTER **9**
식음료 재료관리

식음료경영에 영향을 미치는 비용항목에는 인건비, 식음료재료비, 소모품비, 수도광열비, 광고비 등이 있다. 비용이 낮으면 낮을수록 이익은 많아지므로 비용을 적절히 관리하고 통제하는 활동은 중요한 관리사항이다. 특히 레스토랑의 전체운영비용 중 식음료 재료비가 차지하는 높은 비중을 고려할 때, 효율적인 식음료 원가관리는 곧 레스토랑 이익에 공헌할 수 있는 관리대상이다. 그러나 단지 이익만 추구하는 잘못된 원가관리로 인해 품질이 저하되고 경쟁력이 떨어지는 부정적인 결과가 나올 수 있으므로, 체계적이고 합리적인 식음료 원가관리가 필요하다.

제1절 | 식음료 원가관리의 개념과 목적

1. 식음료 원가관리의 개념

식음료 원가관리란 식재료의 구매, 검수, 입고, 출고, 조리계획, 기초조리활동, 음식의 생산, 분량관리, 판매가격결정, 상품의 수정 및 개선 등과 관련된 원자재의 관리 또는 통제의 경영관리기술을 말한다.

레스토랑의 전체비용 중 식재료비가 차지하는 비중이 높으므로 상품을 구성하는 원가요소 중에서 가장 높은 비중을 차지하는 항목이 식음료 재료비이 므로 경영상태를 측정하는 일부분으로 재료비 관리상태를 분석한다.

그러나 타 상품에 비해 다품종 소량생산, 짧은 주문생산, 생산과 소비의 동시성 등의 특성으로 관리상태를 정확하게 파악하기가 쉽지 않지만, 경영자 또는 관리자는 과학적이고 효율적인 식음료 원가관리에 대한 지식습득과 실천으로 경영성과를 높이도록 해야 한다.

2. 식음료 원가관리의 목적

식음료 원가관리는 레스토랑의 체계적인 관리를 위한 업무수행과 그에 따른 이익의 극대화를 목적으로 한다. 식음료 재료는 레스토랑의 운영비 중에서 차지하고 있는 비중을 살펴볼 때도 중요하지만, 그 특성상 훼손 또는 손실될 가능성이 높기 때문에 체계적인 관리가 어려운 부분이다.

레스토랑의 성공과 실패는 식음료원가를 효과적으로 관리하는 경영능력에 좌우되기 때문에 경영자, 관리자, 그리고 모든 직원들의 협조와 관심이 따르는 분야이다.

식음료 원가관리의 목적은

첫째, 고객의 욕구에 부응하는 식재료의 정확한 예측을 한다.

둘째, 적합한 식재료의 최적수량를 구매한다.

셋째, 표준조리표에 따른 규격과 분량을 조절한다.

넷째, 식재료의 구매, 조리, 판매과정에서의 낭비와 손실발생을 제거한다.

식음료 원가관리 방법으로 푸드 테이스팅 프로그램, 구매량 예측, 재고관리 시스템, 분량관리 등이 사용되고 있다.

제2절 원가관리방법

주방에서 만들어지는 모든 음식에 대한 원가관리방법은 식재료를 이용한 판매수익과 원가를 각 재료에 따라 부문별로 원가요소를 계산하고 부문별로 원가분석을 하여 관리하는 것이다.

음식의 원가관리는 단위생산원가를 계산할 수 있도록 되어 있어 특정품목의 판매일지라도 재료비는 그 재료의 양을 결정할 수 있게 하여주는 것이다.

실질적으로 각각의 음식에 소비된 식재료를 세부항목별로 구분하여 원가를 관리하기란 그리 쉬운 일이 아니다. 그러나 이 방법이 원가관리의 기초적인 정보자료이기 때문에 효과적으로 원가를 절감할 수 있어 널리 이용하고 있다.

1. 양목표(Standard Recipe)에 의한 원가관리

음식에 대한 단위별, 품목별 가격과 수량이 정확하게 명시되어 있는 명세서는 원가분석의 기초자료가 되며 판매가격을 결정할 수 있는 유일한 원가관리자료가 된다.

소량, 즉 1인분에 대한 원가계산은 많은 양의 재료를 가지고 만들 때, 소비되는 원가를 계산하여 판매상품별 개수로 나누면 1개 혹은 1인분의 재료비원가를 산출할 수 있다.

예를 들어 어떤 steak를 만들어 원가계산을 한다고 가정할 때, 고기와 채소의 기준량을 정하여 단가를 곱해 주고 그 외의 재료들은 단위당 개별원가를 산정하여 재료비원가를 산출하는 것이다.

> ■ 양목표에 의해 원가관리의 장점
> ① 조리사들의 조리업무를 합리적으로 수행할 수 있게 한다.
> ② 원가의식을 직접적으로 보여줄 수 있는 현실적인 방법이다.
> ③ 식재료 소모량을 계산할 수 있다.

2. 표준원가(Standard Costs)에 의한 관리

표준원가에 의한 관리란 표준이 되는 원가를 과학적·통계적인 방법으로 미리 정해 놓고, 표준원가와 실제원가와의 차이를 비교분석하기 위하여 실시하는 원가관리방법이다.

표준원가를 설정할 때에는 원가요소별로 직접재료비, 직접노무비, 제조간접비 등의 세부항목으로 구분하여 적용시켜야 한다.

■ 표준원가관리의 필요성

(1) 식재료의 원가절감
(2) 식재료 품목별 표준원가의 공정한 계산
(3) 메뉴 및 표준원가 카드 작성
(4) 원가에 대한 판매분석이 용이
(5) 변동원가에 대한 계산이 용이
(6) 노무비의 합리적인 계산
(7) 원가보고서 작성
(8) 경영성과 분석에 의한 적정한 이익 관리

---

3. 비율에 의한 원가관리

식재료에 대한 원가를 비율에 의한 방법으로 계산할 때에는 식재료의 매출총원가를 총매출액으로 나누어서 원가율을 산출한다.

■ 장점: ① 메뉴의 가격이나 원가변동에 관계없이 비교가 가능하다.

② 적정 식재료 원가를 밝히는 데 매우 효과적이다.

③ 식음료를 총체적으로 분석하는 데는 매우 효과적이며 적정수단이다.

■ 단점: 어떤 특정 메뉴에서 원가의 변동이 있었는지에 대하여 밝혀지지 않는다.

식재료 원가 = 기초재고 + 당기매입 기말재고

식재료 원가율 = $\dfrac{\text{식재료 원가}}{\text{총매출액}} \times 100$

제3절 | 원가차이의 분석

표준원가는 실제원가를 관리통제하기 위한 목적으로 산출되었으므로 계산된 실제원가를 표준원가와 비교함으로써 경영성과를 판단하여야 한다. 여기서 논의될 표준원가 차이는 물론 직접재료비에 대한 것이므로 표준직접재료비와 실제직접재료비의 차이를 의미하는데 원가관리의 자료로서 매우 중요하다.

일반적으로 원가차이는 실제원가가 표준에 미달되는 유리한 차이보다는 표준을 초과하는 불리한 차이가 나타나는 경우가 대부분이다. 그런데 재료원가 차이를 야기하는 원인은 가격의 차이와 수량의 차이로 구분될 수 있다.

1. 재료가격의 차이

이것은 계산시점을 달리함으로써 나타날 수 있으며 표준재료가격과 실제재료가격과의 차액을 말한다. 즉 (실제소비량 × 실제가격) − (실제소비량 × 표준가격)=가격차이의 등식이 성립되는데, 계산실무상 가격차이를 계산하는 데는 구입 시의 표준가격 혹은 출고 시의 표준가격을 적용하는 두 가지 방법이 있다.

■ 가격차이를 발생시키는 원인

(1) 시장가격의 변동
(2) 예정가격 자체가 잘못 선정되었을 경우
(3) 불리한 구매(구매량, 구입거래처, 구입방법 등)

2. 수량의 차이

재료의 실제소비량과 표준소비량의 차이인데 실제로는 원가차이라는 점에서 가격차이나 수량차이 모두가 화폐가치로 표시되므로 그 구분은 원인의 분류라는 점 외에는 의미가 없다.

수량차이=(실제소비량×표준가격)−(표준소비량×표준가격)으로 표시되는데 이러한 수량차이를 발생시키는 원인에는 다음과 같은 것들이 있다.

① 과대한 단위크기(portion size)나 제품구입 등의 차이
② 과대한 생산(over production)
③ 불량재료의 사용
④ 부적당한 표준조리법으로 표준소비량이 잘못 설정
⑤ 비능률적인 구매 및 접수
⑥ 부적당한 butchering, 부적당한 조리, 잘못된 carving 절차
⑦ 과대한 실패품
⑧ 부적당한 방법에 의한 나머지 식료의 이용
⑨ 조리 및 준비의 기기, 설비 및 기계의 변경
⑩ 작업방법의 변경
⑪ 작업능률의 저하
⑫ 도난

3. 원가차이의 처리

표준 자체가 부정확하게 설정됨으로써 발생된 원가의 불리한 차액은 식료재고, 재공품, 매출원가 등에 추가적으로 배부하게 된다. 재료의 가격차이는 주로 시장가격변동에 의해서 발생하는데 재료가격과 수량에 비례하여 재고, 재공품 및 매출 원가에 추가 배부한다. 물론 유리한 차액이 발생한다면 그만큼을 공제하게 된다.

그런데 전체 재료재고에 차이가 발생된 경우에는 모든 식료품목별 재고를 철저히 조사하고 원가차이를 야기한 원인이 어떤 품목의 구매에 있는지를 찾

아내야 한다. 이때는 모든 식료를 동일군별로 상품을 구분하여 조사하는 것이 매우 편리하다. 즉 양고기, 송아지고기, 돼지고기, 가금류, 해산물과 채소 및 기타 식료로 나누어 조사하는 것을 말한다.

제4절 │ 소비재료의 가치계산

출고된 식재료의 가치계산은 상당한 시간을 요하며, 시장의 변동에 의해 원래 구매할 당시의 구입가격과 사용하는 시점에서의 가격은 상당한 차이를 보이므로 더욱더 계산이 복잡해진다.

소비된 재료의 가치계산 방법은 원가법, 시장가격법, 예정가격법 및 표준가격법 등이 있으나, 식료재료의 소비가격을 결정하는 데 있어서는 일반적으로 원가법이 많이 사용되고 있다.

원가법이라 함은 구입재료는 구입원가로써 그리고 자가생산재료는 그 제조원가로써 재료의 소비가격을 계산하는 방법이며 다음과 같은 여러 가지 방법이 있다.

1. 개별법(lot method)

재료를 구입원가별로 구별하여 보관했다가 사용함으로써 출고할 때는 그 물품이 어떤 가격의 재료였는지를 확인하여 당해 구입원가를 그 재료의 소비가격으로 하는 방법으로 동일한 품목의 재료일지라도 가격별로 구분하고 있다.

실제의 구입원가를 반영한다는 장점이 있기는 하나, 실무상 수많은 종류의 식료품목을 저장관리해야 하는 식당 식음료사업에 있어서는 실현성이 없다. 특히 식료재료는 부패성이 강하여 저장조건이 까다롭고 그 관리비도 상당히 높은 까닭에 이것을 실행하기란 극히 어렵다.

2. 선입선출법(FIFO : first-in-frist-out method)

선입선출법은 구입원가별로 구분하여 어느 재료가 사용되던 간에 먼저 구입한 것을 먼저 사용한다는 가정하에 장부상의 구입원가에 의하여 매입순위가 빠른 재료가 전량 출고될 때까지는 그 단가를 원가계산의 대상가격으로 하는 방법이다.

- 장점: 개별법이 갖는 구입원가별 재료의 분리보관 필요성이 없으며, 계산도 비교적 간단하다.
- 단점: LIFO방법과 함께 동일시점에서 생산된 메뉴일지라도 그 재료가격이 각기 다른 원가로 표시될 수 있다.

3. 후입선출법(LIFO : last-in first-out method)

FIFO와는 반대되는 방법으로 어떤 가격에 구매된 재료인가를 불문하고 최근에 구입된 것부터 순차적으로 출고하여 이용된다고 간주하여 최근 매입량이 모두 없어질 때까지 그 가격으로 계산한다.

가격변동이 심할 때 특히 가격이 상승할 때 FIFO에 의해 계산된 식료원가는 실제보다 과소하게 표시되어 상대적으로 이익이 과대하게 표시되는 결점이 있으나 LIFO에 의하면 그러한 결점을 커버할 수 있으므로 적합하다고 하겠다.

4. 평균원가법(average cost method)

구입원가가 각기 다른 재료를 보유하고 있을 때, 그 달의 평균 구입단가를 소비가격으로 간주하여 평균단가를 산출하는 방법으로 다음과 같은 것들이 있다.

1) 산술평균법

산술평균법은 단순평균이라고도 하며 구입한 재료수량을 고려하지 않은 채 매번 구입한 단가만을 산술평균하는 방법으로 계산은 용이하나 매회의 구매수량에 현저한 차이가 있는 경우에는 정확한 구입단가의 계산이 불가능한 단점이 있다.

2) 총평균법

일정기간 매입가격의 합계액을 동일기간의 매입수량계로 나누어서 단가를 산출하는 방법으로 창고에서 재료를 인출할 때 매번 그 소비가치를 계산하지 않고 원가계산 기말에 구한 평균단가를 그 기간의 전체 재료출고량에 적용시키는 것이다.

> 총평균단가 = (전기이월액+당기매입액)÷(전기이월수량+당기매입수량)
>   = 입고액÷입고량

3) 이동평균법

가중평균법이라고도 하며 재료의 매입 때마다 그 수량과 금액을 전의 원장 잔액에 가산하여 새로운 가중평균단가를 구하고 이것을 기준으로 출고된 재고의 단가를 기장하는 방법이다.

제5절 │ 식료와 음료의 원가관리 차이

1. 식료관리와 음료관리의 차이

음료의 경우도 음료가 구매되어 소비되는 전 과정을 식료를 통제하고 관리하는 절차와 방식으로 통제하고 관리하면 된다.

여기에서도 중요한 것은 물자의 흐름과 그 흐름을 통제하기 위한 절차와 방법인데 음료의 경우는 식료에 비하여 〈표 9-1〉과 같이 통제와 관리가 상대적으로 용이하다.

〈표 9-1〉에서 보여주듯이 관리 면에서 식료에 비하여 용이하다고 말할 수는

있지만 판매와 생산지점에서의 관리는 식료에 비하여 상대적으로 어렵다고 말할 수도 있다.

식료와는 달리 음료의 경우는 구매가격의 추적이 용이하고, 재고관리도 병, 또는 캔 단위로 되어 있으므로 쉽게 관리할 수 있다. 이동의 경우도 병, 또는 캔 단위로 이동하기 때문에 관리와 통제가 비교적 용이하나 실제로 생산지점과 판매지점의 관리와 통제는 식료에 비하여 더 어렵다.

〈표 9-1〉 통제와 관리 측면에서 본 식료와 음료의 비교

식료	음료
① 관리해야 할 종류가 다종이다.	① 식료에 비하여 종류가 훨씬 적다.
② 저장기간이 비교적 짧다.	② 저장기간이 비교적 길다.
③ 쉽게 변질된다.	③ 거의 변질되지 않는다.
④ 공급자가 다양하다.	④ 공급자가 한정되어 있다.
⑤ 가격의 변화가 심하다.	⑤ 일정기간 유지된다.
⑥ 양의 측정이 곤란한 것이 많다.	⑥ 양의 측정이 비교적 용이하다.
⑦ 재고조사가 상당히 어렵다.	⑦ 재고조사가 비교적 용이하다.
⑧ 재고자산의 평가가 상당히 어렵다.	⑧ 재고자산의 평가가 비교적 용이하다.

특히 칵테일을 만드는 경우 표준레시피가 있기는 하지만 정확한 양의 측정은 현실적으로 어렵고, 고객의 기호에 따라 표준 레시피상의 각 아이템에 대한 양의 조절은 불가피하게 되어 있다. 그 결과 음료를 생산, 또는 판매하는 데 관계하는 종사원들의 관리가 거의 불가능하다는 것이다.

그러나 이러한 어려움을 부정적인 면으로 판단해서는 안 되고 긍정적인 면으로 받아들이되 업장의 특성을 잘 고려하여 개선해 가는 방안의 지속적인 모색만이 최선의 방법이다.

2. 음료관리 시 구분하는 방법

일단 음료는 주류와 비주류로 나누어 이것을 다시 국산과 수입산으로 나눈다. 보다 세부적으로는 수입산을 다시 수입국별로 구분하여 표기하기도 하며, 호텔에 따라 각각 다른 분류방법을 사용하고 있으나, 요즘은 일반적으로 각 그

룹별로 재고코드번호를 부여하여 관리하기도 하는데, 와인의 경우를 예로 들면, 3-1-00-000이라는 코드번호를 부여한다. 그런 다음 하부그룹 번호를 부여하는데 여기서는 샴페인과 스파클링에 3-1-10-000을 부여한다. 그리고 다시 하부그룹을 샴페인과 스파클링으로 나누고 샴페인에는 3-1-11-000을, 스파클링 와인에는 3-1-12-000을 부여한다.

여기에서 와인의 경우 고유번호가 3-1이고 그 다음 00이라는 수는 하부그룹에 부여하는 수로 99까지를 부여할 수 있고, 또 하부그룹 밑에는 각 아이템에 해당하는 고유한 수로 999까지를 부여할 수 있어서 거의 무한대에 이른다.

■ **고유번호를 부여하여 관리할 경우의 장점**

① 음료관리의 절차와 양식을 간단화할 수 있다.
② 재고파악을 용이하게 한다.
③ 음료의 구매와 청구 시 이름 대신 코드번호를 이용하므로 시간을 절약할 수 있다.
④ 분석에 도움을 준다.
⑤ 음료 저장고의 내부 구역을 각 아이템에 부여한 코드번호 순으로 배치함으로써 음료의 관리와 취급 등을 용이하게 할 수 있다.

3. 판매지점에서 음료는 어떻게 분류하는가?

판매지점에서 고객을 위하여 준비하는 주류는 일반적으로 사용용도에 따라 다음과 같이 2가지로 구분할 수 있다.

1) Call Brands

고객이 주문할 때 특정한 아이템의 이름을 지칭하여 ○○ 위스키 한 잔 주시오라고 칭하는 아이템을 말한다.

즉 고객 본인이 원하는 아이템을 직접 주문하는 아이템을 일반적으로 Call Brands라고 부른다.

2) Pouring Brands

고객이 주문할 때 특정한 아이템의 이름을 지칭하지 않고 주문하는 아이템을 말한다. 예를 들어 고객이 위스키 한 잔 주시오라고 한다면 서빙하는 종업원은 여러 종류의 위스키 중에서 어느 위스키를 지칭하는지를 모르기 때문에 이 경우는 종업원의 임의대로 한 가지를 골라 서빙하게 되는데, 이때 사용하는 위스키를 Pouring Brands라고 부른다.

Pouring Brands의 경우는 각 그룹에서 가격이 싼 것과 중간인 아이템을 준비하는 것이 일반적이다.

제6절 | 구매, 검수관리(Purchasing Control)

구매관리란 경제적인 가격으로 필요로 하는 양과 품질을 갖춘 식재료를 적절한 시기에 구입하고 원활한 생산활동으로 영업을 활성화하여 수익을 높이고자 하는 식재료관리의 첫 번째 단계이다. 구매는 고객이 지급해야 할 가격결정은 물론, 상품의 질과 수익성에 직접적으로 관련되어 있을 뿐만 아니라 원가관리에도 많은 영향을 미치는 분야이다.

1. 구매부서

식재료의 구매는 조리부서에서의 필요성 또는 구매담당자의 적정재고수준 유지를 위해 구매청구서가 작성되어 구매부서에 전달됨으로써 시작된다. 구매부서는 식재료의 구매, 식재료의 입고 및 출고와 관련된 전반적인 창고관리는 물론, 시장조사, 식재료사용현황 파악, 재고량 조절 등의 업무도 수행한다. 구매부서는 조리사, 지배인, 납품업체 등과 긴밀한 상호 협력관계를 유지해야 하며, 특히 사용자의 식재료에 대한 수요예측관리능력이 필요하다.

구매부서의 역할은 다음과 같다.

① 구매시기, 수량, 품질기준, 가격의 결정

② 식재료 시장조사

③ 시장조사를 바탕으로 한 품목별 구입 여부 판단

④ 결재조건, 결재시기, 반품에 대한 조건 등을 납품업자의 협상

⑤ 구입한 식재료에 대한 효용 및 경제성 평가

2. 표준구매명세서(Standard Purchase Specification)

표준구매명세서는 구입하고자 하는 식재료의 품질, 크기, 중량, 수량 등 그 특성을 자세하게 기록한 양식으로 구매품목에 대한 설계도라고 할 수 있다. 표준구매명세서에 기록된 사항들은 식재료를 청구하거나 수령할 때 구매자, 납품업자, 검수자를 위한 지침 또는 점검표가 되는 유용한 자료로 사용된다. 일반적인 식재료품목이 아닌 특별한 품목을 구입하고자 할 때는 보다 상세한 설명이 명시된 표준구매명세서가 요구된다.

(1) 표준구매명세서에 의한 구매절차

① 적합한 식재료의 등급, 품질, 형태, 단위, 양, 포장방법 등을 결정한다.

② 구매될 식재료 결정사항에 따른 표준구매명세서를 작성한다.

③ 식재료가 도착되었을 때 표준구매명세서에 기록된 내용과 일치하는가에 대한 점검을 한다.

④ 정확한 표준구매명세서의 작성은 구매자와 납품업자 간의 불명확한 의사소통으로 인한 실수를 줄이고, 불필요한 비용지출을 막을 수 있게 해준다.

(2) 표준구매명세서에 의한 구매관리의 장점

① 계획적인 활동으로 신속하고 정확하며, 경제적 · 효율적인 구매행위가 되도록 한다.

② 식재료품목의 표준화 · 규격화로 품질관리기준을 제시한다.

③ 구매자, 납품업자, 실사용자 사이에 명확한 의사소통을 이루게 한다.

④ 구매담당자 부재시 다른 직원이 그 직무를 대신할 수 있도록 해준다.

⑤ 원가관리의 기초자료로 유용하게 사용된다.

3. 검수관리(Receiving Procedure)

검수관리(receiving procedure)란 구매청구서에 의해 주문된 식재료의 품질, 수량, 크기, 가격을 확인하고 일치하지 않는 식재료를 반품시키며, 검수가 끝난 식재료를 적당한 보관장소에 운반하거나 저장하는 것을 말한다.

검수절차(Receiving Procedure)는 배달된 물품의 인수(Acceping) → 물품확인 (Validating) → 서명의 절차(Signing)로 이루어진다. 검수업무담당자는 주문한 물품이 기록된 구매청구서의 사본과 비교하여 주문한 식재료품목 이외에 수량, 품질, 가격도 함께 확인한다. 검수한 식재료내역은 검수일지에 매일 기록하며, 검수가 끝나는 즉시 적절한 저장소나 조리실로 운반한다. 무엇보다 배달과 검수과정에서의 손실을 방지하고 품질을 보존할 수 있는 적절한 통제와 함께 계속적이고 반복되는 절차는 검수과정의 필수이다.

식재료검수는 육류, 생선류, 달걀류, 과일류, 채소류, 냉동식품 등 품목별 검수기준에 근거하여 결정한다. 특히 육류는 다른 식재료보다 비싼 고가품목이므로 검수날짜, 공급업자, 무게, 수량, 가격이 표기된 육류 꼬리표(meat tag)를 부착하여 보관한다.

| 제7절 | 저장, 출고관리 |

식재료는 레스토랑의 자산(asset)이다. 자산이 손실되지 않도록 올바르게 보관할 수 있는 저장시설과 그에 따른 체계적 관리는 필수적이다. 식재료를 저장

하는 창고에는 식재료 각 품목의 특성에 따라 온도가 다른 냉장, 냉동고, 건조 창고 등이 있다. 올바른 식재료의 저장은 식재료의 특성과 사용빈도에 따른 보관위치, 부정유출의 방지 및 보완, 위생상태, 온도 및 습도 등을 관리함으로써 이루어진다.

1. 저장관리(storing)

저장관리는 적정한 장소, 온도 등 적정조건에 식재료를 보관함으로써 최상의 품질을 유지시키고 부패에 의한 손실과 도난을 방지하려는 활동이다. 저장은 검수와 조리업무를 연결하는 역할을 하고 있으며, 생산하고자 하는 음식의 질에 직접적인 영향을 미치는 중요한 업무이다. 특히 저장 중에 발생할지도 모르는 누수에 의한 손실, 직원이나 외부인의 비행으로 인한 손실, 식재료의 변질과 부패에 의한 관리상의 손실을 최소화해야 한다.

2. 출고관리(issuing)

출고관리란 식재료를 검수한 후, 출고청구서에 의해 실사용자에게 직접 전달되거나 조리장의 요청에 의해 저장창고에 있던 식재료가 인출되는 것과 관련된 업무로 원가관리와 재고관리에 필요한 자료를 제공한다. 출고관리의 기본은 선입선출(FIFO : First In, First Out)로서 음식의 품질은 물론, 고객의 안전에도 중요할 뿐만 아니라, 창고에서 손실될 수도 있는 식재료를 효율적으로 관리함으로써 원가관리에도 많은 도움을 주는 방법이다.

제8절 | 재고관리

재고관리는 적정량의 식재료를 보유함으로써 계속적인 생산을 촉진시키고 식재료의 유통량이나 가격의 변동에서 오는 불확실성을 줄이기 위한 활동이다. 재고가 적정량 이하가 될 때는 음식생산의 지연과 고객상실이라는 비용과 손실을 유발시키고, 적정량 이상이 될 때는 과다한 유지비용을 부담하게 만든다. 특히 식재료는 일정기간 내에 판매되지 않으면 상품으로서의 가치가 없어지는 특성을 지니고 있기 때문에 식재료 재고관리는 사실 매우 어렵다.

1. 재고관리의 중요성

① 물품부족으로 인한 생산계획의 차질을 없게 하는 것이다.
② 최소의 가격으로 좋은 질의 필요한 물품을 구매하기 위함이다.
③ 도난과 부주의 및 부패에 의한 손실을 최소화하는 것이다.
④ 생산부문에서의 요구량과 일치하는 수준에서 재고상 최소한의 투자가 유지되도록 하는 것이다.

2. 재고조사방법

많은 재고비용을 지출하면서도 식재료를 보유하고 있는 이유는 필요한 시기에, 필요한 수량을, 필요로 하는 곳에 조달하기 위한 것이다. 예상판매량에 대한 예측과 올바른 구매와 저장, 그리고 정확한 재고파악을 통해 최소의 비용으로 최적의 재고량을 유지할 수 있도록 해야 한다.

식재료의 재고량조사에는 정기재고조사, 임시재고조사, 월말재고조사, 일일재고조사, 창고재고조사, 각 영업장 재고조사 등이 있다. 식재료의 재고량 조사방법으로는 계속재고조사법과 실사재고조사법이 있다.

1) 계속재고조사법

계속재고조사법은 저장실로 유입되는 식재료와 주방으로 출고되는 식재료의 양을 계속적으로 기록함으로써 남아 있는 식재료의 양을 파악하고 적정재고량을 유지하는 방법이다. 이 방법은 언제든지 현재의 재고량과 재고자산을 정확하게 파악할 수 있는 반면, 많은 시간과 노동력이 요구된다. 그러나 구매 결정을 이용하게 하고 원가관리에 도움을 주는 전산시스템의 발달로 과거에 비해 계속재고조사법이 많이 사용되고 있다.

2) 실사재고조사법

레스토랑에서 계속재고조사법을 사용하여 정확하고 계속적인 재고기록을 작성하기에는 현실적으로 많은 어려움이 있다. 실사재고조사법은 계속재고조사에 의한 정확성을 점검하고 계속재고조사법의 단점을 보완하기 위한 것으로, 현재 보유하고 있는 품목과 수량을 기록하는 방법이다.

한 달에 1회 정도 재고조사를 실시한다고 했을 때 실제 사용된 식재료의 양은 '전월재고량 + 당월구매량 = 총구매량'을 구하고, '총구매량 − 당월재고량 = 실제사용된 식재료의 양'을 계산할 수 있다.

3) 재고자산평가

실사재고조사법에 의한 재고량조사와 더불어 현재 보유하고 있는 재고자산의 평가도 할 수 있다.

알·아·둡·시·다

■ 재고자산의 평가방법
① 실제로 그 식재료를 구입했던 단가로 계산하는 실제구매가법
② 특정기간 동안 총구입액을 전체 구입수량으로 나누어 평균단가를 계산하는 총평균법
③ 선입선출법에 따라 가장 최근에 구입한 식품의 단가를 반영하는 선입선출법
④ 선입선출법과는 반대로 최근에 구입한 식품부터 사용한 것처럼 기록하는 후입선출법
⑤ 가장 최근 단가를 이용하여 산출하는 최종구매가법 등이 있다.

CHAPTER **10**

호텔레스토랑의 음료

Food & Beverage Service Management

CHAPTER 10
호텔레스토랑의 음료

제1절 | 음료의 정의와 분류

1. 음료의 정의

술의 역사는 인류의 역사와 함께 전래되어 왔다고 한다. 최초로 발견된 시기나 방법 또는 그 발견자가 확실하지는 않지만 오랜 세월이 지나는 동안 인간은 과실이나 꿀 등이 자연 발효된 것을 발견할 기회는 많았을 것이다. 이러한 과정에서 생긴 쓴맛을 지닌 술(Ethyl Alcohol)은 적어도 7000년 동안 인간의 삶에 많은 영향을 미쳤으며, 많은 사람들이 즐겨 마시고 있다.

알코올을 함유한 음료를 술이라고 하지만 알코올 중에서도 미생물의 발효에 의하여 만들어지는 에틸알코올을 말하며 화학적 합성방법에 의하여 얻어지는 것은 술이라고 할 수 없다.

세계 여러 나라에서 수많은 종류의 술이 만들어지고 있으며 이것은 법적으로 정의나 종류 등이 각 나라마다 다르다.

우리나라 주세법에서 술은 곡류의 전분과 과실의 당분 등을 발효시켜 만든 알코올을 1% 이상 함유하고 있는 음료라고 정의한다.

2. 음료의 분류

일반적으로 음료를 분류할 때 알코올이 함유되어 있는 유무에 따라 알코올성 음료와 비알코올성 음료로 구분하며, 알코올성 음료는 제조방법에 따라 양조주, 증류주, 혼성주로 나누고 비알코올성 음료는 청량음료, 영양음료, 기호음료로 나눈다.

알코올성 음료에는 위스키, 브랜디, 리큐르, 와인 그리고 맥주 등이 있으며, 술의 분류는 제조방법에 따라 양조주, 증류주, 혼성주로 나누어진다.

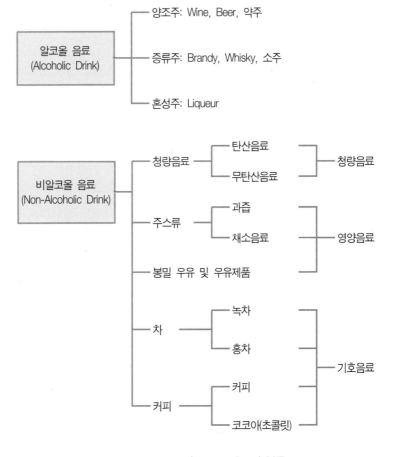

〈그림 12-1〉 음료의 분류

제2절 | 술의 종류

술을 분류하는 방법으로는 제법상 원료별이나 성질별로 구분할 수 있으나, 일반적으로 제법상에 있어서 학술적으로나 상품학적으로 분류하는 방법을 채택하고 있다.

1. 양조주(Fermented Liquor)

효모균(Yeast)에 의해서 전분(Starch)이나 당분(Sugar)을 발효시켜 주정분을 만든 것을 양조주라고 한다.

- 원료별 분류
  - 당질의 원료 : 과실주(Fruits Wine, Apple Wine(cider), Orange Wine, Peach Wine, Sparkling Wine)
  - 전분질의 원료 : Beer, 약주, 청주
    Cocktail의 Base로는 그리 많이 사용되지 않는다.

2. 증류주(Distilled Liquor)

양조주에 있어 효모의 성질상 더 높은 알코올 농도를 얻을 수 없어 이 양조주의 주정을 증류한 술을 증류주라고 하며 보통 Spirit라 한다.

- 원료별 분류
  - 당질의 원료 : Brandy, Curacao, Rum, Etc.
  - 전분질의 원료 : Whisky, Gin, Vodka, KoRyangJoo, Etc.
    Cocktail의 Base로서 기본이 되는 술이다.

3. 혼성주(Compounded Liquor)

이 술은 Liqueurs로서 증류주나 양조주에 풀뿌리, 나무껍질, 과실 등을 혼합하여 감미나 향료로 소정 조미한 술을 말한다. 최초에는 약용이 주된 목적이었으나, 오늘날에는 식후에 소화촉진을 목적으로도 마시며 가끔 식전에 마시는 것도 있다. Cocktail의 첨가물로 중요한 역할을 하고 색채, 감미, 향을 내게 하며 영미에서는 보통 코디알(Cordials)이라고도 한다.

• Liqueur : 자연색의 과실주(향료를 넣은 것)

무색의 식물 리큐르(증류한 것)

| 제3절 | 증류주(Distilled Liquor) |

1. Pot Still(단식 증류법)

Pot Whisky와 Patent Whisky의 혼합물이라고 하는 Malt Whisky는 Pot Still이라는 종래의 원시적인 솥 머리로부터 나온 Pipe 가시관 속에 1회 증류하는 방법으로 단식 증류기의 별명이다.

■ 증류과정
• Barley Green Malt Grist(엿기름) Starch of Grist(엿기름죽)
• Wort(즙) Wash(발효시킨 엿기름) Spirit

2. Patent Still(연속 증류법)

근대적인 연속식 증류기에 의하여 조류와 정류가 여러 개의 탑에 연결된 一組로 순수에 가까운 주정을 얻으며 대량 생산되는 Grain Whisky이다. 이 방법으로 얻은 Whisky가 Patent Whisky로서 Scotch Whisky 배합의 Base가 되고 있다.

3. 증류주의 배합상 3종류

1) Malt Whisky(맥아) 혹은 Malt Spirit

Malt Whisky는 피트탄의 그을음이 배게 한 대맥 맥아(몰트)만을 원료로 한 단식 증류기로 2회 증류한 다음 오크통에서 비교적 장시간 숙성시킨다.

피트 향과 통의 향이 밴 독특한 맛이 나는 위스키는 증류소에 따라 피트 향의 강약, 통에서 밴 향의 강약 등이 있어 증류소마다의 개성을 지니고 있기 때문에 한 증류소만의 원주로 구성되고 다른 증류소의 원주를 한 방울도 브랜드하지 않은 것은 싱글 몰트 위스키로서 별격으로 다룬다. 증류소가 약 100군데 있다.

2) Grain Whisky 혹은 Grain Spirit

Grain Whisky는 곡물(grain)로 만든 Whisky라는 뜻이며, 현실적으로는 옥수수 약 80%에 피트 향을 주지 않은 대맥 맥아 약 20%를 섞어 연속식 증류기라는 정교한 장치로써 고알코올 도수로 증류한 위스키를 말한다. 풍미가 순하고 온순하여 Silent Spirit라 불린다.

대부분 Grain Whisky 자체만으로 상품화되지 않고 Malt Whisky와 적당한 비율로 섞어 Blended Whisky를 만드는 데 이용되며 극히 일부만이 상품화되어 Whisky 애호가들로부터 사랑을 받고 있다.

Rye(호밀), Oat(귀리), Wheat(밀), Corn(옥수수) 등의 곡류에다 Barley(보리)의 맥아를 15~20% 정도 혼합한 뒤 당화 발효하여 Patent Still이라는 개량된 증류방법으로 증류한 것. Canadian Whisky가 이 종류의 Whisky이다.

3) Blending Whisky 혹은 Blended Spirit

Blending Whisky는 Malt Whisky와 Grain Whisky를 적당히 Blending한 것인데 우리가 마시고 있는 Whisky의 대부분이 이 타입이다.

대개 몇 종류에서 20~30종류 이상의 Malt Whisky를 먼저 Blending하여 풍미의 성격을 결정한 다음 한 종류 또는 그 이상의 Grain Whisky를 Blending하여 제품화한다.

이 경우 저장 연수가 오랜 Malt Whisky의 배합 비율이 높은 것일수록 고급품으로 한다.

예컨대 Label에 12 Years old라고 표기되어 있으면 12년 저장의 Malt whisky가 65% 이상 Blending되어 있다고 생각하면 된다.

제4절 | 위스키(Whisky)

미국과 아일리시는 Whiskey, 영국과 캐나다는 Whisky라 하는데 이것은 철자법상의 차이일 뿐 뜻은 같다.

위스키는 주로 곡물인 보리, 옥수수, 호밀 등을 원료로 사용하며 발효과정을 거쳐 단식 증류법과 연속식 증류법을 사용하여 만들어진 증류주로 일정기간 Oak통에 담겨 숙성기간을 보내는데 이 기간에 나무로 된 술통에서 우러나온 액과 증류주가 혼합되어 위스키 특유의 맛과 향 그리고 색이 나게 되며 오랜 기간 저장할수록 짙은 향과 독특한 맛과 짙은 색이 생긴다. 이렇게 숙성기간을 거친 증류주는 물에 희석시켜서 알코올 도수를 낮추어 병에 담기게 되며 이때 중성곡주(Neutral Grain Spirits)를 혼합하여 병에 담기는 위스키를 Blended Whisky라 한다.

위스키는 여러 나라에서 생산하고 있으나 세계에서 품질 좋은 위스키를 많이 생산하는 나라를 소개하면 다음과 같다.

- Scotch Whisky 스코틀랜드
- American Whiskey 미국
- Canadian Whisky 캐나다
- Irish Whiskey 아일랜드
- Australian Whiskey 호주
- Danish Whiskey 덴마크

1) Scotch Whisky(스카치 위스키)

Scotland에서만 생산되는 것으로서 자국의 Barley Grain으로 전통적인 재래식 증류방법인 Pot Still 방법으로 증류한 것이다. 대체적으로 Malt Whisky 60%를 혼합하여 Blended Whisky로 조제한 것이며 3년 이상 저장하여 완숙한 것으로서 보통 80~86Proof의 주정 도수를 가지고 있다. Scotch의 특수한 것은 발아된 보리를 이탄불로 건조하여 나오는 Smoky Flavor이다.

일찍이 아일랜드가 스페인으로부터 증류법을 도입한 이후 아일랜드의 수도사가 서부 스코틀랜드에 증류기를 설치하면서부터 증류주의 생산이 가속화되었다.

위스키(Whisky)라는 말은 게일어로 Uisge Betha에서 유래되었으며 뜻은 생명의 물(Water of Life)이라는 뜻이다.

이렇게 만들어져 오던 증류주는 스코틀랜드 정부가 1643년 증류주 제조업자에게 과중한 세금을 부과시키자 제조업자들은 세무 당국의 눈을 피하여 Highland 깊은 계곡에서 밀주를 만들게 되었다.

원주민과 애주가들의 보호를 받는 제조업자와 정부 당국 간에 많은 마찰을 빚게 되는데, 이러한 마찰은 19세기 초까지 이어지며 이것을 '오랜 기간 정부와의 싸움(Long Running Battle)'이라 한다.

이때까지만 해도 단식 증류법으로 생산해 오던 Whisky를 1826년 스코틀랜드인 Robert Stein씨가 연속 증류기를 처음 고안하여 설계한 것을 Aeneas Coffey씨가 부족한 부분을 개량하여 1831년에 특허를 받은 증류기라 하여 Patent Still(Continuouse Still)이라고 현재까지 전해지고 있으며, 또 다른 일설에는 Coffey Still이라고도 한다.

이러한 연속 증류기가 발명되면서 위스키에 새로운 혁명이 일어나 대량생산이 가능하게 되었고 연속 증류기로 생산한 Neutal Grain 중성곡주(Spirits)는 알코올 농도가 100%의 순수한 에틸알코올로 맛이 연하고 부드러워 위스키를 만들 때 Malt위스키와 함께 Blending하여 전보다 부드러운 맛이 나는 질이 좋은 위스키를 생산하게 되었다.

스카치의 독특한 맛은 많은 양의 토탄이 묻혀 있는 지하에서 나오는 지하수와 발아된 맥아에 토탄을 태워서 건조시키는 것과 Sherry를 담아두었던 Oak통에 증류시킨 원액을 저장하여 Oak통 안에서 액이 혼합되어 특이한 맛을 내게 되었다.

　Sherry를 저장하였던 Oak통을 사용하게 된 시초는 깊은 계곡에서 밀주를 제조한 업자들이 위스키를 운반하기 위하여 Sherry를 담았던 통에 넣어서 판매지에 도착하여 맛을 보니 생산지에서 맛보다 더욱 좋은 맛이 나므로 이상하게 여겨 연구한 결과 Sherry통에서 우러나온 액이 맛을 좋게 만든 결과라는 것을 알게 되어 이때부터 증류된 스카치 원액을 Sherry통으로 사용하였던 Oak통에 저장하게 되었다.

2) Scotch Whisky의 제조과정

(1) 맥아 제조(Malting)

　보리를 물에 담가서 2~3일간 불린다. 물에 불린 보리를 따뜻한 콘크리트 바닥에 펼쳐놓고 적정한 온도와 습도를 맞추어 8~10일간 발아시킨다.

　파랗게 싹이 난 보리(엿기름)를 Green Malt라 하며 이 과정에서 당분과 효소가 생기는데 이것은 발효시키는 데 결정적인 역할을 하게 된다.

　발아된 Green Malt는 토탄(Peat)을 태워 그 연기로 맥아를 건조시키는데 이것이 스카치의 독특한 맛을 내는 결정적인 원인이 된다.

　곡류 맥아의 Diastase(효소, 효모균)를 당화하여 그 당액을 발효시켜 이것을 증류하여 만든 최저 190Proof의 증류주를 Sherry의 빈 Oak Barrels에 넣어 5년, 10년, 30년 저장하여 숙성시킨 다음 80Pr~86Pr로 하여 병에 넣어 시판한다.

- Scotch Whisky : Scotland에서 증류한 것
- Irish Whiskey : Ireland에서 증류한 것
- Canadian Whisky : Canada에서 증류한 것
- Bourbon Whiskey : America에서 증류한 것

(2) 매싱(Mashing)

　건조된 맥아를 제분기로 갈아서 분말로 만들어 큰 매시통(Mash Tun)에 끓는

물과 함께 넣고 잘 저어서 끓여준다.

이 과정에서 효소와 당분이 우러나게 되며 이렇게 만들어진 맥아즙을 Wort 라 하며 냉각시켜서 발효통으로 넘겨진다.

(3) 발효(Fermentation)

Wort는 10,000~45,000리터의 대형 발효조에 넣고 부족한 당분과 이스트 (Yeast)를 첨가하여 약 3일간 발효시키면 알코올 도수가 낮은 액체가 되는데 이것을 Wash라 하며 이렇게 만들어진 Wash는 다음 단계인 증류기로 넘겨 진다.

(4) 증류(Distillation)

증류는 단식 증류법으로 증류시키며 2~3회 반복 증류시킨다.

Wash를 증류기에 넣고 불을 피워 열을 가하면 기체화된 Wash는 냉각기를 거치는 동안 액체로 변한다.

이렇게 액체화된 것이 Malt Whisky의 원액이며 처음 증류한 원액은 알코올 도수가 30~40도로 낮아 다시 증류하게 되는데, 1차 증류가 끝나면 증류기 안에 있는 모든 찌꺼기를 제거시키고 2차 증류를 하면 알코올 도수는 20~25도 정도 더 높아진다.

2차 증류 시 처음 나온 액체와 마지막에 나온 액체는 알코올 도수가 낮아 다음에 증류하는 Wash와 함께 증류하게 된다.

(5) 숙성(Maturation)

증류를 마친 원액은 Sherry를 담았던 Oak통 또는 미국산 Oak통에 담겨져 숙 성기간을 보내게 되는데, 최하 3년 이상을 거치게 되며 숙성과정에 Oak통에서 우러나온 액과 색이 스카치에 독특한 맛과 향을 만들어낸다.

숙성기간은 대부분 4년 이상을 거치게 되며 오랜 기간 숙성시키면 오래될수 록 품질이 좋아져 30~50년 숙성시키기도 한다.

(6) 블렌딩(Blending)

Blending은 매우 중요하다. 오랜 경험과 고도의 맛과 향을 식별할 수 있는 기술자에 의하여 혼합되며, 제조회사마다 자사 제품의 독특한 맛과 향이 계속 똑같이 유지되어야 하기 때문이다. 숙성기간을 거친 Malt Whisky는 물과 희석시켜서 병에 담기기도 하지만, 많은 Whisky는 Neutal Grain Whisky(중화곡주 또는 중성곡주라고 함)를 혼합하여 병에 담기는데 이렇게 혼합한 Whisky는 Blended Scotch Whisky라 하며 Grain Whisky를 혼합하지 않은 Whisky는 Malt Whisky라 한다.

Single Malt Whisky는 한 증류소에서 생산한 Malt Whisky를 Grain Whisky와 혼합하지 않은 것을 말한다.

Malt Whisky는 짙은 맛이 나며 Blended Whisky는 연하고 부드러운 맛이 난다. Highland Malt Whisky는 80여 개 증류소에서 생산하며 맛이 연하고 부드러워 품질이 우수하며 Lowland Malt Whisky는 짙은 맛이 강하며 품질이 약간 낮은 것으로 10여 개 증류소에서 생산한다.

Islay Malt Whisky는 스코틀랜드 서쪽에 위치한 Skye섬에서 생산하며 Malt에 강한 맛과 Peat탄에 냄새가 약간 나는 짙은 맛의 Whisky이다.

제5절 | 브랜디(Brandy)

1. Brandy의 어원

어원은 17세기에 코냐크 지방의 와인을 폴란드로 운송하던 네덜란드 선박의 선장이 험한 항로에서 화물의 부피를 줄이기 위한 방법으로 와인을 증류한 것을 네덜란드어로 Brandewine, 즉 Brunt Wine이라 부른 데서 기원한 것으로 이를 프랑스어로 Brande Vin이라 하고 이 말이 영어화되어 브랜디라 불리게 되었고 이를 힌트로 프랑스의 후작 le Croix에 의해 2차 증류에 의한 본격적인 브랜디 생산방법이 개발되었다. 특히 코냐크(Cognac) 지방의 것이 세계적으로 유명하며, 이 지방에서 생산된 브랜디만을 코냐크(Cognac)으로 부르도록 법의 제재를 받고 있다.

코냐크는 우선 포도주를 만들고 이것을 스카치위스키와 같은 방법으로 구식의 포트·스틸(Pot Still) 증류솥으로 두 번 되풀이하여 증류시킨다. 솥에서 나왔을 때는 주정도가 60%로 무색투명의 액체이지만, 이것을 다시 참나무통에 담아 오래두면 참나무통의 색과 나무에서 나오는 타닌(Tannin)으로 인하여 향기와 색이 붙어 아름다운 갈색으로 되는 것이다.

브랜디는 숙성 정도가 중요하다. 왜냐하면 방향성 유산액체(Furfural), 알데히드(Aldehyde) 및 에스테르(Ester) 등이 사람의 신체에 해를 끼치므로 저장기간이 길수록 인체에 대한 해가 적어지고 술의 질도 우량해진다.

포도주를 증류하여 브랜디를 만들 때 그 용적은 반 가까이로 줄고, 남아돌던 포도주도 쉽게 처리할 수 있었다. 같은 브랜디 종류 가운데서 코냐크와 비교할 수 있는 것으로 Armagnac이 있다. 보르도의 남쪽 피레네산맥 부근이 그 산지이며 대부분의 상품이 호리병형의 유리 또는 도기병에 들어 있다.

2. Brandy의 창시

Brandy의 창시자는 스페인 태생 의사이자 연금술사인 Arnaud de Villeneuve (1235~1312년)로서 Wine을 증류하여 Vin Brule라고 하는 증류주를 만들어 불사의 영주라고 이름을 붙여 의약품으로 판매하였다고 한다.

프랑스에서는 부정경쟁이나 허위표시의 방지와 증류업을 보호하기 위하여 법률을 제정하여 명칭이나 원산지의 명칭을 보호하며 생산지의 명칭관리가 특히 엄정하여 이 지역 이외의 것에는 Cognac의 명칭 붙이는 것을 허가하지 않고 있다.

■ Brandy의 원료와 제법

Brandy의 원료로 사용하는 포도는 Brandy 생산지에 따라 다르다. 프랑스에서는 Folle Blanche종(폴 블랑슈종), Saint Emillion종(생테밀리옹종), Colombar종(콜롬바르종)이 주로 되어 있으며 그 외 5종류가량의 품종이 있다. Brandy는

2회 내지 3회 증류한다. 최초의 증류는 Alcohol분이 25%이며 이것을 Brouillis (브루이)라고 한다. 이것을 다시 증류하여 Alcohol분 68~70%를 얻는다. 이것을 Bonne Chauffe(본느 쇼후)라고 한다. 이렇게 2단계로 나누어 증류하면 평균 8통의 백포도주에서 1통의 Brandy가 증류된다. 여기에서 더 좋은 품질의 Brandy를 얻으려면 또 한번 증류한다. 이 3번째 증류는 10시간 이상 걸리므로 천천히 행한다. 이 Brandy는 무색이고 Gin과 흡사하다. 호박색인 Brandy는 Oak Barrel이나 Sherry의 오래된 통에 10년간 저장해도 좀처럼 그런 색이 나오지 않아 캐러멜 등으로 인공착색하기도 한다.

3. Brandy의 등급 표시

저장연수에 따라 품질이 다르기 때문에 여러 가지 부호로써 품질을 구별하기 위해 표시하고 있으나, 법률상의 규제에 의한 것은 아니며 각 회사마다 표시가 일정치 않다. 이것은 Hennessy사에서 1865년에 자기 회사 제품의 급별과 품질보증을 위하여 별표시를 채용하기 시작하였다. Brandy 급별 표시의 기호는 별의 수나 영어단어의 약자로 표시되어 있다.

〈표 12-1〉 브랜디의 등급 표시

3 star	3년 이상 숙성
5 star	5년 이상 숙성
V.O	10년 이상 15년 숙성
V.S.O	15년 이상 20년 숙성
V.S.O.P	20이상 25년 숙성
Napoleon	25년 이상 30년 숙성
X.O와 Cordon Bleu	30년 이상 35년 숙성
Hors d'Age	35년 이상 40년 숙성
Extra와 Paradise	40년 이상 45년 숙성
루이 13세	70년 이상 100년 숙성
V : Very S : Superior O : Old P : Pale X : Extra	

Cognac으로 유명한 Maker인 Hennessy사에서는 3성을 Bras Arme(브라 자르 므)라고 표시하고 있으며 Remy Martin사에서는 Extra 대신에 Age Unknown이 라는 표시를 사용하고 있다. Martell사에서는 V.S.O.P에 해당하는 것을 Medaillion (메다이욘)이라 부르고 있다. 이외에 Cognac에는 Napoleon이라고 표시되어 있 어 최고급품이라고 잘못 생각하는 이도 있다. Napoleon 표시는 저장연수와는 아무런 관계가 없다.

4. Cognac 지방

Cognac 지방은 Charente(샤란트)지구와 Charente Inferieur(샤란트 앙페류르) 지구에 속한 France 법률에 따라 나눈다.

> ① Grande Champagne(그랑 샹파뉴)
> ② Petite Champagne(프티 샹파뉴)
> ③ Boderies(보르드리)
> ④ Fins Bois(팡 부아)
> ⑤ Bois Ordinaires(부아 조르디네르)

이 지역에서 만드는 Brandy만을 Cognac이라고 표시하도록 허가하고 있다. 제일 위의 2개 지역에서 우량한 Brandy를 생산하고 있다.

브랜디는 한마디로 포도를 원료로 하여 만든 와인을 단식 증류법으로 두 번 반복 증류시켜서 Oak통에 넣어서 일정기간 숙성시킨 것으로 세계 여러 나라에 서 생산하며 포도가 아닌 다른 과일로 만든 Brandy를 Eau-de-Vie와 Flavored Brandy로 분류한다.

포도가 아닌 다른 과일로 만들었을 경우 반드시 과일 이름을 병에 기재하게 되어 있다. Brandy는 세부적으로 분류하면 다음과 같다.

5. Cognac(코냑)

코냑은 프랑스 중서부 지역에 위치한 서해안 상업도시의 이름이며 이 지역에서 생산한 Brandy만을 Cognac이라 부르며, 다른 지역에서 생산한 Brandy는 Cognac이라는 이름을 붙이지 못한다.

그래서 모든 코냑은 Brandy라 부를 수 있어도 모든 브랜디는 코냑이라고 부르지 못한다.

코냑은 7개 지역에서 생산하며 품질 순으로 소개하면 다음과 같다.

① Grand Champagne(그랑 샹파뉴)
② Petite Champagne(프티 샹파뉴)
③ Borderies(보르드리)
④ Fins Bois(팡 부아)
⑤ Bons Bois(봉 부아)
⑥ Bois Ordinaires(부아 조르디네르)
⑦ Bois A Terroire(부아 아 테루아)

Remy Martin Cognac 라벨에 보면 Fine Champagne이라 기재된 것이 있는데 이것은 품질이 우수한 Cognac을 생산하는 2개 지역 Grand Champgne과 Petite Champagne을 혼합하여 병에 담긴 것이다.

6. Cognac의 종류

① Bisquit(비스키)
② Bowen(보엔)
③ Camus(카뮈)
④ Chabasse(샤바쓰)
⑤ Charpentier(카펜터)
⑥ Courvoisier(쿠르부아지에)
⑦ De Luze(드 루즈)
⑧ Hennessy(헤네시)
⑨ Landy(렌디)
⑩ 라슨(Larsen)
⑪ Louis 13(루이 13)
⑫ Martell(마르텔)
⑬ Otard(오타드)
⑭ Reanult(레눌트)
⑮ Remy Martin(레미 마르탱)

7. Armagnac(알마냑)

아르마냐크는 코냐크 지방 남쪽에 위치하고 있으며 이 지방에서 생산하는 Brandy만을 Armagnac이라고 한다.

알마냑은 코냐보다 약간 짙은 맛이 나기는 하지만 유명하면서도 널리 알려지지 않은 이유는 생산량이 적기 때문이며 다음 3개 지역에서 생산한다.

8. Armagnac의 종류

① Bas Armagnac
② Tenareze
③ Haut

9. Eau-de-Vie(오드비)

오드비(Eau-de-Vie)는 프랑스어로 Brandy라는 뜻이며 프랑스 Alsace 지방에서 과일을 발효시켜서 증류한 증류주를 유리병이나 옹기 그릇에 넣어 일정기간 숙성시키므로 무색 투명한 Alcohols Blance(White Alcohols)라 하였으며 알코올 농도가 Liquer보다 높다.

그러나 현재는 유럽 여러 나라에서 생산하고 있으며 많은 애주가들로부터 호평받고 있고 품질이 좋은 것은 Oak통속에 넣어 10~30년의 숙성기간을 거치는데 이 과정에서 Oak통에서 우러난 액과 증류주가 혼합되어 색은 황갈색으로 변하고 맛과 향이 더욱 좋아지며 원료의 원액을 첨가하여 주기도 한다.

오드비는 원료로 사용하는 과일의 종류에 따라 이름이 다르며 원료 분량에 비해 생산되는 양이 적어 가격이 비싼 편이며 마실 때에는 주로 냉각시켜서 Straight로 즐겨 마신다.

오드비에 사용되는 재료는 다음과 같다.

사과(Apple), 살구(Apricot), 월귤나무열매(Bilberry), 초록색 자두(Blue Plum), 체리(Cherries), 용담(Gentian), 복숭아(Peaches), 배(Pears), 나무딸기(Strawberry), 야생딸기(Wild Strawberry), 황색자두(Yellow Plum) 이외 여러 종류가 있다.

제6절 | 진(Gin)

1660년 네덜란드 라이덴 대학의 의사인 실비우스 박사가 약주로 개발한 것이 시초이며, 실비우스 박사는 술에 주니퍼 베리(두송나무 열매)를 담아 해열제로 약국에서 판매하였고, 명칭은 주니퍼 베리(프랑스어로 주니에브르)를 따서 주니에 브르와인이라 하였다.

17세기 영국으로 건너가 진으로 바뀌었다.

원료는 옥수수, 대맥, 라이보리 등으로 고농도의 알코올을 만들고 주니퍼 베리, 코리앤더(Coriander 고수풀 미나리과), 시드(Seeds), 감귤류의 과피, 그 밖의 스파이스 등으로 향기를 내며, 통 숙성을 하지 않으므로 무색투명하다. 이렇게 만들어진 Gin은 처음 만들어진 의도와는 달리 신장병 치료제보다 애주가들에게 술로 더 많은 호평을 받게 되었으며 17세기 초 영국의 튜더(Tudo) 왕조 때 종교전쟁에 참전하였던 영국 병사들이 귀향하면서 Gin을 가지고 와 급속도로 영국에 전파되었으며, 이 술을 마시면 용기가 난다 하여 Dutch Courage라 하였고, 1831년 연속 증류기가 발명되면서 Gin은 대량 생산이 이루어졌으며 품질이 좋아지고 가격은 저렴하게 판매되자 영국의 가난한 노동자들이 스트레스를 풀며 용기를 내기 위하여 많이 마시게 되었다.

1. Gin의 분류

(1) Dutch Geneva : Holland에서 만든 것으로 Geneva or Schiedam이라고도 한다.

(2) British Gin : 영국에서 만든 GIN을 총칭하며, 보통 London Dry Gin이라고도 한다.

(3) Flavored Gin : Juniper berry의 향을 가미한 Liqueur이다.

2. Gin의 제법

영국Gin : 옥수수, 대맥 맥아, 그 외 다른 곡류(Rye, Oat)와 당밀을 배합하여 Mash(엿기름물)를 만들고 발효하여 Patent Still로 증류하여 Alcohol분 180~190 Proof의 순수한 Grain Spirit를 얻는다.

이 증류액을 물로 약 60%까지 섞어 Juniper Berry와 그 외 다른 향료와 같이 Pot Still로서 재증류하여 알코올성분이 높으므로 재차 증류수를 타서 40~47.5° (80pr~95pr)로 하여 즉시 병에 넣는다. 이상의 Gin은 Distilled Gin이며 Gin Essence 등 Gin용의 정유를 구입하여 Alcohol에 가하여 간단한 제품으로 만드는 것을 Compound Gin이라 한다.

이것은 주로 미국에서 많이 사용하고 있다. Gin은 무색투명한 술로서 Dry Gin과 Old Tom Gin(당분 2% 정도)으로 나눈다.

3. Gin의 종류

① Holland
  • Dutch Genever : Hulst Kamp
  • Schnaps Dry Gin : De Kuyper, Bols
② England
  • Dry Gin : Booth's Beefeater, Gordon's
           Anqueray's, Boord's, etc.
  • Old Tom Gin : Gordon's, Booth's, etc.
③ America
  • Distilled Gin : Hinam's Walker, Fleischmann's, Schenley, etc.
  • Compound Gin : Schinkenhager, Steinhager

제7절 | 럼(Rum)

17세기경 서인도 발바도스라는 섬에서 Rumbullion(람바리온) 혹은 Rumbustion (람바숀)이라고 하는 이름의 약자라는 설과 데본시아의 방언에서는 괴동이나 흥분이라는 의미라는 설이 있으나 명확치는 않다. Rum의 원료인 사탕수수의 라틴어 Saccharum의 어미 Rum에서 나왔다는 설이 가장 유력하다.

16세기 초 콜럼버스(Columbus)가 사탕수수(Sugar Cane)를 서인도제도에 보급시켜 재배하면서부터 카리브해 연안까지 급속도로 경작지가 확대되었다.

17세기에 들어서면서 사탕수수에서 원액인 결정당을 분리한 나머지 당밀 (Molasses)을 이용하여 술을 만들어 마셔오다 1647년 서인도제도(West Indies) 에서 증류기를 이용하여 만든 것이 시초이다.

럼주는 마시면 흥분시키는 요소가 있어 노예시절에는 농장에서 힘든 노동을 하는 노예들에게 노동의 능률을 높이기 위하여 럼주를 먹였으며 흥분제, 소독 제, 살균제, 마취제 등 의약용으로도 많이 사용되어 왔다. 해적들이 다른 배를 공격할 때 미리 럼주를 마시고 흥분된 상태에서 공격하였으며 영국 해군에서 는 오랫동안 항해를 하는 수병들의 괴혈병 예방과 치료제로도 약 300년 동안 사용하여 왔다. 이러한 럼주는 황금의 술(Rumbullion) 또는 악마를 쫓는 술(Kill Devil)이라 하였으며 럼주에다 물을 타서 마시는 것을 Grog이라 한다.

당시에 영국 해군함대 사령관이었던 Edward Vemon 제독은 거친 피륙(Gorgram) 으로 만든 외투를 입은 채 Grog을 마시면 비틀거리곤 했다. Groggy상태라고 하는 말은 이때부터 유래되었다 한다. 영국 정부는 1917년부터 증류를 마친 럼 주는 숙성기간이 3년이 되지 않으면 판매할 수 없게 했다.

럼주는 사탕수수를 재배하는 모든 나라에서 생산하며 세계에서 가장 많이 생산되며 소비 또한 가장 많은 술이다. 색이 무색투명한 럼을 white Label(Light Bodied 또는 Light Rum)이라 하며 맛이 연하고 부드러워 현재 가장 많이 유행되고 있는 Tropical Drinks에 많이 사용되고 있으며 Gold Label(Gold Rum)은 연한 갈색에 깊은 맛이 나며 Dark Rum은 짙은 갈색에 맛과 향이 매우 강하게 난다.

럼주는 숙성기간이 보통 6개월에서 1년이면 병에 담겨지지만 품질이 우수한 것은 15년 동안 Oak통에서 숙성시키기도 한다.

1. Rum의 원료와 제법

원료는 고구마나 사탕수수이나 오히려 사탕공업의 부산물로서 당밀과 사탕수수즙의 가운데 있는 Skimming(걷어낸 크림)을 사용한다.

사탕수수를 압착하여 얻은 액에 효모를 가하여 발효시켜 증류한 독특한 강한 냄새를 가진 Spirit으로서 Sherry주의 빈 통에 넣어 수년간 저장하여 시판한다.

미국 법률로는 증류 후 4년간 저장하지 않으면 판매를 금지하고 있다. 주정도수는 약 50도 전후이며 가이아나의 Demerara Rum은 품질보다 주정도수가 75도로 높은 것으로 이름 난 것도 있다. 영령인 서인도 여러 섬의 것이 유명하며 자메이카 Rum은 품질이 우수하다.

2. Rum의 종류

Rum은 3종류로 나눈다.
① Heavy Rum : 색이 짙은 갈색으로 맛이 탁한 자메이카산
② Medium Rum : 중간색의 것으로 가이아나 마루치닛크산
③ Light Rum : 연한 색으로 트리니다드토바고, 쿠바, 푸에르토리코산으로서 무색에 가까운 것이다.

제8절 │ 보드카(Vodka)

현재의 Vodka는 옥수수를 쓰기도 하고 감자를 쓰기도 하는데, 당시 러시아 땅에는 이식되지 않아 원료로 쓰는 것이 불가능하였다.

보드카라는 명칭은 즈이네니야바다(생명의 물)가 애칭형인 보드카로 변한 것이라 한다. 18세기경까지는 주로 라이보리로 만들어졌는데 그 후 대맥이라든가 아메리카 대륙에서 유럽으로 전해진 옥수수, 감자 등도 쓰이게 되었다.

활성탄 여과법을 사용 무색·무미·무취가 특색인 술 Vodka는 러시아 등 슬라브 민족이 애음하는 국민주로 알려져 있다. 어원은 러시아어의 Vodka(우오다), 영어의 Water와 비슷한 것으로 생명의 물이라고 불리는 Whisky나 Brandy와 같은 뜻으로 해석된다.

보드카는 12세기 때 발트해(Baltic) 연안국인 러시아(Russia), 폴란드(Poland), 핀란드(Finland), 라트비아(Latvia), 리투아니아(Lithuania), 에스토니아(Estonia) 등 여러 나라에서 감자를 원료로 하여 만든 것이 시초이며 정확하게 어느 나라에서 처음 만들었다는 자료는 없다. 다만 러시아와 폴란드에서 만든 것으로 전해지고 있다. 제1차 세계대전 이후 여러 나라에 알려지게 되었고 1940년대부터 곡물을 원료로 하는 연속식 증류방법으로 대량 생산하게 되었다.

보드카가 처음 증류되었을 때에는 90~95도의 높은 알코올로 자작나무를 태워서 만든 숯을 이용한 여과기에 넣고 여러 번 반복하여 여과시키는데 여과 횟수가 많을수록 품질 좋은 보드카가 된다.

보드카는 증류주 종류로는 생산하기가 가장 간편하고 쉬워서 여러 나라에서 생산한다.

1. 제조법

원료는 감자나 다른 곡류를 사용하며 발효한 뒤 증류하여 만든 알코올을 백화의 활성탄과 양질의 모래로써 40~45회 정도 여과하여 투명하게 한 色, 味, 香이 없이 만든 것이 Vodka이다.

2. Vodka의 종류

① Russian Vodka : Moskouskaya, Stolichnaya

② American Vodka : Smirnoff, Samovar, Hiram's Walker

③ Holland Vodka : Bols, De Kurper

④ England Vodka : Gilbey's, Gordon's

| 제9절 | 테킬라(Tequila) |

테킬라는 용설란을 원료로 하여 멕시코에서 만든 술이며 원료로 사용되는 용설란은 다음과 같이 여러 가지가 있다.

Blue-Green Agave, Century Plant, American Aloe, Maguey, Blue-Mazcal(Mescal) 등을 원료로 사용하며, 이 중에서 Agave와 Mezcal을 주로 많이 사용한다.

Agave는 8~10년간 자란 것을 원료로 사용하며 하나의 무게가 25~115kg까지 되며 이렇게 자란 Agave의 길고 뾰족한 잎을 잘라내면 마치 파인애플 같은 모양에 농구공처럼 둥글다. 이것을 파인애플 모양 같다 하여 Pina라고 부르며 이러한 피나를 잘게 썰어서 약 6~7시간 쪄서 냉각시킨 다음 프레스기에 넣고 원액을 짜낸다.

이렇게 짜낸 원액을 큰 발효통에 설탕과 이스트를 함께 넣고 약 3일간 발효시킨다. 이렇게 발효된 것을 Pulque라 하는데 알코올 도수가 5~6도로 색과 맛이 한국의 막걸리와 비슷하며 그냥 마시기도 한다. 발효된 Pulques는 단식 증류법으로 두 번 반복하여 증류하게 되며 이렇게 증류한 술을 Mezcal이라 부른다.

Tequila는 Mezcal과 같은 것이며 Tequila 지방에서 생산한 것만 Tequila라 부르며 다른 지방에서 생산한 것은 모두가 Mezcal이라 부른다.

Agave로 생산한 Tequila는 품질이 우수하다 하여 100% Agave라 표시되어 있다. Tequila는 증류가 끝나면 3년 이상을 숙성시키는데 숙성시키는 방법에 따라 색이 구분된다.

(1) White or Silver(화이트 또는 실버)

증류를 마친 Tequila는 속에 밀랍(Wax)을 바른 40,000리터짜리 대형 술통에 넣고 3년 이상의 숙성기간을 거친 후 병에 담긴다. 이것은 무색 투명하며 테킬라 호벤(Tequila Joven)이라고도 한다.

(2) Gold Anejo, Aged(골드 아녜호)

3년 이상을 Oak통에서 숙성되어 오는 동안 술통에서 우러나온 액이 연한 황색을 낸다. 품질이 좋은 것은 10년 이상을 숙성시키기도 하며 테킬라 아녜하도(Tequila Anejado)라고도 한다.

(3) Aquavit(아쿠아비트)

북유럽에 있는 스칸디나비아 반도(Scandianvian) 3개국 노르웨이, 스웨덴, 덴마크에서 생산되며 처음 만들어진 것은 감자를 원료로 하여 약 400년 전에 만들기 시작하였다.

현재는 감자와 곡물로 생산하며 증류과정에 부재료로 회향풀(Fennel), 감귤(Citrus), 생강종류(Cardamon), 아니스(Anise) 등을 첨가하여 맛과 향이 매우 독특하며 이 술을 마시는 방법은 칵테일을 만들어서 마시기보다 차게 냉각시켜서 캐비아(Caviar; 철갑상어알)를 곁들여서 마신다.

Aquavit와 같은 종류의 술로는 Akvavit, Akevit가 있다.

Arrack, Arak, Araak(아라크)는 주로 동남아지역에서 많이 생산하며, 만드는 원료로 사용되는 재료는 쌀을 비롯하여 여러 가지 과일과 당밀 등을 다양하게 사용하며 맛과 향도 다른 것이 많다. 이 술도 일정기간 숙성시키기도 한다.

(4) Grappa(그라파)

이탈리아에서 포도에 과육을 빼고 남은 포도껍질을 원료로 하여 만든 술이며 Invechiata와 Stravecchia 두 가지가 있는데 Stravecchia는 Invechiata보다 더 오랜 기간 숙성시킨다.

(5) Marc(마르크)

발효된 포도주를 걸러낸 찌꺼기를 원료로 하여 만든 Brandy 종류이다. 프랑스 Burgundy 지역에서 생산하며 Champagne을 만들고 남은 찌꺼기로 만든 것은 품질이 우수하다.

(6) Okolehao(오코레하오)

하와이에서 쌀, 타로토란, 당밀 등을 원료로 하여 만든 증류주이다.

(7) Ouzo(오우조)

아니스(Anise)의 맛과 향이 강하게 나는 그리스의 국민주이며 사이프러스에서도 생산한다. 단식 증류법으로 두 번 증류하며 재료에 아니스와 여러 가지 Herbs를 원료로 사용한다.

(8) Pisco(피스코)

피스코는 페루의 한 도시 이름이며 포도주를 만들고 남은 찌꺼기로 만든다. 남미에서 많이 알려진 증류주로 칠레에서도 생산한다.

제10절 혼성주(Compounded Liquor, Liqueur)

리큐르(Liqueur)라고 불리는 혼성주(Compounded Liquor)는 세계 여러 나라에서 생산하며 자국에서 생산하는 식물을 원료로 많이 사용하여 맛과 향이 다양하며 단맛이 풍부하여 식사 후 입가심과 소화를 돕는 데 많은 효력이 있으며 일부는 약용으로 개발되어 해열, 진정, 강장, 살균제 등으로 개발되기도 하였다.

사용되는 원료로는 여러 가지 증류주에 식물의 꽃, 잎, 줄기, 열매, 뿌리, 씨, 껍질 등이며, 특히 수십 종의 Herbs(약초 종류)를 원료로 많이 사용하여 만든 것으로 유명하다. 미국과 영국에서는 Cordial로 부르기도 한다.

1. Liqueur

Liqueur는 Spirit에 과실, 과즙, 약초 등을 넣어서 사탕이나 그 외 다른 감미료나 착색료 등을 첨가하여 만든 혼성주이나 프랑스에서는 Liqueur, 독일에서는 Likor라고 하며 영국과 미국에서는 Cordial이라고 한다. 리큐르를 최초로 만든 사람은 Arnaud de Villeneuve(아르노드 비르누브, 1235-1312)와 그의 제자 Raymond Lulle(레이몬 류르, 1235~1312)라고 알려져 있다. 처음에는 자극제나 소화촉진 및 의약용으로 사용하였다.

2. Liqueur의 제법

제법은 크게 여과법, 침전법, 증류법, 향료첨가법의 4가지로 대별한다.

① 여과법에 의한 리큐르

추출법(Extaction): 싱싱한 원료를 프레스 공법으로 원액을 뽑아내어 설탕과 함께 증류주에 배합하여 만드는 방법이다

Apricot Brandy, Peach Brandy, Creme de Cassis, etc.

② 침전법에 의한 리큐르

침지(출)법(Infusion): 증류주에 원료인 식물에 침전시켜 맛과 향이 우러나게 하는 방법으로 생산과정이 오래 걸린다.

Orange Curacao, Cherry Brandy, Creme de Cacao, Sloe Gin, etc.

③ 증류법에 의한 리큐르

증류법(Distill): 원료를 발효시킨 다음 단식 증류법으로 생산하며 증류과정에서 없어진 맛과 향을 보충하여 준다.

White Curacao, Kummel, etc.

④ 향료첨가법 혹은 Essence법에 의한 리큐르

　　Creme de Menthe, Virdette, Rose, etc.

3. Liqueur의 계통

리큐어의 계통을 보면 果物류, 種子류, 香草류, 果皮류, Creme류, 그 외 달걀이나 동물의 母乳 등을 사용한 것들이다.

4. Liqueur의 급별 표시

리큐어의 라벨에 Creme이라는 문자가 있는데 크림 소스라는 의미가 있으며 프랑스 리큐르업자의 단체가 자국산의 리큐르를 세계적인 신뢰도를 유지시키기 위하여 붙인 리큐르의 급별 표시에서 온 것이다.

1. Sur Fines

2. Fines

3. Demi Fines

4. Ordiaire

상기의 4단계로 나누며 Fines급의 것을 Creme라고 한다.

5. 리큐르의 분류와 제법

① 약초 향초(Herbs and Spices)

　　아니제트(Anisette)·캄파리(Campari)·페퍼민트(Peppermint)

② 과실(Fruits)

　　큐라소(Curacao)·체리브랜디(Cherry Brandy)·카시스(Cassis)

③ 종자(Beans and Kernels)

　　아마레토(Amaretto)·카카오(Cacao)·바닐라리큐르(Banilla Liqueur)

④ 특수(Specialities)

　　에그 브랜디(Egg Brandy)·크림리큐르(Cream Liqueur)

프랑스에서는 우선 알코올 15% 이상, 당분 20% 이상인 술에 리큐르라는 호칭을 허용하고 있다. 당분이 많더라도 알코올분이 15% 미만이면 리큐르가 아니고 아페리티프로 다루어진다. 당분이 40%인 아주 단맛의 것은 Creame De~라는 명칭을 붙이기도 한다.

제11절 | 버무스(Vermouth)

1. 프랑스산 Vermouth

프랑스에서는 Vermouth를 생산하는 데 약 4년이 걸린다. 재료로 사용하는 와인은 특별히 제작한 두꺼운 Oak통에서 바닷바람이 부는 옥외에서 숙성시키며 Dry와 Sweet 두 가지가 생산되며 Sweet보다 Dry의 품질이 우수하며 Noilly Part는 많이 알려져 있고 알코올 도수는 16도이다.

2. 이탈리아산 Vermouth

이탈리아는 Vermouth를 생산하는 데 약 2년이 걸리며 맛과 향이 독특한 Aromatic한 와인을 많이 생산하는 나라이며 Sweet Vermouth는 품질이 가장 우수하며 널리 알려져 있다. Dry와 Sweet 두 가지가 생산되며 Martini와 Cinzano는 더욱 유명하며 알코올 도수는 18도이다.

3. Vermouth의 종류

① Red Vermouth: 캐러멜과 설탕을 첨가시켜 단맛이 나며 짙은 적색이 나는 Vermouth

② Bianco: 단맛이 약간 나는 황색의 Vermouth

③ Dry Vermouth: 무색 투명하거나 연한 밀짚색이 나는 Vermouth

④ Rose Vermouth: Rose Wine을 Base로 하였으며 Herb 종류를 많이 사용하여 방향이 강하며 약간의 쓴맛과 단맛이 나는 Vermouth

| 제12절 | 와인(Wine) |

와인은 인류가 최초로 발견한 가장 오래된 술이다. B.C. 2000년경에 바빌로니아(Babylonia)의 함무라비(Hammurabi) 법전에는 와인을 만드는 데 관한 규정이 있었다고 하니 이 시기에 만들어 마셨다고 봐야겠다.

와인은 천연 과일인 포도만을 발효시켜서 만들며 제조과정에 물은 전혀 사용하지 않는다. 따라서 와인은 알코올 함량이 적고 유기산과 무기질이 파괴되지 않은 채 포도에서 우러나온 그대로 간직되어 있다.

포도는 재배지의 토질, 기온, 강우량, 일조량 등의 자연적인 조건에 크게 영향을 받고 자라므로 포도주 역시 그와 같은 자연적인 요소와 제조방법에 따라 많은 차이가 난다.

와인은 포도재배지에 따라 자연의 조화가 함께 담겨 있으며, 자연성과 순수성 때문에 기원전부터 인류의 사랑을 받아왔으며 현대에 와서도 일상생활에서 음료로 중요한 부분을 차지하게 되었다.

와인은 세월이 흐름에 따라 제조방법도 많은 발전을 하였고, 포도만을 원료로 하여 만들던 것을 여러 가지 약초류를 포함하여 식물의 열매, 씨, 줄기, 잎, 뿌리, 껍질 등을 배합하여 맛과 향을 더욱 독특하게 만들었으며 식욕증진과 건강 음료로도 발전하여 왔다.

와인은 수확한 포도를 즙을 내서 큰 Vat통에 담아 발효과정을 거치게 되는데 약 1주일이면 발효는 절정에 달하며 지역에 따라 약간의 차이는 있겠지만, 약

4주간 계속 발효시킨 후 걸러서 다른 통에 옮겨 지하 창고에서 숙성기간을 거치게 되며, 일정기간이 지나면 침전물을 제거시켜 정화된 와인은 다시 몇 년간의 숙성기간을 거쳐야만 질 좋은 와인이 된다. 포도품종은 상당히 많은 종류가 있으나, 와인을 만드는 데 사용되는 포도품종은 136여 종이나 되는 것으로 알려져 있다.

1. 와인의 분류

1) 색에 따른 분류

(1) Red Wine(적색 와인)

흑색 포도를 껍질까지 즙을 내어 발효시켜서 껍질에서 우러나온 색으로 인하여 적색이 나게 된 것이다.

(2) Rose Wine(핑크색 와인)

처음 발효시킬 때 흑색 포도의 껍질까지 함께 발효시키다 일정 기간이 지나면 껍질을 제거시켜 더 이상 짙은 색이 나지 않게 하여 만든다.

(3) White Wine(백색 와인)

청포도를 주원료로 사용하여 만든다. 하지만 흑색이나 적색 포도를 사용하여 포도즙을 만들 때 포도의 과피는 제거하고 과육으로만 발효시킨 것으로 연한 황금색이 나는 white wine을 만든다.

(4) Golden Wine(황색 와인)

white wine이 오랫동안 Oak통 속에서 숙성되는 동안 술통에서 색이 우러나거나 한번 사용한 술통을 다시 사용하였을 때 술통에서 우러난 색이다.

2) 맛에 따른 분류

(1) Sweet Wine(단맛이 나는 와인)

완전히 발효되지 못하고 당분이 남아 있는 상태에서 발효를 중지시킨 것과 별도로 과당한 것 두 가지가 있다.

(2) Dry Wine(단맛이 없는 와인)

완전히 발효되어 당분이 거의 남아 있지 않은 상태의 와인이다.

(3) Medium Dry(단맛이 약간 나는 와인)

Sweet와 Dry 중간의 것으로 단맛을 약간 느낄 정도이며 Demi Dry 또는 Semi Dry라고도 한다.

3) 알코올(증류주) 첨가 유무에 따른 분류

(1) Fortified Wine(강화주)

순수한 발효주만으로는 알코올 도수가 낮기 때문에 장기간 저장이 불가능하여 증류주를 첨가한 와인으로 대표적인 것은 Sherry Wine, Port Wine, Vermouth, Dubonnet 등이며 알코올 도수는 16~20 정도이다.

(2) Unfortified Wine(비강화주)

다른 증류주를 배합하지 않고 순수한 포도만을 발효시켜서 만든 와인으로 알코올 도수는 8~14 정도이다.

4) 탄산가스 유무에 따른 분류

(1) Sparkling Wine(발포성 와인)

2차 발효과정을 병 속에서 하는 동안 자연적으로 탄산가스가 발생하게 한 것과 발효과정이 끝난 와인을 병에 담을 때 인위적으로 탄산가스를 주입시켜 주기도 하는데 전자의 경우 대표적인 것이 프랑스 Champagne이다.

(2) None Sparkling Wine(비발포성 와인)

탄산가스가 없는 비발포성 와인은 모두 이에 해당된다.

5) 식사에 따른 분류

(1) Aperitifs Wine

식사를 하기 전에 Appetizer(식욕을 돋우는 음식)를 먹을 때 향취가 짙은 Fortified Wine을 주로 마신다.

(2) Table Wine

Apperitifs가 끝나고 식사와 함께 마시는 와인으로 음식에 따라 차이가 있으며, 주문하여 나오는 음식에 따라 조화를 잘 이루는 와인을 고려하여 마신다.

(3) Dessert Wine

후식 때 곁들여서 마시는 와인으로 Sweet Wine, Port Wine, Cream Sherry를 주로 마신다. Champagne은 Appetizer에서부터 Dessert까지 Full Course를 곁들여 마실 수 있다.

6) 숙성기간에 따른 분류

(1) Young Wine

발효과정이 끝나면 별도로 숙성기간을 거치지 않고 바로 병에 담겨져 판매되며 장기간 보관이 안 되는 것으로 품질이 낮은 와인이며 주로 자국 내에서 소비하는 저가의 와인이다.

(2) Age 또는 Old Wine

발효가 끝난 후 지하 창고에서 몇 년 이상의 숙성기간을 거친 것으로 품질이 우수한 와인으로 A.C.급에 해당한다.

(3) Great Wine

3년 이상 숙성기간을 거친 와인으로 품질이 최상급의 것으로 15년 이상을 숙성시키기도 한다.

(4) Vintage Wine

Vintage는 매년 생산되는 것이 아니고 충분한 강우량과 충분한 일조량으로 특별히 포도가 대풍년인 해에 당도가 가장 많이 함유된 포도만을 엄선하여 와인을 만든 것으로 품질이 매우 우수한 와인이다.

2. France Wine(프랑스 와인)

프랑스는 세계에서 품질이 가장 우수한 와인을 가장 많이 생산하는 나라로 와인을 많이 생산하는 지방은 프랑스 서남부에 위치한 보르도(Bordeaux) 지방과 중동부에 위치한 부르고뉴(Bourgogne) 지방으로 분류되며 이 두 지방에서 생산되는 와인 품질등급은 다음과 같다.

프랑스 와인의 품명은 포도를 재배하여 발효시킨 포도원(Châteaux)의 이름이 많으며, 와인 생산지역 이름은 코뮌(Commune)으로 이는 최소 지방행정단위로 우리나라의 면 소재지 정도의 규모로 보면 될 것이다.

프랑스는 와인의 품질 등급을 두 가지로 시행하고 있는데, 하나는 생산지 등급(Growths Classification)으로 1855년 파리에서 무역박람회가 열렸을 때 보르도(Bordeaux)에서 생산하는 와인을 판매하는 중개인(Broker)조합에서 와인의 품질을 소비자들이 알기 쉽게 구분하기 위하여 보르도 지방에서 품질이 좋은 와인을 생산하는 62개의 포도원을 대상으로 하여 특 1등급에서 5등급까지 6단계로 분류하여 현재까지 이어지고 있는데, 병 라벨에는 1등급 생산지(PREMIERS CRUS)로 기재되어 있으며 이러한 제도는 보르도 지방에만 해당되며 부르고뉴 지방은 이 제도를 적용하지 않는다. 그러나 일부 지방에서는 시행하고 있다.

또 한 가지 방법은 A.C.법이라 하여 원산지 통제명칭(Appellation d'Origin Contrôlée)으로 이 법은 프랑스 정부가 와인을 생산하는데 엄격한 규제를 하고 있으며 모든 와인은 등급에 따라 병에 기재하게 되어 있다. 와인을 재배하여 발효시키는 생산자 협동조합과 포도원에서 생산한 와인을 판매하는 판매업자 조합 그리고 농부성의 관계 공무원이 삼위일체가 되어 포도 품종과 포도원의 토질 헥타르당 수확량, 와인 제조과정과 알코올 함량 등 다각적인 검사를 실시하여 4등급으로 분류한다.

이 법은 프랑스 정부가 1935년에 시행하였으나 포도원에서 실시하기 시작한 것은 1936년부터이다.

1) A.O.C법의 4등급 분류

(1) A.O.C(Appellation d'Origin Controlee): 아펠라시옹 도리진 콩트롤레

이 등급은 프랑스에서 생산하는 와인으로는 최상급의 와인이다.

포도원에서 직접 검사를 받게 되며 병 라벨에는 생산지 이름(Appellation Controlee)으로 기재되어 있는데, 검사번호는 기재되어 있지 않으며, 이 법은 최소의 행정단위(Commune)까지 적용된다.

(2) V.D.Q.S(Vins Delimites de Qualite Superieure): 뱅 델리미테 드 칼리테 쉬페리외르

우수품질 제한 와인(뱅 델리미테 드 칼리테 쉬페리외르). 이 등급은 상급의 와인으로 1948년 2월부터 시행되었으며 심사에 합격한 와인은 우표보다 약간 작은 보증마크에 검사 번호가 기재되어 있다. 이 등급의 와인은 전체 생산량에 2~3% 정도로 생산량이 적어 널리 알려져 있지 않다.

(3) Vins de Table(뱅 드 타블)

생산지와 품질에 관계없이 혼합하여 병에 담기며 외국에서 수입한 와인도 혼합이 허용되며 주로 자국 내에서 소비하게 되는데 알코올 도수가 8.5도 또는 9도 이상이며 15도 이하여야 한다.

(4) Vins de Pays(뱅 드 페이)

품질검사에 합격한 병 라벨에는 검사일자가 기재되며 다른 지방에서 생산한 와인을 혼합하는 것이 금지되며 알코올 도수가 지중해 지방에서는 10도 이상이어야 하며 그 외 지역에서는 지역에 따라 9.5도 또는 9도이며 현재 21개 지역에서 생산하고 있다.

2) 보르도 A.O.C급

(1) A.O.C 보르도 와인

보르도 지방에서 생산되는 A.O.C급 와인 중에서 품질이 낮은 것으로 포도주 생산량은 헥타르당 5KL이며 최저알코올 도수는 10도이다.

(2) A.O.C 메도크 와인

보르도 와인보다는 품질이 우수한 것으로 포도주 생산량은 헥타르당 4.5KL 이며 최저 알코올 도수는 10도이다.

(3) A.O.C 마고 와인

마고는 메도크 지역의 마을 이름으로 원산지 명칭이 마을의 이름이며, 품질 이 최고로 우수한 와인으로 포도주 생산량은 제한되며 최저 알코올 도수는 10.5도이다.

(4) A.O.C 그랑크뤼 클라세, 크뤼 부르주아 와인

라벨에 마을 이름이 들어가면 보르도 지방의 최고 품질 와인이다.

이 최고 품질도 여러 가지 내부 등급이 있다. 라벨에 기재된 내용 중 그랑 크뤼 클라세(Grand Cru Classe 1855)나 크뤼 부르주아(Cru Bourgeois) 표시가 있 으면 가장 우수한 품질의 와인이다.

3) 부르고뉴 A.O.C급 와인 라벨

(1) 지방 명칭와인(Regional Wine)

원산지 표시가 부르고뉴로 되어 있는 와인으로 부르고뉴 와인 중 가장 품질 이 낮은 와인이다.

(2) 마을 명칭와인(Village Wine)

부르고뉴 지방에서 품질이 가장 우수한 포도주를 생산하는 지역은 코트 드 뉘(Côte de Nuits), 코트 드 본(Cote de Beaune) 지역이다. 이 지역에는 26개의 마을이 있는데 이를 코뮌(Commune)이라 부른다. 유명한 마을로는 나폴레옹

황제가 사랑했던 제 브리 샹베르탱(Gevray Chambertin)이 있다. 세계에서 가장 비싼 와인인 로마네 콩티(Remanee-Conti)가 생산되는 본 로마네가 있는 마을이 있다. 이 와인들은 품질이 매우 우수하다.

(3) 프리미에 크뤼(Premier Cru)

마을 명칭 와인보다 품질이 더 우수한 와인군으로 라벨에 AOC표시를 할 때 마을의 이름 뒤에 프리미에 크뤼라는 표기를 하기도 하고 바로 프리미에 크뤼로 표기하기로 한다. 이 와인은 포도밭의 이름을 라벨에 쓸 수 있다.

(4) 그랑크뤼(Grand Cru)

부르고뉴 지방 포도주 중 최우수 품질 와인으로 이 와인을 생산할 수 있는 마을은 8개 마을에 불과하다.

생산량도 매우 적어서 부르고뉴 총생산량의 3%에 불과하다. 라벨에는 그랑크뤼라는 표기를 하며 대표적인 와인은 레드 와인으로 로마네 콩티(Remanee-Conti)가 있으며 화이트 와인으로는 몽라세(Montrachet) 등이 있다.

4) Chateau(샤토)

보르도(Bordeaux) 지방에서 생산하는 와인은 90% 이상이 샤토라는 명칭을 붙인다. Chateau는 프랑스에서 성(城) 또는 대저택이나 규모가 큰 별장을 지칭하는 뜻이다. 옛날에는 규모가 큰 포도원은 소유주가 대부분 귀족이나 대지주여서 이러한 포도원에서 생산되는 품질이 우수한 와인을 고풍스럽고 고급스럽게 하기 위하여 붙여졌으나 현재는 품질에 관계없이 붙이고 있으며 부르고뉴(Bourgogne) 지방에서는 사용하지 않는다.

5) Bordeaux Wine(보르도 지방 와인)

보르도는 프랑스 남서부에 위치한 지방으로 도르도뉴(Dordogne)강 상류와 가론(Garonne)강 상류에서부터 두 강이 합류하여 큰 강으로 이어지는 지롱드(Gironde)강 유역까지 방대한 지역에서 와인이 생산되며 포도원이 2,000여 곳이나 된다. 세계에서 와인을 가장 많이 생산하는 지역 중 한 곳이다.

이 지방에서 품질이 매우 우수한 와인을 생산하는 세부적인 지역을 분류하면 다음과 같다.

① 메도크(Medoc)

② 그라브(Graves)

③ 생테밀리옹(Saint-Emillion)

④ 소테른(Sauternes): 이 지역에는 바르삭(Barsac) 지역이 포함된다.

⑤ 포므롤(Pomerol)

알·아·둡·시·다

■ 2009년 프랑스 와인등급 개정

유럽 와인시장 조직위원회 OCM(Organisation Commune des Marchés Vitivinicoles 오르가니자시옹 코뮌 데 마르셰 비티비니콜)이 새롭게 출범하면서 와인등급 시스템 전반과 관련한 개정안들은 점차적으로 적용 시행될 것이며, 그 발효시안은 2009년 8월 1일이다.

개정된 규정들 중에는 "Vin de Table" 뱅 드 타블 표기의 폐지, 명시되지 않는 관행적 양조방식의 전면 금지 등이 있다.

프랑스는 2009년 OCM을 중심으로, 새로운 포도생산지역 구분을 발표하였는데, 전국 포도산지에 분포된 강을 중심으로 총 10개 지역으로 나누었으며, 각 지역을 대표하는 Conseil de bassin viticole(콩세유 드 바생 비티콜) 즉 포도생산지구 이사회를 조직하였다.

와인 등급의 3단계

1단계 : VIN sans IG(Indication Géographique) = Vin de France
　　　　지역 명칭을 쓰지 않는 와인 〈뱅 드 프랑스〉
2단계 : IGP(Indication Géographique de Provenance)
　　　　생산지역 명칭을 쓰는 와인 〈이제페〉
3단계 : AOP(Appellation d'Origine Protegée)
　　　　원산지 명칭 보호 와인 〈아오페〉

CHAPTER **11**

칵테일

Food & Beverage Service Management

CHAPTER 11
칵테일

제1절 | 칵테일의 어원

1. 어원(1)

18세기 초 미국 남부의 군대와 아소로틀 8세가 이끄는 멕시코군과의 사이에 끊임없이 작은 충돌이 계속되었는데, 이윽고 휴전협정이 맺어지게 되어 그 조인식장으로 선정된 멕시코 왕의 궁전에서 미군을 대표하는 장군과 왕이 회견, 부드러운 분위기 속에서 주연이 시작되었다. 연회가 무르익을 즈음에 조용한 발걸음으로 그곳에 왕의 딸이 나타났다. 그녀는 자신이 솜씨껏 섞은 술을 장군 앞으로 들고 가서 권했다. 한 모금 마신 장군은 그 맛이 좋아 놀랐지만 그보다도 눈앞에 선 딸의 미모에 더욱 넋을 잃고 저도 모르게 그녀의 이름을 물었다. 공주는 수줍어하면서 칵틸하고 대답했다. 장군은 즉석에서 지금 마시는 이 술을 이제부터 칵틸이라 부르자 하고 큰 소리로 모두에게 외쳤다. 훗날 칵틸이 Cocktail로 변해서 현대에 이르렀다고 한다. 그 진위여부는 고사하고 칵테일이라고 부르는 음료의 발상이 18세기 중엽이란 것은 당시의 신문이나 소설에 그 문자가 있는 것으로 미루어 믿을 만하며 또 전자나 후자 모두가 그 발상지로 하고 있음도 흥미로운 일이라 하겠다.

2. 어원(2)

칵테일(Cocktail)이라는 말은 Cock+Tail, 즉 수탉이라는 말에 꼬리라는 말이 배합되어 생겨난 것이다. 어째서 음료에 수탉의 꼬리라는 이름이 지어진 것일까? 여러 설이 분분하여 정설이 없지만 여기서는 국제바텐더협회의 교재에 실려 있는 어원설을 소개해 두겠다.

옛날 멕시코 유카탄반도의 칸베체란 항구에 영국 상선이 입항했을 때의 일이다. 상륙한 선원들이 어떤 술집에 들어가자 카운터 안에서 한 소년이 깨끗이 껍질을 벗긴 나뭇가지를 사용해서 맛있어 보이는 믹스트 드링크를 만들어서 그 지방 사람들에게 마시게 하고 있었다. 당시 영국인은 술을 스트레이트로만 마셨기 때문에 그것은 매우 진귀한 풍경으로 보였다.

한 선원이 그건 뭐지? 하고 소년에게 물어보았다. 선원은 음료의 이름을 물어본 셈이었는데, 소년은 그때 쓰고 있던 나뭇가지를 묻는 것으로 잘못 알고 이건 코라 데 가죠(Cora de gallo)입니다 하고 대답했다.

코라 데 가죠란 스페인어로 수탉의 꼬리란 뜻. 소년은 나뭇가지의 모양이 흡사 수탉의 꼬리를 닮았기 때문에 그렇게 재치 있는 별명을 붙여 대답했던 것이다. 이 스페인어를 영어로 직역하면 테일 오브 칵이 된다.

그 이래로 선원들 사이에서 믹스트 드링크를 테일 오브 칵이라 부르게 되었고 이윽고 간단하게 칵테일이라 부르게 되었다고 한다.

| 제2절 | 칵테일 만드는 방법 |

1) Shaking(셰이킹)

Shaker에 필요한 재료와 얼음을 함께 넣고 손으로 잘 흔들어서 글라스에 따라주는 방법이다.

2) Stirring(스터링)

Mixing Glass에 필요한 재료와 얼음을 함께 넣고 Bar Spoon으로 잘 저어서 글라스에 따라주는 방법과 하이볼 글라스에 필요한 재료와 얼음을 함께 넣고 잘 저어서 만드는 하이볼 종류 같은 것이다(Stir).

3) Blending(블렌딩)

전기 Blender에 필요한 재료와 Crushed Ice를 함께 넣고 전동으로 돌려서 만드는 방법으로 Tropical Drinks 종류를 주로 만들며 Frozen 종류의 일부도 이러한 방법으로 만든다.

4) Floating(플로팅)

2가지가 있는데 첫째는 얼음을 사용하지 않고 글라스에 바로 따라주는 것으로 Pousse Cafe 종류로 Angel's Kiss와 Rainbow 같은 것을 만드는 것이며 또한 가지는 칵테일을 만들 때 마지막으로 위에 뿌려서 독특한 색과 맛을 내는 것으로 Tequila Sunrise와 같은 것을 만드는 것이다.

5) Pouring(푸어링)

글라스에 필요한 재료를 직접 따라서 만드는 칵 테일로 Kir 종류와 Mimosa 등이며 On the Rock로 만 드는 칵테일도 이에 해당된다(Build).

제3절 | 갖추어야 할 도구와 얼음의 종류

1. 갖추어야 할 도구

1) 셰이커(Shaker)

혼합하기 힘든 재료를 잘 섞는 동시에 냉각시키는 도구이다. 재질은 양은, 크롬 도금, 스테인리스, 유리 등이 있으나, 다루기 쉬운 점에서는 스테인리스가 가 장 좋다. 크기는 대·중·소가 있는데, 1인용인 것은 얼음이 별로 들어가지 않으므로 3, 4인용인 중간 것이 좋다.

2) 믹싱 글라스(Mixing Glass)

비중이 가벼운 것 등 비교적 혼합하기 쉬운 재료를 섞거나, 칵테일을 투명하 게 만들 때 등에 사용한다. 바 글라스(Bar Glass)라고도 한다. 두꺼운 유리로 만들며 종류는 1종뿐이다. 큼직한 텀블러나 맥주 조끼로 대용할 수도 있다.

3) 바 스푼(Bar Spoon)

재료를 혼합시키기 위해 사용하는 자루가 긴 스 푼이다. 믹싱 스푼(Mixing Spoon)이라고도 한다. 재질은 양은, 크롬 도금, 스테인리스 등이 있는데 스테인리스가 사용하기 좋다.

4) 스트레이너(Strainer)

믹싱 글라스로 만든 칵테일을 글라스에 옮길 때 믹싱 글라스 가장자리에 대고 안에 든 얼음을 막는 역할을 한다.

5) 믹서(Mixer)

혼합하기 어려운 재료를 섞거나 프로즌 스타일의 칵테일을 만들 때 사용한다. 미국에서는 블렌더(Blender)라 부르며, 믹서라고 하면 전동식 셰이커, 스핀들 믹서(Spindle Mixer)를 지칭한다.

6) 계량컵(Measure Cup)

술이나 주스의 양을 잴 때 사용하는 금속성 컵을 말한다.

7) 코르크스크루(Corkscrew)

와인 등의 코르크 마개를 따는 도구이다. 와인 오프너(Wine Opener)라고도 한다. 여러 가지 형식이 있으나, 접었다 폈다 할 수 있는 바 나이프와 보틀 오프너가 세트되어 있는 바텐더스 나이프(Bartender's Knife) 또는 솜리에 나이프(Somrie's Knife)라 불리는 것이 사용하기 좋다.

8) 스퀴저(Squeezer)

레몬이나 오렌지 등 감귤류의 과즙을 짜는 도구이다. 소재는 유리, 도기, 플라스틱 등이 있으나, 취급하기 쉬운 점에서는 플라스틱제가 가장 좋다.

9) 오프너(Opener)

병마개를 따는 도구. 캔 오프너와 같이 붙어 있는 것도 있으나, 병마개를 딸 때 통조림 따개의 칼날에 손을 다치는 경우가 있으므로 따로 있는 것이 좋다.

10) 아이스 픽(Ice Pick)

얼음을 잘게 부술 때 사용한다. 끝이 송곳처럼 뾰족하다.

11) 아이스 페일(Ice Pail)

얼음을 넣어두는 용기이다. 아이스 바스켓(Ice Basket)이라고도 한다. 모양, 재질에 따라서 여러 가지가 있으나, 기호와 용도에 따라 선택하면 된다.

12) 아이스 텅(Ice Tongs)

얼음을 집기 쉽도록 끝이 톱니 모양으로 된 집게이다. 아이스 페일과 세트로 파는 것이 많으나, 가능하면 별도로 사는 것이 좋다.

13) 머들러(Muddler)

주로 롱 드링크에 곁들여, 칵테일을 섞거나 안에 든 과일을 으깰 때 쓰는 막대이다. 모양 재질은 여러 가지이지만, 심플한 디자인으로 된 플라스틱 제품이 좋다.

14) 스트로 = 빨대(Straw)

정식으로는 드링킹 스트로(Drinking Straw)라고 하며, 짧고 가느다란 것은 칵테일을 혼합시키기 위한 것으로 스터링 스트로(Stirring Straw)라고 부른다. 크래시드 아이스를 사용한 칵테일이나 열대산의 드링크 등 마시기 힘든 칵테일에 곁들이는데, 색깔이나 모양 및 길이 등은 칵테일의 분위기에 맞게 선택하면 된다.

핀
나

15) 칵테일 픽(Cocktail Pick)

장식인 올리브나 체리 등을 꽂는 핀이다. 칵테일 핀(Cocktail Pin)이라고도 한다. 칵테일의 분위기에 맞는 모양이나 색깔, 재질의 것을 택하면 된다.

16) 글라스 홀더(Glass Holder)

핫(Hot) 타입의 칵테일을 마실 때 글라스를 넣을 수 있는 그릇

2. 얼음의 종류

1) Block Ice(블록 아이스)

덩어리 얼음으로 Party Punch를 만들 때 큰 Bowl 안에 넣어서 만든다.

2) Cubed Ice(큐브드 아이스)

보통 칵테일을 만들 때 사용하는 사각얼음으로 Cocktail Ice라고도 한다.

3) Crushed Ice(크러시드 아이스)

Cube Ice를 얼음 분쇄기(Ice Crusher)로 잘게 으깬 얼음으로 전기 Blender로 칵테일을 만들 때 주로 사용한다.

4) Shaved Ice(세이브드 아이스)

눈처럼 고운 얼음으로 마치 빙수를 만드는 얼음과 같으며 Frappe종류를 만들 때 많이 사용한다.

5) Dice Ice(다이스 아이스)

얼음의 크기가 주사위만 하다 하여 다이스 아이스라 하며 주로 큰 컵에 청량음료를 따라줄 때 함께 사용한다.

※ Muddler(머들러) : 머들러에는 2가지가 있다.

① 과일 또는 Herbs 종류(특히 생박하잎)에 생즙을 내는 절구로 크기와 모양이 약방에서 약을 조제할 때, 정제를 분말로 만들 때 사용하는 기구와 같으며 재질은 플라스틱과 나무로 되어 있다.

② 하이볼 종류를 만들 때 휘젓는 대로 Stirring Rod라고도 한다.

3. 갖추어 놓으면 도움이 되는 것

① 도마 : 평소에 쓰는 것도 좋으나, 홈바 등에서 사용하려면 따로 장만하도록 한다.

② 프티 나이프(Petit Knife) : 요리용 식칼로도 대용할 수 있으나, 프티 나이프인 편이 사용하기 좋다.

③ 코스터(Coaster) : 롱 드링크스를 제공할 때 글라스 밑에 깐다. 페이퍼 냅킨으로 대신해도 된다.

④ 캔 오프너(Can Opener) : 통조림 따개

⑤ 펀치 볼(Punch Bowl) : 펀치류를 만들 때 쓰는 대형 볼. 유리로 되어 있다. 볼에서 글라스에 옮길 때 쓰는 도구는 레이들이라고 한다.

제4절 | 조주기능사 자격증을 위한 칵테일(Cocktail) 40선

[1] 푸스카페 *Pousse Cafe*

조주방법	Float
GLASS	Stemed Liqueur Glass
Garnish	
Recipe	

▶ Grenadine Syrup $\frac{1}{3}$ part

▶ Creme De Menthe(Green) $\frac{1}{3}$ part

▶ Brandy $\frac{1}{3}$ part

※ 정찬 때 커피와 함께 또는 그 뒤에 나오는 작은 잔에 비중이 서로 다른 리큐르, 증류주, 시럽 등을 층층이 쌓아 올린 술로서 교통신호등을 잘 표현한 칵테일이다.

[2] 맨해튼 *Manhattan*

조주방법	Stir
GLASS	Cocktail Glass
Garnish	Cherry

Recipe

▶ American(Bourbon) Whiskey $1\frac{1}{2}$oz

▶ Sweet Vermouth $\frac{3}{4}$oz

▶ Angostura Bitters 1dash

　※ 위의 재료를 Mixing Glass에 얼음과 함께 넣은 다음 stir해서 칵테일 글라스에 따른 후 Cherry를 장식하여 제공한다. 여기에서 기본주를 스카치 위스키로 바꾸면 'Rob Roy' 칵테일이 된다.

　Manhattan 칵테일은 전 세계적으로 유명한 '칵테일의 여왕'이라는 별명을 가지고 있다. 칵테일의 본고장인 미국에서는 온더록(on the Rock) 스타일로 마시기도 한다.

[3] 드라이 마티니 *Dry Martini*

조주방법	Stir
GLASS	Cocktail Glass
Garnish	Green Olive

Recipe

▶ Dry Gin 2oz

▶ Dry Vermouth $\frac{1}{3}$oz

　※ Mixing glas에 재료를 넣고 차갑게 저은 후 잔에 따르고 올리브를 장식한다. 단단하고 물기가 없는 얼음을 넣고 휘젓기를 해서 칵테일 글라스에 제공한다.

Dry Gin과 Dry Vermouth의 비율에 따라 다음과 같이 분류한다.

① Sweet Martini-Dry Gin 2 : Sweet Vermouth 1 사용

② Medium Martini-Dry Gin 2 : Sweet Vermouth : Dry Vermouth를 같이 사용

③ Dry Martini-Dry Gin 5 : Dry Vermouth 1

④ 기본주에 따라 Vodka Martini, Tequila Martini도 있다.

[4] 올드패션드 *Old Fashioned*

조주방법	Build
GLASS	Old-fashined Glass
Garnish	A Slice of Orange and Cherry
Recipe	

▶ A Slice of Orange and Cherry

▶ American (Bourbon) Whiskey $1\frac{1}{2}$oz

▶ Cubed Sugar 1ea

▶ Angostura Bitters 1dash

▶ Soda Water $\frac{1}{2}$oz

　　※ 위의 재료를 Mixing Glass에 얼음과 함께 넣은 다음 stir해서 칵테일 글라스에 따른 후 Orange와 Cherry를 장식하여 제공한다. 여기에서 기본주를 스카치 위스키로 바꾸면 'Rob Roy' 칵테일이 된다.

Manhattan 칵테일은 전 세계적으로 유명한 '칵테일의 여왕'이라는 별명을 가지고 있다.

칵테일의 본고장인 미국에서는 온더룩(on the Rock) 스타일로 마시기도 한다.

[5] 브랜디 알렉산더 *Brandy Alexander*

조주방법	Shake
GLASS	Cocktail Glass
Garnish	Nutmeg Powder

Recipe

▶ Brandy $\frac{3}{4}$oz

▶ Creme De Cacao(Brown) $\frac{3}{4}$oz

▶ Light Milk $\frac{3}{4}$oz

   ※ Shaker에 사각얼음(큐브얼음)과 위 재료를 넣
      고 흔든다(Shaking).
      칵테일 글라스에 얼음을 걸러서 따른 다음
      너트메그(Nutmeg)를 1~2회 뿌린다.
      Brandy 대신 Gin을 사용하면 'Gin Alexander'
      혹은 'Princess Mary'라고도 한다.

[6] 블러디 메리 *Bloody Mary*

조주방법	Build
GLASS	Highball Glass
Garnish	A Slice of Lemon or Celery

Recipe

▶ Vodka $1\frac{1}{2}$oz

▶ Worcestershire Sauce 1tsp

▶ Tabasco Sauce 1dash

▶ Pinch of Salt and Pepper

▶ Fill with Tomato Juice

   ※ Highball잔에 양념류를 먼저 넣고 Vodka를 넣
      은 다음 바 스푼으로 잘 섞은 후 사각 얼음을

잔에 채운다(3~4EA). 그 다음 Tomato Juice로 잔을 채운다.
Lemon, Celery Springs(잎이 달린) 등을 장식하고 Muddler를 꽂아 제
공하면 된다. 베이스(기본주)를 Gin으로 하면 블러디 섬이 되고, 최
근 유행하는 테킬라를 베이스로 하면 스트로 햇이 된다.

[7] 싱가포르 슬링 *Singapore Sling*

조주방법	Shake/Build
GLASS	Pilsner Glass
Garnish	A Slice of Orange and Cherry
Recipe	

▶ Dry Gin $1\frac{1}{2}$ oz
▶ Lemon Juice $\frac{1}{2}$ oz
▶ Powdered Sugar 1tsp
▶ Fill with Club Soda
▶ On Top with Cherry Flavored Brandy $\frac{1}{2}$ oz
　※ 위 재료를 얼음과 함께 Shaker에 넣고 흔든 다
　　음 Pilsner Glass에 따르고 Soda Water로 잔을 채
우고 오렌지와 체리로 장식을 하여 제공한다.

[8] 블랙 러시안 *Black Russian*

조주방법	Build
GLASS	Old-fashioned Glass
Garnish	
Recipe	

▶ Vodka 1oz
▶ Coffee Liqueur $\frac{1}{2}$ oz
　※ Old Fashioned Glass에 얼음을 3~4EA 넣고 위의

재료를 넣은 다음 제공한다.

알코올 도수는 높지만 좋은 커피 향과 풍미로 인기 있는 칵테일이다.

[9] 마르가리타 *Margarita*

조주방법	Shake
GLASS	Cocktail Glass
Garnish	Rimming with Salt
Recipe	

▶ Tequila 1½oz

▶ Triple Sec ½oz

▶ Lime Juice ½oz

　※ Margarita는 창작자의 연인 이름이라고 한
　　다. 1949년도 미국의 내셔널 칵테일 콘테
　　스트의 입선작품이다.
　　쿠앵트로 혹은 트리플 섹 대신 블루 큐라
　　소로 바꾼 블루 마르가리타(Blue Margarita)도 유명하다.

[10] 러스티 네일 *Rusty Nail*

조주방법	Build
GLASS	Old-fashined Glass
Garnish	
Recipe	

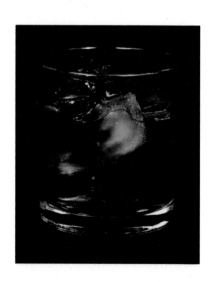

▶ Scotch Whisky 1oz

▶ Drambuie ½oz

　※ 위의 재료를 Old Fashioned Glass에 얼음과
　　함께 넣어 제공한다.
　　Rusty Nail은 직역하면 '녹슨 못'이라는 의미

지만, 한편으로는 옛스러운 음료라는 속어가 있다.

칵테일로서의 역사는 짧으며, 베트남전쟁 때 세계적으로 급속히 유행된 음료라고 할 수 있다.

[11] 위스키사워 *Whisky Sour*

조주방법	Shake/Build
GLASS	Sour Glass
Garnish	A Slice of Lemon and Cherry
Recipe	

▶ Whisky $1\frac{1}{2}$oz

▶ Lemon Juice $\frac{1}{2}$oz

▶ Powdered Sugar 1tsp

▶ On Top with Soda Water 1oz

　※ 위의 재료를 Shake해서 Sour Glass에 따르고 Lemon과 Cherry로 장식하여 제공한다. 또한 기본주로 Brandy를 사용하면 Brandy Sour가 된다.

Sour(사워)는 신맛이 난다는 의미도 있지만, 베이스에 레몬주스와 당분을 첨가한 스타일을 말한다. 기본주에 따라 위스키사워, 진사워, 브렌디사워 등이 있다.

[12[뉴욕 *New York*

조주방법	Shake
GLASS	Cocktail Glass
Garnish	Twist of Lemon Peel
Recipe	

▶ American(Bourbon) Whiskey $1\frac{1}{2}$oz

▶ Powdered Sugar 1tsp

▶ Grenadine Syrup $\frac{1}{2}$tsp

※ 거대한 대도시 고층빌딩의 야경이 연상되
는 아름다운 색조의 칵테일이다.
지명이 붙은 칵테일 중에서도 특히 유명
하며 현재도 애주가가 많이 즐기는 인기
있는 칵테일이다.

[13] 하비 월뱅어 *Harvey Wallbanger*

조주방법	Build/Float
GLASS	Collins Glass
Garnish	
Recipe	

▶ Vodka 1$\frac{1}{2}$oz

▶ Fill with Orange Juice

▶ Galliano $\frac{1}{2}$oz

※ Collins Glass에 얼음을 넣고 Vodka와 Orange
Juice를 넣고 Stir한 후 Galliano를 잔 위에
둥글게 따른다.
스크루드라이버(Screwdriver)에 갈리아노를
첨가한 칵테일이다.
아메리카 캘리포니아의 서퍼인 하베이가
패전의 실의를 씻기 위해서 마신 칵테일
이며, '벽을 두들기는 하베이'라고 불렸다
고 한다.

[14] 다이키리 *Daiquiri*

조주방법	Shake
GLASS	Cocktail Glass
Garnish	

Recipe

▶ Light Rum $1\frac{3}{4}$oz

▶ Lime Juice $\frac{3}{4}$oz

▶ Powdered Sugar 1tsp

※ Daiquiri라는 것은 쿠바에 있는 광산의 이름이다. 그곳에서 일하셨던 미국인 기사가 쿠바 특산의 럼과 라임, 설탕을 혼합해서 마신 것이 이 다이키리 칵테일의 시초라고 한다.

[15] 키스 오브 파이어 *Kiss of Fire*

조주방법	Shake
GLASS	Cocktail Glass
Garnish	Rimming with Sugar

Recipe

▶ Vodka 1oz

▶ Sloe Gin $\frac{1}{2}$oz

▶ Dry Vermouth $\frac{1}{2}$oz

▶ Lemon Juice 1tsp

※ 먼저 칵테일 글라스의 가장자리에 레몬즙을 바르고 설탕을 묻힌 후(Rimming with sugar) 세이커에 위의 재료를 넣고 흔든 다음 칵테일 글라스에 따른다.

1995년도 제5회 전 일본 드링크스(음료) 콩쿠르에서 1위로 입상한 칵테일이다.

[16] 비-52 *B-52*

조주방법	Float
GLASS	Sherry Glass
Garnish	
Recipe	

▷ Coffee Liqueur $\frac{1}{2}$oz($\frac{1}{3}$part)

▷ Bailey's Irish Cream Liqueur $\frac{1}{2}$oz($\frac{1}{3}$part)

▷ Grand Marnier $\frac{1}{2}$oz($\frac{1}{3}$part)

※ Kahlua → Bailey's Irish Cream → Grand Marnier 순으로 Float해야 한다.

Sherry Glass에 칼루아를 1/2oz 넣고 베일리스 아이리시를 1/2oz 넣은 다음 그랑마니에 1/2oz를 넣고 플로팅 기법으로 조주한다.

[17] 준벅 *June Bug*

조주방법	Shake
GLASS	Collins Glass
Garnish	A Wedge of Fresh Pineapple & Cherry
Recipe	

▷ Melon Liqueur 1oz

▷ Coconut Flavored Rum $\frac{1}{2}$oz

▷ Banana Liqueur $\frac{1}{2}$oz

▷ Pineapple Juice 2oz

▷ Sweet & Sour Mix 2oz

※ 셰이커에 얼음을 넣은 다음 위의 재료를 순서대로 넣고, 셰이크를 하여 콜린스 글라스에 따른다. 그리고 가니쉬는 웨지 파인애플과 체리로 장식한다.

[18] 바카디 *Bacardi Cocktail*

조주방법	Shake
GLASS	Cocktail Glass
Garnish	
Recipe	

▶ Bacardi Rum White $1\frac{3}{4}$oz

▶ Lime Juice $\frac{3}{4}$oz

▶ Grenadine Syrup 1tsp

※ 1933년 미국의 국주법 폐지를 계기로 당시 쿠바의
럼 메이커인 바카디사가 자사의 럼을 판매 촉진
용으로 발표한 칵테일이다.

[19] 슬로 진 피즈 *Sloe Gin Fizz*

조주방법	Shake/Build
GLASS	Highball Glass
Garnish	A Slice of Lemon
Recipe	

▶ Sloe Gin $1\frac{1}{2}$oz

▶ Lemon Juice $\frac{1}{2}$oz

▷ Powdered Sugar 1tsp

▷ Fill with Club Soda

※ 위 재료를 Shaker에 넣고 Shake한 다음 하이볼 글
라스에 따르고 Soda Water로 잔을 채운 다음 레몬
으로 장식하여 제공한다.

[20] 쿠바 리버 *Cuba Libre*

조주방법	Build
GLASS	Highball Glass
Garnish	A Wedge of Lemon

Recipe

▶ Light Rum $1\frac{1}{2}$ oz

▶ Lime Juice $\frac{1}{2}$ oz

▶ Fill with Cola

 ※ Highball Glass에 얼음을 3~4EA 넣고 위 재료를 순서대로 넣은 다음 Cola로 잔을 채우고 Lemon으로 장식하여 제공한다.

  Cuba Libre는 자유의 쿠바라는 의미로 1902년 쿠바가 스페인으로부터 독립했을 때의 민족투쟁의 구호였던 'Viva Cuba Libre!'(자유쿠바 만세!)에서 왔다고 한다. '쿠바 리브레'라고도 한다.

[21] 그래스하퍼 *Grasshopper*

조주방법	Shake
GLASS	Champagne Glass(saucer형)
Garnish	

Recipe

▶ Creme De Menthe(Green) 1oz

▶ Creme De Cacao(White) 1oz

▶ Light Milk 1oz

 ※ 그래스하퍼 칵테일에서 기본주 Menth Green 대신 갈리아노로 바꾸면 골든 캐딜락(Golden Cadillac) 칵테일이 된다.

Grasshopper는 청메뚜기라는 뜻으로 푸른 잔디 위의 메뚜기가 연상되는 유명한 칵테일이다

[22] 시 브리즈 *Seebreeze*

조주방법	Build
GLASS	Highball Glass
Garnish	A Wedge of Lime or Lemon

Recipe

▷ Vodka 1½oz

▷ Cranberry Juice 3oz

▷ Grapefruit Juice ½oz

※ 하이볼 글라스에 얼음을 4개 정도 넣은 다음 위의 재료를 순서대로 넣고, 빌드 기법으로 조주한다. 가니쉬는 웨지 레몬으로 장식한다.

[23] 애플마티니 *Apple Martini*

조주방법	Shake
GLASS	Cocktail Glass
Garnish	A Slice of Apple

Recipe

▷ Vodka 1oz

▷ Apple Pucker 1oz

▷ Lime Juice ½oz

※ 셰이커에 얼음을 넣은 다음 위의 재료를 넣고, 셰이크한 후 칵테일 글라스에 따른다. 가니쉬는 애플 슬라이스로 장식한다.

[24] 네그로니 *Negroni*

조주방법	Build
GLASS	Old-fashined Glass
Garnish	Twist of Lemon Peel

Recipe

▶ Dry Gin $\frac{3}{4}$oz

▶ Sweet Vermouth $\frac{3}{4}$oz

▶ Campari $\frac{3}{4}$oz

※ Old Fahioned Glass에 얼음을 3~4EA 넣은 다음
위 재료를 넣고 Twist of Lemon peel로 장식하여
제공한다.

네그로니라는 이름은 아페리티프 칵테일을 좋아하는 이탈리아의 카
미로 네그로니 백작의 이름에서 왔다고 한다.

프로방스에 있는 레스토랑에 올 때마다 식전주 칵테일을 주문하였
다고 한다. 1962년에 발표한 이래로 세계적인 칵테일이 되었다.

[25] 롱아일랜드 아이스티 *Long Island Iced Tea*

조주방법	Build
GLASS	Collins Glass
Garnish	A Wedge of Lime or Lemon

Recipe

▶ Gin $\frac{1}{2}$oz

▶ Vodka $\frac{1}{2}$oz

▶ Light Rum $\frac{1}{2}$oz

▶ Tequila $\frac{1}{2}$oz

※ 셰이커에 얼음을 넣고 진, 보드카, 럼, 테킬라, 트
리플 섹, 스위트 앤 사워믹스를 넣은 다음 셰이

크를 한 후, Collins Glass 잔에 따른 후, 콜라를 플로팅 기법으로 따른다. 가니쉬는 웨지 레몬으로 장식한다.

[26] 사이드카 *Sidecar*

조주방법	Shake
GLASS	Cocktail Glass
Garnish	
Recipe	

▶ Brandy 1oz

▶ Cointreau 1oz

▶ Lemon Juice $\frac{1}{4}$oz

※ 칵테일 글라스 가장자리에 Sugar Rimmed한 후 위 재료를 Shaker에 넣고 Shake하여 글라스에 따라 제공한다.

Sidecar Cocktail은 제1차 세계대전 시, 사이드카를 타고 술을 마시러 온 병사가 항상 주문하여 마셨던 칵테일이라는 정설이 있으며, 사이드카는 사람이나 화물을 싣는 칸을 붙인 오토바이를 말하는데 바텐더는 사이드카의 소리가 나면 '사이드카가 왔군'이라고 중얼거리면서 이 칵테일을 만들었기 때문에 이런 이름을 붙였다고 한다.

[27] 마이타이 *Mai-Tai*

조주방법	Shake
GLASS	Collins Glass or Pilsner Glass
Garnish	A Wedge of Fresh Pineapple(Orange) & Cherry
Recipe	

▶ Light Rum $1\frac{1}{4}$oz

- ▶ Triple Sec $\frac{3}{4}$oz
- ▶ Lime Juice 1oz
- ▶ Pineapple Juice 1oz
- ▶ Orange Juice 1oz
- ▶ Grenadine Syrup $\frac{1}{4}$tsp
- ▶ Dark Rum 1dash

  ※ 여름철 Tropical Cocktail로 유명하며, 위 재료를 Shaker에 넣고 Shake한 후 얼음과 함께 글라스에 따르고 Pineapple과 Cherry로 장식하여 제공한다.

[28] 피나 콜라다 *Pina Colada*

조주방법	Shake
GLASS	Shake Collins Glass or Pilsner Glass
Garnish	A Wedge of Fresh Pineaple & Cherry
Recipe	

- ▶ Light Rum $1\frac{1}{4}$oz
- ▶ Pina Colada Mix 2oz
- ▶ Pineapple Juice 2oz

  ※ 셰이커에 얼음을 넣은 다음 위의 재료를 순서대로 넣고 셰이크한 후, 파인애플과 체리로 장식한다.

[29] 코스모폴리탄 *Cosmopolitan Cocktail*

조주방법	Shake
GLASS	Cocktail Glass
Garnish	Twist of Lime or Lemon Peel
Recipe	

▶ Vodka 1oz

▶ Triple Sec $\frac{1}{2}$oz

▶ Lime Juice $\frac{1}{2}$oz

▶ Cranberry Juice $\frac{1}{2}$oz

※ 셰이커에 얼음을 넣은 다음 위의 재료를 순서
  대로 넣고 셰이크한 후, 레몬 필로 장식한다.

[30] 모스코 뮬 *Moscow Mule*

조주방법	Build
GLASS	Highball Glass
Garnish	A Slice of Lime or Lemon
Recipe	

▶ Vodka 1$\frac{1}{2}$oz

▶ Lime Juice $\frac{1}{2}$oz

▶ Fill with Ginger Ale

※ 하이볼 글라스에 보드카와 라임주스를 넣고
  진저엘로 채운 다음 바 스푼으로 가볍게 저어
  주고 레몬으로 장식하여 제공한다.
  Mule은 당나귀를 말하며 독한 음료라는 뜻도
  있다.

[31] 아프리콧 칵테일 *Apricot Cocktail*

조주방법	Shake
GLASS	Cocktail Glass
Garnish	
Recipe	

▷ Apricot Flavored Brandy $1\frac{1}{2}$oz

▷ Dry Gin 1tsp

▷ Lemon Juice $\frac{1}{2}$oz

▷ Orange Juice $\frac{1}{2}$oz

※ Shaker에 얼음을 넣고 위 재료를 넣은 다음 흔든다. 칵테일 잔에 따른 다음 Lemon과 Cherry로 장식하거나 또는 장식을 하지 않아도 된다.

아프리콧 브랜디의 역사는 매우 오래되어 스트레이트로도 많이 마시며, 칵테일도 옛날부터 친숙한 것이다. Gin은 향기를 내는 역할을 하며 소량만 들어간다.

[32] 허니문 칵테일 *Honeymoon Cocktail*

조주방법	Shake
GLASS	Cocktail Glass
Garnish	
Recipe	

▷ Apple Brandy $\frac{3}{4}$oz

▷ Benedictine DOM $\frac{3}{4}$oz

▷ Triple Sec $\frac{1}{4}$oz

▷ Lemon Juice $\frac{1}{2}$oz

※ 신혼의 달콤함뿐만 아니라 프랑스풍의

멋스러움이 느껴지는 대표적인 칵테일이다. 단맛과 신맛이 조화를
이루며 허니문이라는 이름에 걸맞은 전 세계에서 즐기고 있는 유명
한 칵테일이다.

[33] 블루 하와이언 *Blue Hawaiian*

조주방법	Shake
GLASS	Collins Glass or Pilsner Glass
Garnish	A Wedge of Fresh Pineapple & Cherry
Recipe	

▶ Light Rum 1oz

▶ Blue Curacao 1oz

▶ Coconut Flavored Rum 1oz

▶ Pineapple Juice $2\frac{1}{2}$oz

※ 셰이커에 얼음을 넣은 다음 위의 재료를 순서대로 넣
고 셰이크한 후, 파인애플과 체리로 장식을 한다.

[34] 키르 *Kir*

조주방법	Build
GLASS	White Wine Glass
Garnish	Twist of Lemon Peel 또는 생략 가능
Recipe	

▶ White Wine 3oz

▶ Crme De Cassis $\frac{1}{2}$oz

※ 얼음 없이 차가운 화이트 와인과 크렘 드 카시스를 넣
고 빌드 기법으로 조주한 후, 레몬 필로 장식한다.

[35] 테킬라 선라이즈 *Tequila Sunrise*

조주방법	Build/Float
GLASS	Highball Glass
Garnish	
Recipe	

▷ Tequila $1\frac{1}{2}$oz

▷ Fill with Orange Juice

▷ Grenadine Syrup $\frac{1}{2}$oz

　※ Tall Highball Glass에 얼음을 넣고 Tequila와
　　Orange Juice를 넣은 다음 Grenadine Syrup을 잔
　　위에 둥글게 따른다.
　　태양의 나라 멕시코에서 태어났으며 그레나딘 시
　　럽의 비중을 이용해서 일출의 정경을 나타낸 아
　　이디어가 좋은 작품이다. 롤링 스톤즈가 멕시코
　공연 때 이 칵테일에 반해서 그 후로는 세계 각지로 가는 곳마다 퍼
　뜨렸다는 일화가 있다.

[36] 힐링 *Healing*

조주방법	Shake
GLASS	Cocktail Glass
Garnish	Twist of Lemon Peel
Recipe	

▷ Gam Hong Ro(40도) $1\frac{1}{2}$oz

▷ Benedictine $\frac{1}{3}$oz

▷ Creme De Cassis $\frac{1}{3}$oz

▷ Sweet & Sour Mix 1oz

　※ 전통적인 우리 술로서, 몸에 좋은 한약재를 넣어

만든 감홍로에 하루의 피로를 푸는 데 안성맞춤인 베네딕틴을 사용해서 만든 것이다. 쌀, 용안육, 계피, 진피가 주원료인 감홍로는 평양을 중심으로 한 관서지방의 특산명주로 유명하였고, 현재는 경기도 파주 지역에서 생산하고 있다. 몸과 마음이 지쳐가는 현대인에게 한 잔의 힐링으로 마음을 치유하자는 의미를 담고 있다.

[37] 진도 *Jindo*

조주방법	Shake
GLASS	Cocktail Glass
Garnish	
Recipe	

▶ Jindo Hong Ju(40도) 1oz
▶ Creme De Menthe White $\frac{1}{2}$oz
▶ White Grape Juice(청포도주스) $\frac{3}{4}$oz
▶ Raspberry Syrup $\frac{1}{2}$oz

 ※ 알코올 도수가 45~48도인 술로서, 찐 보리쌀에 누룩을 넣어 숙성시킨 후 소주를 내릴 때 술 단지에 밭쳐둔 지초(芝草)를 통과하여 내는 술을 말한다.

지초를 통과하는 과정에서 지초의 색소가 착색되어 빨간 홍옥색의 빛깔을 띠는 홍주에 상큼한 민트 화이트와 청포도 주스, 라즈베리 시럽을 사용해서 만들었다. 진도는 천연기념물 제53호인 진돗개로 유명한 곳이다.

[38] 풋사랑 *Puppy Love*

조주방법	Shake
GLASS	Cocktail Glass
Garnish	A Slice of Apple

Recipe

▶ Andong Soju(35도) 1oz

▶ Triple Sec $\frac{1}{3}$oz

▶ Apple Pucker 1oz

▶ Lime Juice $\frac{1}{3}$oz

※ 대구, 능금아가씨의 풋풋하고 아련한 첫사랑의 감정을 떠올리면서 안동소주를 사용하여 만든 우리 술로서, 경상북도 무형문화재 제12호로 지정되었다. 45도, 35도, 22도 등의 다양한 주정으로 생산하고 있는데, 예로부터 선조들은 안동소주를 상처, 배앓이, 식욕부진, 소화불량 등의 민간요법으로 활용하였다.

[39] 금산 *Geumsam*

조주방법	Shake
GLASS	Cocktail Glass
Garnish	

Recipe

▶ Geumsam Insamju(43도) 1$\frac{1}{2}$oz

▶ Coffee Liqueur(Kahlua) $\frac{1}{2}$oz

▶ Apple Pucker $\frac{1}{2}$oz

▶ Lime Juice 1tsp

※ 한국의 고려 인삼을 대표하는 지역인 금산은 다른 지역의 인삼보다 육질이 단단하고 사포닌(Saponin)의 함량과 성분이 아주 우수하다. 특히 인삼은 스트레스, 피로, 우울증, 심부전, 동맥경화, 당뇨병 등에 효과가 있으며 암세포의 증식을 억제하는 항암작용이 있다. 약효가 가장 뛰어난 5년근 이상의 인삼과 이 지역의 깨끗한 물을 활용하여 만든 인삼주를 적당히 마시면 허약체질 보강에 효과가 있다고 알려져 있다.

[40] 고창 *Gochang*

조주방법	Stir
GLASS	Flute Champagne Glass
Garnish	
Recipe	

▶ Sunwoonsan Bokbunja Wine 2oz

▶ Cointreau or Triple Sec $\frac{1}{2}$oz

▶ Sprite 2oz

※ 고창은 복분자가 유명한데, 복분자주는 이 지역의 특산물인 복분자의 열매를 이용하여 발효, 숙성시켜 만든 술이다. 복분자는 폴리페놀을 다량 함유하고 있으며, 함암효과, 노화억제, 동맥경화예방, 혈전예방, 살균효과 등이 있다는 것이 밝혀졌다. 선운산 복분자주는 1998년 현대그룹 정주영 회장이 소떼를 몰고 방북할 당시에 김정일 국방위원장 등 북측 인사들에게 선물하면서 세상의 주목을 받기 시작했으며 농림축산식품부가 주최한 '우리 식품 세계화 특별품평회'에서 대상인 대통령상을 받았다. 또한 2000년 10월 서울에서 개최된 아시아 유럽정상회의(ASEM) 당시 위스키 대신 공식 연회주로 선정되기도 했다. 고창 복분자주는 맛과 향이 뛰어나고 자양강장, 이뇨작용, 불임증 치료, 항산화작용에 효능이 있다.

와인 테이스팅과 서빙

Food & Beverage Service Management

CHAPTER 12
와인 테이스팅과 서빙

| 제1절 | 와인 오픈방법(코르크 따기) |

1. 와인 캡슐

1) 와인 캡슐 제거

캡슐은 와인병을 장식해 주는 역할을 한다. 또한 캡슐은 아무도 와인을 오픈하지 않았다는 것을 나타내는 증거이며, 병 안의 가스 유출과 외부 공기의 유입 시기를 지연시켜 주는 역할을 한다. 그 외 코르크를 해충으로부터 보호하는 역할을 캡슐은 하고 있다. 캡슐에는 플라스틱과 알루미늄 호일이 있다.

2) 캡슐 커터

쉽고 빠르게 어떤 캡슐이라도 벗길 수 있으며 캡슐 커터를 병 위에 대고 돌리면 된다.

3) 코르크스크루의 종류

① 웨이터용은 가장 보편적인 오프너로 단순하고 안전하다.

② 스크루풀 엘리트는 프랑스에서 개발된 스크루로 독창적이고 기발한 스크루로 와인병 위에 올려놓은 뒤 스핀들을 돌려서 병에서 나올 때까지 돌려주기만 하면 된다.

③ 버터플라이 스크루는 별로 힘들이지 않고 안전하게 마개를 빼낼 수 있다.

④ 집게형 코르크스크루는 오래된 코르크, 쉽게 부서지는 코르크에 효과적이다.

⑤ 리버풀은 최신형 모델로 집게형 장치가 와인 병 윗부분을 조이고 있어서 레버를 돌릴 필요 없이 누르기만 하면 스핀들이 코르크 속으로 들어간다.

4) 부러진 코르크 대처요령

당황하지 말고 와인병 안에 남아 있는 코르크를 꺼내려고 애쓰지만 더 분쇄시키는 결과만 가져올 수 있다. 코르크를 손상시키지 말고 통째로 꺼내야 하므로 집게형 스크류를 이용하여 병 사이로 조심스럽게 넣은 후 비틀면서 코르크를 빼낸다.

부서진 코르크 조각은 티스푼을 이용하여 와인병 안으로 밀어 넣고 디캔터를 이용하여 옮겨 담는다.

5) 스크루 오프하기

① 코르크스크루를 사용한다.

코르크스크루는 나선 모양의 마개 뽑이를 갖고 있고 병 뚜껑을 따는 장치와 와인 병의 캡슐 제거를 위한 작은 칼을 갖추고 있어야 한다.

② 칼을 이용하여 와인병 목 캡슐의 볼록한 부분의 아래쪽을 깨끗하게 도려낸다. 이때 가급적이면 와인병을 돌리지 않도록 한다.

③ 코르크스크루의 나선 끝부분을 코르크의 정중앙 부분에 놓고 천천히 아래 방향으로 돌린 다. 이때 코르크스크루를 너무 깊게 돌려 코르크를 통과하지 않도록 조심한다(코르크 조각이 와인에 떨어질 수 있다).

④ 스크루의 지레를 병목 테두리 부분에 걸친 후반대쪽 손잡이를 천천히 위쪽으로 잡아당긴다.

이때 코르크가 부서지는 것을 방지하기 위해 수직방향 위쪽으로 잡아당긴다. 비스듬히 또는 억지로 당기지 않도록 조심한다.

⑤ 코르크를 조심스럽게 뽑아낸 후 코르크로 병입구부분을 깨끗이 닦아낸다. 경우에 따라서는 깨끗한 냅킨으로 닦기도 한다.

⑥ 와인을 주문한 사람의 와인 잔에 소량(약 50ml)의 와인을 따른다.

시음 후 승인을 얻은 후 다른 손님들에게 와인을 서비스한다. 와인을 글라스의 2/3 이상 따르지 않도록 한다.

⑦ 와인을 글라스에 따른 후 손목을 이용해 빠르게 회전하며 병을 세워 와인 방울이 테이블 또는 병에 흘러내리지 않도록 한다.

6) 스파클링 와인 오픈하기

① 코르크 위쪽을 엄지손가락으로 누르면서 철사줄을 조심스럽게 풀어 철사줄과 뚜껑을 제거한다.

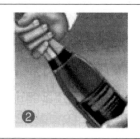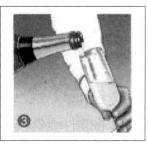

② 한 손으로 코르크 마개를, 다른 한 손으로는 병을 꼭 잡고 병을 부드럽게
   압력에 의해 저절로 튀어나오는 코르크 마개를 제거한다.
③ 따를 때는 거품이 너무 나지 않게 잔의 내벽으로 흘리면서 잔에 채운다.

제2절 | 와인 테이스팅

와인 테이스팅은 본격적으로 와인의 맛을 평가하는 단계이다. 지금까지의
모든 이론들이 사실은 테이스팅을 위한 서곡이라고 말할 수 있을 정도이다. 와
인은 다른 음료와 달라서 시각, 후각, 미각의 3가지 감각을 모두 충족시켜 준
다. 수천 가지의 와인 중에서 하나를 골라 특색을 살펴보는 것은 꽤 재미있는
일이다. 테이스팅에 있어서 무엇보다 중요한 것은 자신의 느낌. 평가 후 느낌
을 노트에 기록하는 것이 좋다. 다음 번 와인을 선택할 때 또는 와인에 대한
지식을 늘리고자 할 때 많은 도움이 된다.

여기에서는 와인 테이스팅을 위한 기본적인 몇 가지 사항에 대해 설명하고
자 한다.

와인 테이스팅은 와인의 특징을 표현하고, 특징과 품질 등을 감각의 도움을
받아 주의 깊게 관찰하여 와인으로부터 얻은 느낌과 인상을 평가하는 것이다.

1. 와인 테이스팅의 조건

1) 장소

장소는 충분히 밝고 춥지도 덥지도 않은 곳이어야 하며 와인의 향을 충분히 맡을 수 있는 냄새가 없는 곳이어야 하며, 와인 테이스팅에 집중할 수 있는 소음이 없는 조용한 곳이어야 한다.

2) 시간

테이스팅에 적당한 시간은 오전 11시, 오후 5시로 식사 전 배고플 때 감각기관이 예민하여 테이스팅에 적당하다고 할 수 있다.

피해야 할 시간은 피곤하거나 아플 때, 강한 향의 음식을 먹은 후에는 와인의 향을 제대로 감지할 수 없기 때문에 피해야 한다.

3) 시음순서

시음순서는 바디가 약한 와인을 시음하고 강한 와인을 시음하는 것이 좋으며 단순한 와인에서 향이 복잡 미묘한 와인으로, 빈티지가 최근 와인부터 시음하고 숙성와인을 시음한다. 또한 화이트 와인을 시음하고 레드 와인을 시음하는 것이 좋다.

4) 테이스팅을 위한 글라스 선택

잔은 맑고 투명해야 하며, 아무런 장식이 없어야 한다. 또한 적당한 넓이의 잔 받침으로 안정감을 주어야 하며, 긴 다리를 이용하여 체온전달이 되지 않고, 정확한 색상을 관찰할 수 있는 잔이어야 하며 잔 모양은 아래에서 넓다가 위로 올라가면서 좁아지는 것이 좋다.

2. 시각

와인의 시각적인 부분은 전체적인 조화를 이루는 데 핵심적인 요소이며 와인을 마시고 만족감을 얻는 데 상당히 중요한 부분을 차지한다. 빛깔과 광택의 아름다움은 입안에 침이 고이게 만드는 중요한 요소이다.

1) 색상과 투명도

와인을 글라스에 따랐을 때 가장 먼저 체크해야 할 것은 와인의 색상과 투명도이다. 뒷배경을 하얀색(흰색 종이나 테이블보)으로 두고 글라스를 비쳐본다. 와인에 따라 각기 다른 색과 투명도를 나타낼 것이다. 그 밖에 와인의 외관은 광택, 색상, 깊이, 점도 등을 관찰할 수 있다.

화이트 와인의 경우 색깔이 옅은 짚단 색에서부터 연초록을 띠는 황금색에 이르기까지 와인마다 다른 색을 관찰할 수 있다. 레드 와인이라면 짙은 루비색에서부터 어두운 체리, 보랏빛 등을 볼 수 있다. 또한 시간이 지날수록 레드 와인은 색깔이 옅어지고 화이트는 반대로 진해진다.

2) 와인의 광택

와인에서의 광택은 와인의 표면에 초점을 맞추었을 때 쉽게 인식할 수 있는 전반적인 인상을 말한다. 광택은 산도와 관련이 있으며, 외관이 흐리거나 광택이 없으면 대개 산도가 부족한 것이다. 광택은 보는 즐거움을 주기 때문에 와인의 품질을 높이기 위해 당연히 가져야 하는 요소이다. 레드 와인의 경우 맑게 빛나는 외관은 섬세한 풍미에 우선하기도 한다.

3) 깊이

색상의 정도나 강도는 와인의 색조와 대비되는 개념으로 위에서 내려다보면 쉽게 알 수 있다. 와인 잔의 손잡이가 보이는지의 여부에 따라 유용한 판단의 기준이 될 수 있다.

4) 숙성 정도에 따른 색상 변화

① 레드 와인 : 짙은 자주색(유년기) → 루비색 → 붉은색 → 붉은 벽돌색 → 적갈색 → 갈색

② 화이트 와인 : 엷은 노란색 → 연초록빛을 띤 노란색 → 볏짚색 → 짙은 노란색 → 황금색 → 호박색 → 갈색

5) 점도

알코올 함량과 당도, 글리세롤과 관계가 있으며 와인의 전체적인 품질과 풍요로움을 나타낸다. 부드럽게 잔을 돌려 와인 잔의 내벽을 타고 흘러내리게 해서 그 굵기와 수, 조화로움, 하강속도 등을 보고 점도의 강도를 알 수 있다.

① 고알코올인 경우 눈물이 더 발생한다.

② 당분에 의해 눈물이 더 발생할 수 있다.

③ 글라스가 좋지 않으면 눈물이 생기지 않을 수 있다.

토 · 막 · 상 · 식

와인의 눈물

색과 투명도를 관찰했다면 이번엔 와인 글라스를 돌려본다. 글라스 돌리기를 멈춘 후에 글라스의 내벽에 흘러내리는 물질을 볼 수 있다. 이것을 와인의 눈물 혹은 와인의 다리라고 표현한다. 이는 와인 속에 함유된 알코올, 글리세롤, 설탕 등으로 분석된다. 따라서 눈물이 많은 와인일수록 알코올이 높거나 당분이 많은 스위트한 와인이라고 보면 된다.

3. 후각

와인을 마시는 것은 곧 향기를 음미하는 것이라는 표현이 있을 정도로 향기는 와인의 생명과도 같다. 와인의 향기는 정확히 그 와인의 질을 나타낸다. 곰팡이가 핀 오래된 통에 저장되었던 와인은 썩은 버섯 냄새가 나고, 코르크

가 완전하게 막혀 있지 않은 와인은 젖은 톱밥 냄새가 난다. 썩은 양배추 냄새가 나는 것은 와인 제조업자가 아황산가스를 방부제로 너무 많이 썼기 때문이다. 반대로 은은하고 좋은 냄새가 나는 것은 좋은 와인임을 보장한다. 와인의 향은 수천 가지가 있지만 크게 두 가지로 나눌 수 있다. 원료 포도 자체에서 느껴지는 향을 아로마(aoma)라 하고 과일향(Fruity), 꽃향(Flower), 풀잎향(Grassy) 등이 이에 속한다. 또 제조과정, 즉 발효나 숙성 등 와인 제조자의 처리방법에 따라 생기는 향을 부케(Bouquet)라고 한다. 부케는 아로마보다 미묘해서 파악하기 힘들지만 와인 전체의 품질을 결정하는 중요한 향이다. 오크통에서 오랫동안 숙성기간을 거쳐 오크향이 배어나는 것을 부케의 좋은 예로 들 수 있다. 부케는 일반적으로 화이트 와인보다 레드 와인에서 더 꼼꼼히 따지는 향으로, 아로마가 천연의 향이라면 부케는 인공적인 향이라고 할 수 있다.

〈표 12-1〉 향의 분류표

과일향	감귤류	레몬, 자몽, 오렌지
	열대류	파인애플, 바나나, 리치, 멜론
	인과류	머스캣, 사과, 서양배, 마르멜로(marmelo)
	적색류	딸기, 라즈베리, 레드커런트
	흑색류	블랙커런트(black currant), 월귤(bilberry), 블랙베리
	핵과류	체리, 살구, 복숭아
	건과류(dried)	아몬드, 말린 자두, 호두
식물향	채소류	피망
	균류(fungus)	버섯, 송로버섯, 이스트
	나무류	삼나무, 소나무, 감초
	엽류	블랙커런트 싹, 건초, 타임(thyme)
	향신료	바닐라, 계피, 정향, 후추, 사프란
꽃향	산사나무꽃(hawthorn), 아카시아, 린덴(보리수), 꿀, 장미꽃, 제비꽃	
동물향	가죽, 사향, 버터	
훈연향	구운 빵, 볶은 아몬드, 볶은 헤즐넛, 캐러멜, 커피, 진한 초콜릿, 연기	

1) 와인의 향은 어디에서 오는가?

① 포도품종 : 고급 양조용 품종들은 각기 향의 특징이 서로 구별되어 매우 뚜렷하다. 각 품종의 향은 해당 품종으로 만든 와인의 개별 특성을 이루는 가장 중요한 요소가 된다.

② 포도재배 : 포도의 향은 어디에서 재배되었고, 어떻게, 어느 정도까지 숙성하여 재배하느냐에 따라 달라진다.

③ 양조 : 양조과정과 관련된 가장 명백한 향은 유산발효에서 비롯되는 부드러운 유제품 같은 향과 오크와 접촉하여 나타나는 바닐라, 훈연향, 나무향 등을 들 수 있다.

④ 병 숙성 : 가장 미묘하고 매력적인 향의 일부는 오랜 시간 병 숙성의 시간을 가진 고품질 와인에서 발견된다.

2) 향 맡기

① 흔들기 전(정지향) : 와인의 잔잔한 상태로 흔들림이 없을 때 와인의 표면에서 자연스럽게, 즉 스월링하기 전 와인 향을 맡아본다. 부드럽게 향을 맡고 깊이 들이마시며 서로 다른 향을 구분하여 느껴본다.

② 흔들고 난 후 : 작은 원을 그리는 모습으로 오른손잡이는 시계 반대방향, 왼손잡이는 시계방향으로 잔의 벽면 위까지 와인이 충분히 올라오도록 와인이 넓게 퍼지도록 하여 향을 맡는다.

③ 와인 잔을 비운 후 : 가장 무거운 향 분자와 가장 진한 향은 아주 적은 와인 양에 아주 많은 공기가 접촉한 상태에서 나타나는 잔향을 맡는다.

4. 미각

향을 맡았다면 이제 본격적으로 와인을 마셔보자. 먼저 와인을 한 모금 마시고 입안에서 굴린다. 그리고 와인을 입안에 둔 상태에서 외부 공기를 들이마신다. 이때 '추으읍' 하고 들이켜는 소리가 나도 예의에 어긋나는 것이 아니니 신경 쓰지 않아도 된다. 이런 방법을 통해서 와인의 맛과 향을 좀 더 자세히 느낄 수 있다. 그런 다음 완전히 와인을 삼키면서 마신다.

고급 와인일수록 더 다양한 맛을 지니고 있기 때문에 맛과 향의 미묘한 변화를 감지할 수 있다.

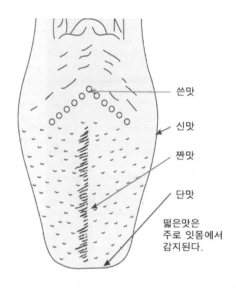

쓴맛

신맛

짠맛

단맛

떫은맛은 주로 잇몸에서 감지된다.

1) 바디(Body)

와인의 무게라고 하며 입안에 머금었을 때 느껴지는 무게감을 의미한다. 예를 들어, 저지방 우유인 경우 산뜻한 느낌인 반면 일반 우유는 약간 입안에서 꽉 찬 느낌이 든다. 와인의 바디는 와인에 함유되어 있는 성분의 농도에 의해 정해진다.

2) 균형(Blance)

이상적인 와인은 조화와 균형이 이루어진 와인이라고 하는데, 이 말은 타닌, 산, 단맛, 과일향과 다른 성분의 적절한 배합을 의미한다. 유럽의 북부 한랭지대의 와

인은 산이 너무 많아 당분이 부족하기 쉽다. 거꾸로 남부의 극히 더운 지역의 와인은 알코올과 타닌이 너무 많아 산이 부족한 경향이 있다.

3) 당분(Sweetness)

와인의 당분은 특히 화이트 와인의 경우 중요하다. 당분은 일조량, 포도품종에 따라서도 결정되지만 재배기술, 발효기술에 따라서도 달라진다. 주정 강화 와인(포트, 셰리)의 경우 당을 일부러 첨가하기도 하지만 발효를 중단시켜 당분이 자연스럽게 남게 한다.

4) 산도(Acidity)

산도가 너무 많으면 와인이 날카롭게 느껴진다. 그러나 산도가 부족하면 너무 밋밋하고 향이 오래 지속되지 못하는 단점이 있다. 와인의 신맛을 주도하는 것은 사과산, 젖산(유산), 구연산이다.

5) 타닌(Tannin)

간혹 산도와 혼동하는 사람도 있지만 타닌과 산도는 엄연히 다르다. 타닌은 떫은맛으로 포도품종과 일조량, 양조기술, 숙성 정도에 따라 달라지며 와인을 숙성, 보호하는 데 중요한 역할을 하는 성분이다.

6) 알코올(Alcohol)

알코올은 당분이 이스트의 작용에 의해 생성되는 것으로 와인의 향과 바디를 결정하는 중요한 요소이다.

7) 여운(Finish)

와인을 삼키고 난 후에도 맛이 얼마 동안 입 속에 남아 있는데, 이것을 롱피니시(Long finish)라고 한다.

모젤처럼 라이트한 와인은 향기가 좋은데 이것은 빨리 없어져 버린다. 보통 와인은 여운이 오래될수록 고급와인에 가깝다.

5. 와인 테이스팅 시 주의점

① 와인을 테이스팅할 때는 드라이한 와인으로부터 스위트한 와인을 또 영(Young) 와인에서부터 오래 숙성된 와인을 마셔야 한다.

② 시음자는 공기를 들이마시면서 입안에서 와인을 혀와 점막 위에서 돌리면서 가글하면 입안의 감각 수신체들이 충분히 배어들 수 있게 된다.

6. 테이스팅 용어

와인이 어렵게 느껴지는 가장 큰 원인은 복잡한 테이스팅 용어 때문일 수도 있다.

도저히 와인을 평가한 것이라고는 믿기 어려울 정도로 시적인 언어와 많은 표현들이 존재한다. 역으로 생각하면 그만큼 와인이 섬세하고 복잡한 음료라는 이야기도 된다.

현재 와인에 관한 용어는 이미 200여 개에 달한다. 이 모든 용어를 일반인이 익힌다는 것은 불가능하다. 단지 정해진 몇 가지 기본적인 용어를 익히고 이에 맞춰 자신만의 테이스팅 노트를 작성하면 된다.

와인과 친해지면 친해질수록 노력하지 않아도 멋진 표현들이 저절로(?) 생겨날 것이다.

1) 색에 의한 테이스팅 용어

투명도(Limpidity) 산도, 탁도	채도(Depth of Color) 양조, 묽기	점성도(Viscosity) 당도, 알코올	색상(Color) 숙성도
cloudy, 탁한 bitty, 조금 탁한 dull, 흐린 clear, 맑은 crystal-clear, 아주 맑은	Watery, 묽은 Pale, 엷은 Medium, 중간 Deep, 진한 Dark, 아주 진한	Slight Sparkle, 약발포성 Watery, 묽음 Normal, 보통 Heavy, 진한 Oily, 유질	WHITE Green Tinge, 초록색을 띤 Pale Yellow, 담황색 Gold Brown, 황금색 RED Purple, 자줏빛 Purple Red, 자줏빛 적색 Red, 적색 Red Brown, 진한 적색
선명한(star bright), 짚색(straw), 호박색(amber), 황갈색(tawny), 진홍색(ruby), 검붉은색(garnet), 흐릿한(hazy), 불투명한(opaque)			

2) 아로마 & 부케 용어

구분	채소향	꽃향	과일향	동물성	광물성	기타
영와인	감초, 향신료, 풀, 나무향, 목질	장미, 모란, 제비꽃, 레몬향 식물, 금잔화	바나나, 아몬드, 오디, 사과, 파인애플	고기, 고양이 오줌	먼지	유제품, 자극적인 것
숙성 와인	피망, 건초, 까막까치밥나무열매, 코코아, 담배, 버섯, 리넨, 계피, 후추	장미, 아카시아, 포도나무꽃, 재스민, 들장미꽃, 접시꽃	건포도, 체리, 자두, 살구, 배, 개암	불치, 가죽, 해물, 내장	총포화약, 땅, 흙	베이클, 라이트
묵은 와인	커피, 생강 향, 건초 정향, 서양삼나무	시든 장미꽃잎, 국화, 캐모마일, 오렌지꽃	절인 포도, 버찌, 건무화과, 곶감, 호두	사냥짐승, 고기, 땀, 사향	휘발유, 부식토, 볶기	농익은 과일

참고문헌

1. 국내문헌

강인호, 김영찬, 김광철 공저,『호텔 외식사업 식음료 경영과 실무』, 기문사, 2002.

고석면, 고정식, 남태석 공저,『호텔회계 2판』, 대왕사, 2003, p. 250.

김경환, 차길수 공저,『호텔경영학』, 가산출판사, 2002.

김기영,『호텔 주방관리론』, 백산출판사, 1997.

나정기,『메뉴관리론』, 백산출판사, 1995, pp.17-18.

나정기,『최신 호텔식음료 원가관리실무』, 백산출판사, 2000, pp. 302-305.

나정기,『프랑스요리 기초이론』, 1994, p. 12.

박영배, 라영천, 권동극 공저,『호텔 외식산업 식음료 관리론』, 백산출판사, 1999.

방진호, 나승화, 오무환, 이상태 공저,『식음료 서비스 실무』, 백산출판사, 2001.

변태수, 도미경 공저,『신호텔경영론』, 세학사, 1998.

신재영, 박기영, 정청송 공저,『호텔 레스토랑 식음료관리론』, 대왕사, 2001.

신재영, 조구현 공저,『최신 호텔, 관광 식음료관리론』, 대왕사, 2000.

오정환,『호텔 개스트로노미 원론』, 기문사, 1986.

원융희,『현대호텔식당경영론』, 대왕사, 1999, p. 33.

원융희, 고재윤 공저,『식음료실무론』, 백산출판사, 1998, pp. 159-160.

이수광, 이재섭 공저,『서비스 기업의 인적자원관리』, 대왕사, 2003.

이화인,『호텔마케팅』, 학현사, 1999, pp. 229-238.

정정훈,『호텔레스토랑 식음료경영론』, 백산출판사, 1998.

전용수, 김영식, 김의근 공저,『호텔 식음료경영론』, 백산출판사, 2014.

차길수,『서비스 기업의 인간관계관리』, 대왕사, 1997.

프레지던트호텔 식음료매뉴얼.

프레지던트호텔 조리매뉴얼.

호텔롯데, 식음료직무교재, 1992, p. 175.

호텔롯데, 조리매뉴얼.

호텔신라 교육원, 양식서비스자료.

2. 외국문헌

Anthony M. Rey, and Ferdinand Wjeland, Managing Service in Food and Beverage Operations, AH & MA, 1985, pp. 52-54.

Edward A. Kazarian, Foodservice Facilities Planning, 3rd ed., VNR, 1989, p. 57.

Hotel Association of New York City, Uniform System of Accounts for Hotel, 8th ed., 1986.

Jack E, Miller, & David V. Pavesic, Menu Pricing & Strategy, 4th ed., VNR, 1996, p. 39.

Jane Widerman, "Inviting Menus," The Cornell H & R Quarterly, Oct., 1991, p. 38.

Kotschevar, Lendal G., Management by Menu, NRA, 1987, p. 48.

Mahmood Khan, "Menu and Planning," VNR's Encyclopaedia of and Tourism, VNR, 1993, pp. 88-91.

Nancy Loman Scalon, Marketing by Menu, 2nd ed., 1990, p. 119.

Ninemeier, Jack D., Management of Food and Beverage Operations, AH & MA, 1995, p. 10.

Philip Kotler, John Bowen, & James Makens, Marketing for Hospitality and Tourism, 2nd ed.

3. 국내논문

강진희(Kang Jin Hee), 레스토랑 실패요인 연구 : 경영자, 종업원, 고객 간의 인식차이를 중심으로, 한국외식경영학회 논문, 2017.

김기영, 강진희, 한식뷔페 선택속성이 고객만족과 고객충성도에 미치는 영향, 한국관광연구학회, 2015.

김미경(Kim Mi Kyung), 권기준(Kwon Ki Joon), 한식 레스토랑의 브랜드 인지도와 이미지, 브랜드 태도에 대한 서비스스케이프의 영향효과 : A한식 프랜차이즈를 중심으로, 한국외식경영학회논문, 2017.

김연선, 김건, 특급호텔 호텔리어의 심리적 임파워먼트가 조직몰입 그리고 조직시민행동에 미치는 영향 연구, 한국관광연구학회, 2014.

김영찬(Kim, Yung-Chan), 레스토랑의 음식관련 개인특성이 음식선택 동기 및 구매의도에 미치는 영향, 한국호텔관광학회, 2017.

김정수(Kim Jung Soo), 한식 메뉴의 국제화 전략이 관여도와 이미지형성 및 구매태도에 미치는 영향, 한국외식경영학회 논문, 2017.

김정애(Kim, Jung-Ae), 김동진(Kim, Dong-Jin), 변광인(Byun, Gwang-In), 커피전문점의 서비스공정성지각이 서비스품질, 신뢰, 서비스만족 및 행동의도에 미치는 영향, 한국호텔관광학회, 2016.

김정우(Kim, Jung-Woo), 공석길(Kong, Seok-Gil), 오석윤(Oh, Seok-Youn), 호텔기업의 윤리경영이 종사원의 직업윤리 및 조직시민행동에 미치는 영향 : 서울 시내 특급 호텔 조리사를 중심으로, 한국호텔관광학회, 2016.

김준우(Kim, Jun-Woo), 박정숙(JPark, Jung-Sook), 신홍철(Shin, Hong-Chul), 호텔영업 시스템의 품질이 지각된 유용성과 사용자 만족 및 (PMS) 고객지향성에 미치는 영향 : 서울 강북지역 특급 호텔 중심으로, 한국호텔관광학회, 2016.

김혜련, 이수범, 외식업체의 가격할인 희소성 메시지가 구매의도에 미치는 영향, 한국관광연구학회, 2017.

김홍범, 유능희, 호텔기업의 정보화 수준이 조직성과에 미치는 영향, 한국호텔외식관광 경영학회, 2015.

김홍빈, 차석빈, 커피전문점 서비스품질 속성이 전반적 만족도에 미치는 대칭 및 비대칭 분석: 스타벅스와 이디야 비교 분석, 한국관광학회, 2017.

도현옥, 호텔 콘셉트와 소비자 편익의 일치성 여부에 따른 이용의도, 한국관광연구학회, 2016.

문행우, 송지현, 외식 프랜차이즈 기업의 환경마케팅 전략과 전술이 성과에 미치는 영향, 한국호텔외식관광경영학회, 2015.

문희원, 특급호텔과의 예약업무 과정에서 인지되는 불편함의 요인들이 호텔 충성도에 미치는 영향 : 온라인 여행사 직원 중심으로, 한국호텔외식관광경영학회, 2017.

박경옥(Park, Kyoung-Ok), 류지호(Ryu, Ji-Ho), 호텔 직원의 환경 지식, 관심, 인지, 가치와 실천적 기여 행동 : 환경활동 참여자와 비참여자 간 비교, 한국호텔관광학회, 2016.

박종철, 호텔기업 직원의 역량에 따른 고객지향성이 서비스 몰입과 경영성과에 미치는 영향, 한국호텔외식관광경영학회, 2016.

박종철, 호텔기업 직원의 창의적 성향을 기반으로 한 창의적 자기효능감이 창의적 사고 및 성과에 미치는 영향, 한국호텔외식관광경영학회, 2017.

백수진, 강재완, 호텔직원의 직급에 따른 상사의 비인격적 감독과 조직침묵의 영향

관계에 대한 연구, 한국관광학회, 2017.

변재우, 호텔 상사의 서번트 리더십이 직원의 팔로워십 및 감정노동에 미치는 영향, 한국호텔외식관광경영학회, 2016.

변재우, 고재윤, 특 1급 호텔 식음료 종사원이 인지하는 상사의 진성리더십이 직무 스트레스, 직무만족 및 변화몰입에 미치는 영향, 한국관광학회, 2017.

심보섭(Sim Bo Sob), 류기상(Ryu Ki Sang), 와인 소비자의 성별이 상황별 와인 음용 이유에 미치는 영향, 한국외식경영학회 논문, 2017.

오서경, 레스토랑 이용고객의 체면민감성이 고객참여행동 및 고객시민행동에 미치는 영향, 한국호텔외식관광경영학회, 2017.

유종식, 외식기업의 서비스 실패와 불만족, 신뢰, 부정적 구전, 전환의도 간의 영향 관계 연구, 한국호텔외식관광경영학회, 2016.

이선경(Lee, Sun-Kyoung), 호텔 레스토랑 지배인의 감성리더십이 응집력과 팀 성과 에 미치는 영향, 한국외식경영학회 논문, 2015.

이성호(Lee Sung Ho), 새로운 메뉴 엔지니어링 분석법을 적용한 메뉴분석 : 이탈리 아 음식류, 한국외식경영학회 논문, 2017.

이슬기, 서울 특1급 호텔들의 수익관리 및 가격경쟁에 대한 탐색적 공간분석, 한국 호텔외식관광경영학회, 2015.

이승훈, 레스토랑의 경험적 가치가 러브마크, 로열티 형성에 미치는 영향, 한국관광 연구학회, 2016.

이윤영, "호텔종사원의 직무특성과 조직유효성의 관계연구", 경기대학교 대학원 박 사학위논문, 2004.

이윤희, 호텔기업의 조직문화, 인적자원관리가 서비스품질, 내부·외부고객만족 및 경영성과에 미치는 영향, 한국호텔외식관광경영학회, 2016.

임혜미(Lim, Hye-Mi), 김영수(Kim, Young-Su), 한식당 선택속성에 대한 만족도가 국 가이미지 및 행동의도에 미치는 영향 : 해외 한식당 이용경험이 있는 외국 인을 대상으로, 한국호텔관광학회, 2015.

임화남, 윤지환, 특1급 호텔 객실상품 프로모션 프레이밍이 지각된 가치와 구매의도 에 미치는 영향, 한국호텔외식관광경영학회, 2015.

전영직, 외식 프랜차이즈 기업의 브랜드자산이 고객만족과 고객충성도에 미치는 영 향, 한국호텔외식관광경영학회, 2017.

정담은(Jeong Dam Eun), 김홍범(Kim Hong Bumm), 와인교육 경험에 따른 와인 선택 시 와인 라벨정보 인지도 차이에 관한 연구, 한국외식경영학회 논문, 2017.

정은별, 이형룡, 서울 소재 특급호텔 객실 요금에 영향을 미치는 주요 호텔 속성에 대한 연구: 헤도닉 가격 모형을 중심으로, 한국관광학회, 2017.

정환, 외식서비스산업 종사원의 감정노동과 직무성과와의 관계 : 사회적 지원의 조절역할을 중심으로, 한국호텔외식관광경영학회, 2017.

조소정, CSR이 기업이미지, 고객신뢰, 그리고 행동의도에 미치는 영향 : 안전활동의 실증적 분석, 한국호텔외식관광경영학회, 2017.

진양호, "호텔 레스토랑의 메뉴엔지니어링에 관한 연구", 경기대학교 대학원 박사학위논문, 1997.

최인식(InSik Choi), 조준호(JunHo Cho), 한식당 선택속성이 지각된 가치와 고객만족, 재방문 의도 간의 구조관계 연구 : 독점적 상권내의 한식당을 중심으로, 한국외식경영학회 논문, 2016.

표길택, 김창열, 호텔 레스토랑 종사자들의 웰빙메뉴인지와 웰빙메 뉴성향이 조직몰입, 직무만족, 직무스트레스, 직무 특성을 매개로 하여 조직충성도에 미치는 효과, 한국관광연구학회, 2016.

한장헌(Han, Jang-Heon), 조윤희(Cho, Yoon-Hee), 특급호텔 레스토랑 서비스 체험요인이 관계의 질과 행동의도에 미치는 영향, 한국외식경영학회 논문, 2016.

함선옥, 한식뷔페 레스토랑 고객의 외식동기, 메뉴만족, 고객만족도 간의 관계 : 메뉴만족도의 매개효과 중심으로, 한국호텔외식관광경영학회, 2017.

홍윤주, 김영욱, 김영중, 특 1급 호텔 조리 종사원이 인지하는 직무특성이 직무만족도 및 조직 몰입에 미치는 영향 : 성별과 경력의 조절효과, 한국관광학회, 2017.

저자약력

신정하

경희대학교 호텔관광대학원 호텔관광학 박사
프레지던트호텔 영업이사
미국호텔협회 총지배인 자격증 취득
영국바리스타 자격증 취득
조주기능사 자격증 취득
현) 제주한라대학교 호텔경영학과 교수
  조주기능사 자격시험 심사위원(실기, 필기)
  바리스타 자격시험 심사위원
  호텔등급평가위원

[저서]
· 호텔관광학개론
· 호텔외식 음료경영실무론
· 호텔외식 연회컨벤션실무
· 호텔외식 식음료경영관리론
· 테이블매너교실

[논문]
· 호텔종사원교육훈련의 전이성과에 관한 연구
· 호텔 및 외식산업체 종사원의 감정 노동과 직무 스트레스가 직무만족 및 이직의도에
  미치는 영향 연구
· 호텔기업 종사원 참여경영과 조직몰입의 관계에서 심리적 주인의식의 매개효과
· 호텔관리자의 리더십과 조직문화가 직무태도에 미치는 영향
· 호텔레스토랑 조리사들의 카빙 데코레이션에 대한 중요도 및 필요성 인식에 관한 연구
· 호텔관리자의 리더십과 조직문화 경영 성과 간의 관계 연구
· 호텔 고객 상호 관계적 브랜드 자산에 따른 호텔 브랜드 태도 및 이용 충성도에 관한 연구

저자와의
합의하에
인지첩부
생략

식음료서비스실무론

2018년 2월 25일 초판 1쇄 발행
2021년 8월 30일 초판 3쇄 발행

지은이 신정하
펴낸이 진욱상
펴낸곳 (주)백산출판사
교 정 성인숙
본문디자인 오행복
표지디자인 오정은

등 록 2017년 5월 29일 제406-2017-000058호
주 소 경기도 파주시 회동길 370(백산빌딩 3층)
전 화 02-914-1621(代)
팩 스 031-955-9911
이메일 edit@ibaeksan.kr
홈페이지 www.ibaeksan.kr

ISBN 979-11-88892-19-8 93590
값 25,000원